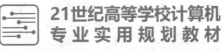

21世纪高等学校计算机
专业实用规划教材

数据库原理与应用
—— SQL Server 2012

◎ 熊 婷 邹 璇 主 编

王钟庄 刘 敏 副主编

U0249257

清华大学出版社
北京

内 容 简 介

本书根据普通本科院校的计算机教材要求，以突出重点、加强实践、学以致用为目的编写而成，较系统全面地阐述了数据库系统的基础理论、基本技术和基本方法，共 11 章，具体内容主要包括数据库概论、数据库系统结构、关系运算、标准查询语言 SQL、关系数据库的规范化设计、E-R 模型的设计方法、关系数据库的设计方法、数据库管理、SQL Server 2012 数据库管理系统介绍等内容。

本书基础理论和实际应用相结合，配有例题、习题和上机实验，以便于读者更好地学习与掌握数据库的基本知识与技能。

本书内容全面，概念清晰，实用性强，适合作为全国大学本科及大专院校计算机及相关专业学生学习"数据库原理""大型数据库系统"等课程的教材，也可作为广大计算机爱好者学习网络数据库技术的参考书。

本书封面贴有清华大学出版社防伪标签，无标签者不得销售。

版权所有，侵权必究。举报：010-62782989，beiqinquan@tup.tsinghua.edu.cn。

图书在版编目（CIP）数据

数据库原理与应用：SQL Server 2012/熊婷，邹璇主编. —北京：清华大学出版社，2019（2023.8重印）
（21 世纪高等学校计算机专业实用规划教材）
ISBN 978-7-302-52148-8

Ⅰ. ①数…　Ⅱ. ①熊…　②邹…　Ⅲ. ①关系数据库系统 – 高等学校 – 教材　Ⅳ. ①TP311.138

中国版本图书馆 CIP 数据核字（2019）第 010446 号

责任编辑：黄　芝　薛　阳
封面设计：刘　键
责任校对：焦丽丽
责任印制：宋　林

出版发行：清华大学出版社
　　　　网　　址：http://www.tup.com.cn, http://www.wqbook.com
　　　　地　　址：北京清华大学学研大厦 A 座　　　邮　　编：100084
　　　　社 总 机：010-83470000　　　　　邮　　购：010-62786544
　　　　投稿与读者服务：010-62776969，c-service@tup.tsinghua.edu.cn
　　　　质量反馈：010-62772015，zhiliang@tup.tsinghua.edu.cn
　　　　课件下载：http://www.tup.com.cn，010-83470236
印 装 者：三河市铭诚印务有限公司
经　　销：全国新华书店
开　　本：185mm×260mm　　　印　张：20.5　　　字　　数：496 千字
版　　次：2019 年 3 月第 1 版　　　　　　　　印　　次：2023 年 8 月第 6 次印刷
印　　数：6801～7800
定　　价：59.90 元

产品编号：081905-02

出版说明

　　随着我国改革开放的进一步深化，高等教育也得到了快速发展，各地高校紧密结合地方经济建设发展需要，科学运用市场调节机制，加大了使用信息科学等现代科学技术提升、改造传统学科专业的投入力度，通过教育改革合理调整和配置了教育资源，优化了传统学科专业，积极为地方经济建设输送人才，为我国经济社会的快速、健康和可持续发展以及高等教育自身的改革发展做出了巨大贡献。但是，高等教育质量还需要进一步提高以适应经济社会发展的需要，不少高校的专业设置和结构不尽合理，教师队伍整体素质亟待提高，人才培养模式、教学内容和方法需要进一步转变，学生的实践能力和创新精神亟待加强。

　　教育部一直十分重视高等教育质量工作。2007年1月，教育部下发了《关于实施高等学校本科教学质量与教学改革工程的意见》，计划实施"高等学校本科教学质量与教学改革工程（简称'质量工程'）"，通过专业结构调整、课程教材建设、实践教学改革、教学团队建设等多项内容，进一步深化高等学校教学改革，提高人才培养的能力和水平，更好地满足经济社会发展对高素质人才的需要。在贯彻和落实教育部"质量工程"的过程中，各地高校发挥师资力量强、办学经验丰富、教学资源充裕等优势，对其特色专业及特色课程（群）加以规划、整理和总结，更新教学内容、改革课程体系，建设了一大批内容新、体系新、方法新、手段新的特色课程。在此基础上，经教育部相关教学指导委员会专家的指导和建议，清华大学出版社在多个领域精选各高校的特色课程，分别规划出版系列教材，以配合"质量工程"的实施，满足各高校教学质量和教学改革的需要。

　　本系列教材立足于计算机专业课程领域，以专业基础课为主、专业课为辅，横向满足高校多层次教学的需要。在规划过程中体现了如下一些基本原则和特点。

　　（1）反映计算机学科的最新发展，总结近年来计算机专业教学的最新成果。内容先进，充分吸收国外先进成果和理念。

　　（2）反映教学需要，促进教学发展。教材要适应多样化的教学需要，正确把握教学内容和课程体系的改革方向，融合先进的教学思想、方法和手段，体现科学性、先进性和系统性，强调对学生实践能力的培养，为学生知识、能力、素质协调发展创造条件。

　　（3）实施精品战略，突出重点，保证质量。规划教材把重点放在公共基础课和专业基础课的教材建设上；特别注意选择并安排一部分原来基础比较好的优秀教材或讲义修订再版，逐步形成精品教材；提倡并鼓励编写体现教学质量和教学改革成果的教材。

　　（4）主张一纲多本，合理配套。专业基础课和专业课教材配套，同一门课程有针对不同层次、面向不同应用的多本具有各自内容特点的教材。处理好教材统一性与多样化，基本教材与辅助教材、教学参考书，文字教材与软件教材的关系，实现教材系列资源配套。

　　（5）依靠专家，择优选用。在制定教材规划时要依靠各课程专家在调查研究本课程教材建设现状的基础上提出规划选题。在落实主编人选时，要引入竞争机制，通过申报、评审确定主题。书稿完成后要认真实行审稿程序，确保出书质量。

　　繁荣教材出版事业，提高教材质量的关键是教师。建立一支高水平教材编写梯队才能保证教材的编写质量和建设力度，希望有志于教材建设的教师能够加入到我们的编写队伍中来。

21 世纪高等学校计算机专业实用规划教材

联系人：魏江江 weijj@tup.tsinghua.edu.cn

前　言

　　数据库技术是 20 世纪 60 年代兴起的一门综合性数据库管理技术，也是信息管理中一项非常重要的技术。随着计算机及网络技术的快速发展与应用，数据库技术得到日益广泛的应用。

　　"数据库原理与应用"这门课程是计算机有关专业的主干课程，对于这门课程的教学历来重理论轻实践，学生学完后，总感觉没有学到什么知识，对于书本的理论知识也是似懂非懂，不知如何把理论知识应用到实际的程序设计中。针对这种情况，本书加强了实践教学内容，特别强调了数据库的实际操作知识和利用嵌入式 SQL 开发数据库应用系统知识。在讲述理论知识时尽量多讲实例，避免枯燥无味的纯理论教学。本书除了每章有大量实例外，最后还有配套的上机实验内容，以便于学生更好地学习与掌握数据库的基本知识与技能。

　　本书共分为 11 章。第 1 章数据库概论；第 2 章数据库系统结构；第 3 章关系运算；第 4 章标准查询语言 SQL；第 5 章关系数据库的规范化设计；第 6 章 E-R 模型的设计方法；第 7 章关系数据库的设计方法；第 8 章数据库管理；第 9 章 SQL Server 2012 数据库管理系统介绍；第 10 章 SQL Server 编程；第 11 章数据库应用系统开发实训。

　　本书由南昌大学科学技术学院计算机系组织，由多年从事"数据库原理与应用"一线教学、具有丰富教学经验和实践经验的教师编写。其中，熊婷编写了第 1～4 章、第 10 章和附录 B，邹璇编写了第 5、6 章和第 11 章，王钟庄编写了第 7～9 章和附录 A、附录 B 中的部分内容。另外，张炘、梅毅、邓伦丹、罗少彬、兰长明、周权来、罗丹、李昆仑、汪滢、吴赟婷、张剑、罗婷等为本书的编写做了大量的辅助工作，并提出了许多宝贵意见。尽管大家在编写本书时花费了大量的时间和精力，但由于水平有限，书中疏漏和不当之处在所难免，敬请各位读者批评指出，以便再版时改正。

　　本书在编写过程中，得到南昌大学科学技术学院及各部门领导和清华大学出版社的大力支持，对此我们表示衷心感谢！

编　者

2018 年 9 月

目　录

3.2 关系运算 ·· 39

   3.2.1 关系查询语言和关系运算 ····································· 39

   3.2.2 关系代数运算符的分类 ······································· 40

   3.2.3 传统的集合运算 ·· 41

   3.2.4 专门的关系运算 ·· 43

   3.2.5 关系代数表达式应用举例 ···································· 48

   3.2.6 扩充的关系代数操作 ··· 50

3.3 关系代数表达式的查询优化 ·································· 52

小结 ··· 58

习题 ··· 58

第 4 章 标准查询语言 SQL ·· 61

4.1 SQL 概述及其数据定义 ·· 61

   4.1.1 SQL 的基本概念及其特点 ·································· 61

   4.1.2 SQL 的数据定义 ··· 63

   4.1.3 SQL 对索引的创建与删除 ·································· 66

4.2 SQL 的数据查询 ·· 67

   4.2.1 SELECT 命令的格式及其含义 ··························· 68

   4.2.2 单表查询 ·· 68

   4.2.3 多表间联接和合并查询 ······································· 76

   4.2.4 嵌套查询 ·· 78

   4.2.5 保存查询结果及分步查询 ···································· 82

4.3 SQL 的数据更新与视图 ·· 83

   4.3.1 插入数据 ·· 83

   4.3.2 修改数据 ·· 85

   4.3.3 删除数据 ·· 86

   4.3.4 视图创建、删除与更新 ······································· 87

   4.3.5 SQL 数据控制 ·· 89

小结 ··· 89

习题 ··· 89

第 5 章 关系数据库的规范化设计 ································· 93

5.1 关系模式的设计问题 ·· 93

   5.1.1 概述 ··· 93

   5.1.2 关系模式存在的问题 ··· 93

5.2 规范化理论 ··· 96

   5.2.1 函数依赖 ·· 96

   5.2.2 码 ·· 98

   5.2.3 范式 ··· 99

VII

XI

第1章 数据库概论

数据库技术是计算机科学领域中非常重要的、也是发展最快的分支之一，是信息系统的核心和基础，它的出现极大地促进了计算机应用向各行各业的渗透。数据库的建设规模、数据库信息量的大小和使用频度已成为衡量一个国家信息化程度的重要标志。"数据库原理与应用"这门课程是掌握数据库技术的必修课程。

数据库概论知识是了解和掌握数据库原理及其应用的基础，只有理解了这些基础知识，才能开始进一步学习数据库原理的理论和实践知识。本章主要介绍数据库管理技术发展的三个过程，介绍数据库技术中数据、数据库、数据库管理系统和数据库系统的基本概念，同时阐明数据库系统的主要特点和数据库技术的发展方向。

1.1 数据管理技术的发展阶段与数据库技术概念

数据处理实际应用的日益改进引发了数据库技术不断发展，数据处理需要存储大量数据，在计算机中存储数据的硬件是存储器。在 20 世纪 50 年代末，存储器只能存储 5～10MB 的信息容量，到 20 世纪 60 年代末才达到近 100MB 的容量，初步具有了存放大量数据信息的条件，数据管理技术才真正开始发展。所以说，数据管理技术的发展是与计算机中外部存储器的发展密切相关的。从 20 世纪 70 年代开始，存储器的存储容量得到飞速发展，现在，几百吉字节的硬盘随处都可以买到，数据库中存储数据的困难完全解决，数据管理新技术在不断出现。

下面介绍数据管理技术的三个发展阶段和数据库技术的基本概念。

1.1.1 数据管理技术的三个发展阶段

从 20 世纪 50 年代开始至 20 世纪 70 年代初，数据管理技术的发展经历了人工管理、文件管理和数据库管理三个阶段。

1. 人工管理阶段

在 20 世纪 50 年代中期之前，计算机主要用于科学计算。在硬件设施方面，外存只有纸带、卡片、磁带，没有磁盘等直接存取设备；在软件方面，没有操作系统和管理数据的软件；数据处理方式是批处理。在这种情况下，数据管理的基本方法只能是采用人工管理。

人工管理数据具有以下三个特点。

（1）数据不能长期保存在计算机内。在当时的科学计算中，计算所需的原始数据连同程序一起输入内存，运算后输出结果，随着计算任务的完成和程序作业退出计算机系统，数据空间连同程序空间一起被释放。

2

（2）数据不共享。数据是面向应用的，一组数据只能对应一个程序。如果多个应用程序涉及某些相同的数据，由于必须各自进行定义，无法进行数据的参照，因此程序间数据不能共享，有大量的冗余数据。

（3）数据不具有独立性。数据的独立性包括数据的逻辑独立性和数据的物理独立性。当数据的逻辑结构或物理结构发生变化时，必须对应用程序做出相应的修改。当时只有程序（Program）的概念，没有文件的概念。

在人工管理阶段，程序与数据之间的对应关系可用图 1.1 表示。

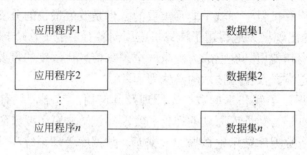

图 1.1　数据处理的人工管理阶段

2．文件管理阶段

文件管理阶段（20 世纪 50 年代末—20 世纪 60 年代末），当时计算机不仅用于数据计算，还用于信息管理，这时需要对数据进行增加、修改、删除等操作，还要保存下来，并根据需要进行维护，此时硬件水平已有较大的提高，出现了磁盘、磁鼓等存储设备；软件水平已有成熟的高级语言，并开始使用操作系统，数据处理已应用联机实时处理和批处理方式。

以文件形式处理数据具有如下特点。

（1）数据以"文件"形式可以长期保存在外部存储器的磁盘上。由于计算机除了科学计算外，还要进行信息管理，因此可以对文件进行查询和各种更新操作。

（2）数据的逻辑结构与物理结构有了区别，但比较简单。与数据打交道，不需要知道数据的物理位置，只要知道文件名及其位置就可以。

（3）文件组织已有多样化。有索引文件、链接文件和直接存取文件，但这些文件之间是相互独立的，没有联系，获取它们之间的数据要依靠程序去解决。

（4）数据不再属于某个特定的程序，可以重复使用，即数据面向应用。一般来说，设计文件时总是根据某一要求进行设计，所以总是与程序密切相关，缺乏真正的独立性。

（5）对数据的操作以记录为单位。在设计文件时，完全是为了存储数据和让程序方便获得数据，所以不会去记录数据的结构，所有数据的更新全靠编写程序去解决。

虽然文件中的数据没有记录结构，但文件管理阶段是数据管理技术发展阶段中的重要一步。在这一阶段中，为了能在文件中快速得到数据，程序中的结构算法得到了很大的发展，为数据管理技术的发展打下了坚实的基础。直到现在，许多高级语言中还在使用这种方法获取数据。

由于文件管理阶段中设计的文件相互独立，本质上仍存在许多缺陷，主要是数据冗余大、各文件中数据的不一致性不可避免、数据之间联系弱。

例如某一单位，要管理职工的档案、工资和医保，因此要建立三个文件：职工工资文件、职工档案文件、职工医保文件。在每一个文件中，必须要有职工号、职工姓名、性别、年龄、单位、级别等内容，否则很难正确管理。从现在的观点来看，这样做存在着明显的结构上的问题，形成重复输入，具有增加大量内存、浪费资源、增加成本等缺点。

在 20 世纪 60 年代中期，即文件管理阶段的后期，数据管理规模一再扩大，数据量急剧增加，为了提高系统性能，人们开始对文件系统加以扩充，研制出倒排文件系统（Inverted File）。倒排文件是索引文件的推广，对每个字段都提供单独的索引，这些文件很适合于信息检索系统。其缺点是要占用许多内存（而当时内存昂贵）。倒排文件系统的出现虽然属于文件管理阶段，但它大大提高了对当时许多数据查询和处理的速度。

在文件管理阶段，程序与数据之间的对应关系可用图 1.2 表示。

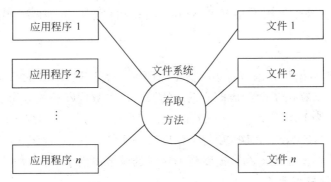

图 1.2　数据处理的文件管理阶段

3．数据库管理阶段

20 世纪 60 年代末以来，计算机用于数据处理发展为大规模管理，数据量大大增加；硬件方面出现了大容量磁盘（能生产上百兆字节容量的硬盘），而价格却大大降低；软件价格越来越贵，使得编写程序和维护软件的成本增加；在处理方式上，联机实时处理方式越来越多，分布式处理也已经开始实施。原先文件系统处理的方式已不能满足要求，为了解决数据共享的要求，能够用来统一管理数据的数据库管理系统随即产生。

在数据库管理阶段，程序与数据之间的对应关系可用图 1.3 表示。

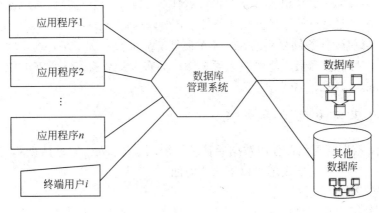

图 1.3　数据处理的数据库管理阶段

从图 1.3 可以看出，所有数据都放在数据库内，是公用的，也就是说是共享的，所有应用程序都可以通过数据库管理系统来调用数据。

1.1.2 数据库管理阶段产生的三大新技术

1. 层次数据库的发明

随着利用计算机进行数据计算技术的迅速发展，许多有实力的公司都愿意花钱和时间来发展这方面的技术。1968 年，当时具有很强实力的美国 IBM 公司与当时一家火箭公司为阿波罗登月火箭处理数据，研制出 IMS（Information Management System，信息管理系统），这是一个典型的层次数据库系统，当时命名为 IMS/1，安装在 IBM 360/370 计算机上，1969 年 9 月正式投入运行，取得了很大的成功，为当时数据库的发展做出了重要贡献。

这一系统在 1974 年推出 IMS/VS（Virtual System）新版本，在 20 世纪 70 年代的商业和金融业得到广泛的应用。

2. 网状数据库的发明

1969 年，美国数据系统语言协会的数据库研究小组 DBTG（Date Basa Task Group，专门研究数据库语言）提出了网状数据库系统的报告，对数据库和数据库操作的环境建立了统一的规范，被称为 DBTG 系统（或 CODASYL 系统）。在这种系统下研制成功的 IDMS、IDS Ⅱ、DMS100、TOTAL、IMAGE 等数据库管理系统，在 20 世纪 70 年代至 20 世纪 80 年代中期得到了广泛的应用，为数据库管理技术的发展做出了很大的贡献。

3. 关系数据库的发明

1970 年，IBM 公司的一位科学家 E.F.Codd 首先在美国计算机学会通信杂志上发表关系型数据库方面的论文 *A Relation Model of Data for Large Shared Data Banks*，现代数据库的许多概念都是从这篇文章中的思想继承和发展来的，它奠定了关系数据库的理论基础。由于关系数据库模型简单，为任何一种关系数据库管理系统提供了一种统一的结构，这种结构就是二维表，用户在使用时不必去考虑数据链接的方法和存放数据结构等复杂的问题。

由于关系数据库模型的建立是在集合论和谓词演算的基础上，所以形成的数据库语言是一种非过程性语言。所谓非过程性语言是指编写程序时，只要告诉系统做什么，不必告诉怎样做，它比结构化过程语言（既要告诉做什么，还要告诉怎样做）方便很多。关系模型在开始使用时，因为当时计算机硬件条件差，所以运行速度慢，效率低；但到了 20 世纪 80 年代初，计算机硬件条件得到改善，关系模型产品很快占领市场，逐步取代层次模型和网状模型产品。目前使用最广泛的关系数据库产品有 Visual FoxPro、SQL Server、Sybase、Oracle、Informix、DB2、MySQL 等。

1.1.3 数据库系统的主要特点

时至今日，数据管理仍在使用数据库管理系统，淘汰了人工管理数据和文件管理数据。数据库管理系统的特点主要表现在以下几个方面。

1. 数据结构化

数据库系统采用数据模型表示复杂的数据结构，这是数据库与文件系统的根本区别。在文件系统中，相互独立的文件记录内部是有结构的，最简单的形式是等长记录，这种结构是面向某一具体应用的，缺乏灵活性；而数据库系统实现了整体的结构化，数据不再面向某一应用，而是面向全组织，不仅数据具有结构，而且存取数据的方式非常灵活，可以存取数据库中的某一个数据项、一组数据项、一个记录或一组记录，而在文件系统中，数据的最小存取单位是记录，粒度不能细到数据项。

2．有较高的数据独立性

数据的独立性包括数据的物理独立性和逻辑独立性。前者是指用户的应用程序与存储在磁盘上的数据库中的数据是相互独立的，数据的物理存储改变，应用程序不用改变；后者是指用户的应用程序与数据库的逻辑结构是相互独立的，数据的逻辑结构改变，用户程序也可以不变。这一点在后面数据库系统结构中会做比较详细的说明。

3．数据库系统为用户提供了方便的用户接口

用户可以使用查询语言或终端命令操作数据库，也可以用程序方式（例如，使用各种高级语言 C++、C#、Java 等编写的程序调用）操作数据库，解决了数据共享的问题，而且降低了数据的冗余度并易于扩充。

4．数据库系统提供 4 方面的数据控制功能

（1）数据库的并发控制（Concurrency）。对多用户同时需要应用数据库的并发操作加以控制和协调，防止相互干扰而得到错误的结果。

（2）数据库恢复（Recovery）。在某一特殊情况下，数据库被破坏或数据不可靠时，系统有能力将数据库从错误状态恢复到某一已知的正确状态。

（3）数据库的完整性（Integrity）。在数据库运行过程中，系统能将数据控制在有效的范围内，或保证数据之间能满足一定的关系。

（4）数据的安全性（Security）。保护数据，防止不合法用户的使用造成数据的泄密和破坏，使每个用户只能按指定方式操作数据。

数据处理技术发展到数据库系统管理阶段是信息处理领域的一个重大变化，是从不同程序调用数据到以可共享的数据库为中心的新阶段，使数据能集中管理和维护，增加了数据的利用率和相容性，数据使用的可靠性得到了极大的提高。

目前世界上已有百万计的数据库在运行，几乎深入到各个领域。我国从 20 世纪 90 年开始，在各行各业装备了以数据库为基础的大型计算机系统，这些系统分布在工业、农业、科研、学校、商贸、金融等领域，例如，在邮电、银行、电力、交通、气象、旅游、股票交易、期货交易、情报、公安、网络等行业的应用。人们普遍感受到，现在几乎在各行各业都建立了以数据库为核心的信息系统。

1.1.4 数据库技术中的几个主要名称

数据、数据库、数据库管理系统、数据库系统是学习数据库技术首先应该明确的 4 个基本概念。

1．数据

数据（Data）是用来记录信息的可识别的符号，是信息的具体表现形式。

数据是数据库中存储的基本对象，是描述事物的符号记录，如数字、文字、图形、图像、声音等都是数据。这些数据按一定的方法转换为计算机能识别的二进制符号进行处理，再按一定的方法恢复成人们能看懂或理解的数据。

如果要了解某一个人的姓名、年龄和性别的信息，可以用一些具体的数据值来表达，例如：周一鸣，36，男。

数据与信息的概念不完全相同。可以这样解释：数据是信息的符号表示形式，或者说数据是信息的载体，信息则是数据的内涵，是对数据的语义解释。例如，老王每月工资3000元，数据"3000"表示特定数目，说明是以"元"为单位的老王的月工资信息。

2．数据库

数据库（Database，DB）是存放数据的仓库。具体而言，数据库是长期存储在计算机内、有组织的、可共享的大量数据的集合。意思是说，数据库中的数据是按一定数据结构组织、描述和存储，具有尽可能小的冗余度和较高的数据独立性和易扩展性，可供许多用户共用。所以说数据库具有集成性（把要使用的数据及其联系集中在一起，并按一定的结构形式进行存储）和共享性两个突出的特点。例如，能反映学生一般情况的数据库，可以把学生的所在学校、学号、姓名、年龄、性别、进校日期、所在系别、专业和班级的数据存放在一起。

3．数据库管理系统

数据库管理系统（Database Management System，DBMS）是数据库的核心组成部分，是对数据库中数据进行管理的、位于用户与操作系统之间的大型系统管理软件，它为用户或应用程序提供了访问数据库的方法，包括数据库的建立、查询、更新及各种数据控制。具体来说，包括以下4个主要功能。

（1）数据定义。DBMS提供数据定义语言（Data Definition Language，DDL），用户通过它可以方便地对数据库中的数据对象（包括表、视图、索引、存储过程等）进行相关数据库系统结构和有关约束条件的定义。

（2）数据操纵。DBMS提供数据操纵语言(Data Manipulation Language，DML)，通过DML实现对数据库的一些基本操作，如查询、插入、删除和修改等。其中，国际标准数据库操作语言SQL就是DML的一种，它同时还包含DDL、DCL功能。

（3）数据库的运行管理。这一功能是数据库管理系统的核心所在。DBMS通过数据库在建立、运用和维护时统一管理和控制，以保证数据安全、正确、有效地正常运行。DBMS主要通过数据的安全性控制、完整性控制、多用户应用环境的并发性控制和数据库数据的系统备份与恢复4个方面来实现对数据库的统一控制（这一内容会在第7章中详细介绍）。

（4）数据库的建立和维护。数据库的建立和维护功能包括数据库初始数据的输入、转换功能、数据库的转储，恢复功能，重组织功能，性能监视和分析功能等。这些功能均可以使用DBMS中的一些专用命令来解决。

4．数据库系统

数据库系统（Database System，DBS）是实现有组织地、动态地存储大量关联数据，方便多个用户访问的硬件、软件和数据资源组成的系统，即采用数据库技术的计算机系统。数据库系统主要由以下4部分组成。

（1）数据库（DB）。

（2）硬件。这部分包括中央处理机、内存、外存、输入输出设备等硬件设备，在DBS中特别要关注内存、外存、I/O存取速度、可支持终端数和性能稳定性等指标和联网能力。此外，要求系统有较高的通信能力，以提高数据的传输速度。

（3）软件。这部分包括 DBMS、操作系统（OS）、各种开发数据库的高级语言和各种应用开发支撑软件程序。

（4）数据库管理员（Database Administrator，DBA）。DBA 是控制数据整体结构的一组人员，负责 DBS 的正常运行，承担创建、监控和维护数据库结构的职责。DBA 要熟悉数据库使用单位全部数据的性质和用途，对所有用户的需求有充分的了解，对系统的性能非常熟悉，兼有系统分析员的知识。

数据库系统结构如图 1.4 所示。

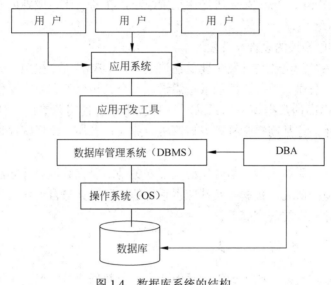

图 1.4　数据库系统的结构

1.2　数据库技术的新发展

虽然目前的数据库技术已经比较完美，但随着社会信息量持续增加，信息处理技术不断发展，数据库技术也在不断发展，每个人都要及时跟踪和学习数据库技术的最新进展，以便能掌握它的最新技术为自己的工作服务。本节主要介绍数据库技术研究的领域和数据库发展两方面的知识。

1.2.1　数据库技术研究的主要领域

数据库技术研究的领域十分广泛，也十分复杂，综合起来，可以归结为以下三个方面。

1. 数据库理论

数据库理论研究领域是在数据库研究领域中最难突破的领域，最近二十多年来，这一方面的研究从来没有中断过，主要集中在关系数据库的规范化理论、关系模型的关系运算、新型数据库模型的建立与应用等方面。20 世纪 80 年代后期，随着计算机其他领域技术的不断发展，与数据库技术相互渗透，在应用方面产生了许多新的理论研究方向，如数据库的逻辑演绎和知识推理、数据库中的知识发现、并行数据库产生与应用、分布式数据库的产生与应用、多媒体数据库系统、数据仓库系统、工程数据库系统、模糊数据库系统等。

2．数据库系统软件的研制

数据库系统软件主要是指 DBMS 软件及其配套的检测和维护软件，还包含以 DBMS 为核心的一组相互联系的软件系统（例如，工具软件和中间件软件等），研制的最终目的是提高系统的可用性、可靠性、可伸缩性；提高系统运行性能和用户应用系统开发设计的效率。

Visual FoxPro、SQL Server、Sybase、Oracle、MySQL、Informix 等数据库系统都有自己的一套 DBMS，它们互不兼容。目前使用的 DBMS 主要是国外的产品，国产的如 COBase、KingBase、ES、PBase、OpenBase 等应用范围很小，在商品化、成熟度和性能方面还有待进一步提高。

3．数据库应用系统的设计与开发

数据库应用系统的设计与开发主要是在选定一个 DBMS 后，按照数据库应用的具体要求，为某一企业、公司、单位、部门或组织设计一个结构合理有效、操作方便、提供数据准确、效力大大提高的数据库应用系统。这种应用系统使用范围广、任务多，需要大量的计算机技术人才，这是高等学校培养计算机专业人员参加工作后解决该课题的主要任务之一。

完成数据库应用系统的设计与开发的主要任务是：研究数据设计方法、设计工具、数据模型和数据建模的研究、数据库及其应用系统的辅助工具与自动化设计的研制、数据库设计规范化和设计标准的研究等。

1.2.2　数据库技术的新发展

从 20 世纪 70 年代末发明了数据库系统后，至今数据库技术已经历了三个发展阶段：第一个阶段是格式化数据模型，包括层次模型和网状模型；第二个阶段是关系数据模型；第三个阶段是面向对象的数据模型。虽然第三个阶段的技术还不是很成熟，但已经可以看出它的优越性。数据库技术有很多发展方向，下面介绍的是目前发展比较突出、应用比较广泛的面向对象数据库、数据仓库、数据挖掘三个方面的知识。

1．面向对象数据库

面向对象数据库（Object Oriented DataBase，OODB）就是把面向对象的方法和数据库技术结合起来的一种数据库。这种数据库可以使数据库系统的分析、设计最大程度地与人们对客观世界的认识相一致。面向对象数据库系统（Object Oriented DataBase System，OODBS）是为了满足新的数据库应用需要而产生的新一代数据库系统。

（1）面向对象数据库的概念。

1993 年，一个面向对象数据管理小组（Object Data Management Group，ODMG）的国际组织制定了 OODB 标准 ODMG93。这个标准是基于对象的，并把对象作为基本构造，它有如下 5 个核心概念。

① 对象是基本的数据结构，对象是存储和操作的基本单位。

② 每个对象有一个永久的标识符，这个标识符在该对象的整个生命周期中都有效，即不论该对象是存储在外存或内存中都有效。

③ 对象可以被指定为类型或子类型，子类型可以继承父类型的所有数据特征和行为。

④ 对象状态由数据值与联系定义。

⑤ 对象行为由对象操作定义。

从上面的 5 点可以看出，OODB 已经和以前的面向对象高级语言中的有关概念一致了。今后随着实际应用的需要，OODB 产品会不断涌现出来。

（2）目前最需要面向对象数据库应用的领域。

在数据库中提供面向对象的技术第一是为了满足特定应用的需要，第二是涉及复杂数据的应用领域。在这些领域中目前使用的数据库技术不能得心应手地解决问题，需要使用面向对象数据库技术，比较明显地表现在以下几个领域。

① 辅助软件工程（CASE）、计算机辅助印刷（CAP）和材料需求计划（MRP）领域。这些应用领域都是数据密集型的，它们需要识别类型关系的存储技术，并能对相近数据备份进行调整。

② 目前应用较为广泛的多媒体数据库，它们要求以集成方式和文本或图形信息一起处理关系数据，这些应用包括高级办公室系统和其他文档管理系统。

③ 人工智能（AI）应用的需要。例如专家系统，推动了面向对象数据库的发展。专家系统常需要处理各种（通常是复杂的）数据类型。与关系数据库不同，面向对象数据库不因数据类型的增加而降低处理效率。

④ 商业应用领域。商业用户要求使用的查询手段比目前结构查询语言（SQL）所提供的手段更加容易，要达到这一点必须符合面向对象的概念。在商业应用中对关系模型的面向对象扩展着重于性能优化，处理各种环境对象的物理表示，这样就优化和增加了 SQL 模型以具有面向对象的特征。如目前已有软件 UNISQL、O2 等，它们均具有关系数据库的基本功能，采用类似于 SQL 的语言，用户很容易掌握。

目前面向对象的数据库有许多产品出现，应该说，比较好的产品是数据库 Oracle 8。它的基础是关系数据库，但它又引入了面向对象的技术。Oracle 8 关系数据库初步具有现在许多面向对象程序设计语言正在使用的对象，它被设计成能够像处理关系型数据那样存储和检索对象数据，同时提供了一致性事务控制、安全备份和恢复、优秀的查询性能、锁定和同步，以及可缩放性等功能。可以相信，随着对 Oracle 8 版本不断地丰富、完善和改进，它将能够在面向对象数据库技术方面取得更大进步。

市场上也有许多别的面向对象的数据库（Object-Oriented Database，OODB）可供选择。然而，OODB 在价格、功能、特色和体系上没有统一的标准，可以从兼容性、特色、性能、可伸缩性和可用性等方面来评判它们。

2．数据仓库

（1）数据仓库的定义。

数据仓库是决策支持系统和联机分析应用数据源的结构化数据环境。数据仓库研究和解决从数据库中获取信息的问题。数据仓库的特征在于面向主题、集成性、稳定性和时变性。

数据仓库之父 Bill Inmon 在 1991 年出版的 *Building the Data Warehouse* 一书中所提出的定义被广泛接受——数据仓库（Data Warehouse，DW）是一个面向主题的（Subject Oriented）、集成的（Integrated）、相对稳定的（Non-Volatile）、反映历史变化（Time Variant）的数据集合，用于支持管理决策（Decision Making Support）。

① 面向主题：操作型数据库的数据组织面向事务处理任务，各个业务系统之间各自

分离，而数据仓库中的数据是按照一定的主题域进行组织的。

② 集成性：数据仓库中的数据是在对原有分散的数据库进行数据抽取、清理的基础上经过系统加工、汇总和整理得到的，必须消除源数据中的不一致性，以保证数据仓库内的信息是关于整个企业的一致的全局信息。

③ 相对稳定性：数据仓库的数据主要供企业决策分析之用，所涉及的数据操作主要是数据查询，一旦某个数据进入数据仓库以后，一般情况下将被长期保留，也就是数据仓库中一般有大量的查询操作，但修改和删除操作很少，通常只需要定期加载、刷新。

④ 时变性：时变性就是能反映历史的变化。数据仓库中的数据通常包含历史信息，系统记录了企业从过去某一时点（如开始应用数据仓库的时点）到目前的各个阶段的信息，通过这些信息，可以对企业的发展历程和未来趋势做出定量分析和预测。

（2）数据仓库系统的基本组成。

从功能结构化来分，数据仓库系统至少应该包含数据获取（Data Acquisition）、数据存储（Data Storage）、数据访问（Data Access）三个关键部分。

企业数据仓库的建设，是以现有企业业务系统和大量业务数据的积累为基础。数据仓库不是静态的概念，只有把信息及时交给需要这些信息的使用者，供他们做出改善其业务经营的决策，信息才能发挥作用，信息才有意义。而把信息加以整理归纳和重组，并及时提供给相应的管理决策人员，是数据仓库的根本任务。因此，从产业界的角度看，数据仓库建设是一个工程，是一个过程。

（3）数据仓库系统体系结构。

从数据仓库系统的体系结构来看，主要分为以下 4 个部分。

① 数据源是数据仓库系统的基础，是整个系统的数据源泉，通常包括企业内部信息和外部信息。内部信息包括存放于 RDBMS 中的各种业务处理数据和各类文档数据；外部信息包括各类法律法规、市场信息和竞争对手的信息等。

② 数据的存储与管理是整个数据仓库系统的核心。数据仓库的真正关键是数据的存储和管理。数据仓库的组织管理方式决定了它有别于传统数据库，同时也决定了其对外部数据的表现形式。要决定采用什么产品和技术来建立数据仓库的核心，则需要从数据仓库的技术特点着手分析。针对现有各业务系统的数据，进行抽取、清理，并有效集成，按照主题进行组织。数据仓库按照数据的覆盖范围可以分为企业级数据仓库和部门级数据仓库（通常称为数据集市）。

③ OLAP（联机分析处理）服务器对分析需要的数据进行有效集成，按多维模型予以组织，以便进行多角度、多层次的分析，并发现趋势。其具体实现可以分为：ROLAP（关系型在线分析处理）、MOLAP（多维在线分析处理）和 HOLAP（混合型线上分析处理）。ROLAP 基本数据和聚合数据均存放在 RDBMS 之中；MOLAP 基本数据和聚合数据均存放于多维数据库中；HOLAP 基本数据存放于 RDBMS 之中，聚合数据存放于多维数据库中。

④ 前端工具：主要包括各种报表工具、查询工具、数据分析工具、数据挖掘工具，以及各种基于数据仓库或数据集市的应用开发工具。其中，数据分析工具主要针对 OLAP 服务器，报表工具、数据挖掘工具主要针对数据仓库。

（4）理解有关数据仓库的两个问题。

① 使用数据仓库有什么好处？

每一家单位都有自己的数据，并且在计算机系统中存储有大量的数据，记录着本单位管理、研究、购买、销售、生产过程中的大量信息和用户的信息。通常这些数据都存储在许多不同的地方。

使用数据仓库之后，各单位将所有收集来的信息存放在一个唯一的地方——数据仓库。数据仓库中的数据按照一定的方式组织，从而使得信息容易存取并且有使用价值。

目前已经开发出一些专门的软件工具，使数据仓库的过程实现可以半自动化，帮助企业将数据导入数据仓库，并使用那些已经存入仓库的数据。

数据仓库给各级单位带来了巨大的变化。数据仓库的建立带来了一些新的工作流程，其他的流程也因此而改变。例如，数据仓库为各单位带来了一些"以数据为基础的知识"，它们主要应用于城市规划与建设、寻找采用新方法和新措施的依据、市场战略的评价，以及为企业发现新的市场商机；同时，也用来控制库存、检查生产方法和定义用户群。

每个单位都有自己的数据。数据仓库将本单位的数据按照特定的方式进行组织，从而产生新的知识，并为单位的运作带来新的视角。

② 数据仓库与数据库有什么区别？

数据仓库的出现，并不是要取代数据库。目前，大部分数据仓库还是用关系数据库管理系统来管理的。可以说，数据库和数据仓库相辅相成，各有千秋。

数据库是面向事务的设计，数据仓库是面向主题设计的。

数据库一般存储在线交易数据，数据仓库存储的一般是历史数据。

数据库设计时应尽量避免冗余，一般采用符合范式的规则来设计；数据仓库在设计时有意引入冗余，采用反范式的方式来设计。

数据库是为捕获数据而设计；数据仓库是为分析数据而设计。

3．数据挖掘

数据挖掘（Data Mining）就是从存放在数据库、数据仓库或其他信息库中的大量的数据中获取有效的、新颖的、潜在有用的、最终可理解的某种模式的过程。

下面介绍有关数据挖掘方面的四个主要问题。

（1）数据挖掘的概念。

数据挖掘，在人工智能领域，习惯上被称为数据库中的知识发现（Knowledge Discovery in Database，KDD），也有人把数据挖掘视为数据库中知识发现过程的一个基本步骤。知识发现过程由数据准备、数据挖掘、结果表达和解释三个阶段组成。数据挖掘可以与用户或知识库交互。

并非所有的信息发现任务都被视为数据挖掘。例如，使用数据库管理系统查找个别记录，或通过因特网的搜索引擎查找特定的 Web 页面，则是信息检索领域的任务。虽然这些任务是重要的，可能涉及使用复杂的算法和数据结构，但是它们主要依赖传统的计算机科学技术和数据的明显特征来创建索引结构，从而有效地组织和检索信息。尽管如此，数据挖掘技术也已用来增强信息检索系统的能力。

（2）数据挖掘的应用领域。

① 分类（Classification）。首先从数据中选出已经分好类的训练集，在该训练集上运用数据挖掘分类技术，建立分类模型，对于没有分类的数据进行分类。

例如：

- 信用卡申请者，分类为低、中、高风险等级。
- 分配客户到预先定义的客户分片。

注意：类的个数是确定的、预先定义好的。

② 估值（Estimation）。估值与分类类似，其不同之处在于，分类描述的是离散型变量的输出，而估值处理连续值的输出；分类的类别是确定数目的，估值的量是不确定的。

例如：

- 根据购买模式，估计一个家庭的孩子个数。
- 根据购买模式，估计一个家庭的收入。
- 估计某一不动产的价值。

一般来说，估值可以作为分类的前一步工作。给定一些输入数据，通过估值，得到未知的连续变量的值，然后，根据预先设定的阈值进行分类。例如，银行对家庭贷款业务，运用估值，给各个客户记分（Score 0~1）。然后，根据阈值，将贷款级别分类。

③ 预言（Prediction）。通常，预言是通过分类或估值起作用的，也就是说，通过分类或估值得出模型，该模型用于对未知变量的预言。从这种意义上说，预言其实没有必要分为一个单独的类。预言的目的是对未知变量的预测，这种预测是需要时间来验证的，即必须经过一定时间后，才知道预言的准确性。

④ 相关性分组或关联规则。决定哪些事情将一起发生。

例如：

- 超市中客户在购买 A 的同时，经常会购买 B，即 A => B（关联规则）。
- 客户在购买 A 后，隔一段时间会购买 B（序列分析）。

⑤ 聚集（Clustering）。聚集是对记录分组，把相似的记录在一个聚集里。聚集和分类的区别是聚集不依赖于预先定义好的类。

例如：

- 一些特定症状的聚集可能预示了一个特定的疾病。
- 购买 VCD 类型不相似的客户聚集，可能意味着成员属于不同的文化群。

聚集通常作为数据挖掘的第一步。例如，"哪一种类的促销对客户响应最好？"这类问题，首先对整个客户集做聚集，将客户分组在各自的聚集里，然后对每个不同的聚集回答问题，可能效果更好。

⑥ 描述和可视化（Description and Visualization）。描述和可视化是对数据挖掘结果的表示方式。

以上 6 种数据挖掘的分析方法可以分为两类：直接数据挖掘和间接数据挖掘。直接数据挖掘的目标是利用可用的数据建立一个模型，这个模型对剩余的数据的一个特定的变量（可以理解成数据库中表的属性，即列）进行描述。间接数据挖掘的目标中没有选出某一具体的变量用模型进行描述，而是在所有的变量中建立起某种关系。分类、估值、预言属于直接数据挖掘；后三种属于间接数据挖掘。

（3）数据挖掘技术的工作过程。

在技术上可以根据数据挖掘的工作过程分为：数据的抽取、数据的存储和管理、数据的展现等。

① 数据的抽取。数据的抽取是数据进入仓库的入口。由于数据仓库是一个独立的数据环境，它需要通过抽取过程将数据从联机事务处理系统、外部数据源、脱机的数据存储介质中导入数据仓库。数据抽取在技术上主要涉及互连、复制、增量、转换、调度和监控等几个方面的处理。在数据抽取方面，未来的技术发展将集中在系统功能集成化方面，以适应数据仓库本身或数据源的变化，使系统更便于管理和维护。

② 数据的存储和管理。数据仓库的组织管理方式决定了它有别于传统数据库的特性，也决定了其对外部数据的表现形式。数据仓库管理所涉及的数据量比传统事务处理大得多，且随时间的推移而快速累积。在数据仓库的数据存储和管理中需要解决的是如何管理大量的数据、如何并行处理大量的数据、如何优化查询等。目前，许多数据库厂家提供的技术解决方案是扩展关系型数据库的功能，将普通关系数据库改造成适合担当数据仓库的服务器。

③ 数据的展现。在数据展现方面主要的方式有以下几种。

- 查询：实现预定义查询、动态查询、OLAP 查询与决策支持智能查询。
- 报表：产生关系数据表格、复杂表格、OLAP 表格、报告以及各种综合报表。
- 可视化：用易于理解的点线图、直方图、饼图、网状图、交互式可视化、动态模拟、计算机动画技术表现复杂数据及其相互关系。
- 统计：进行平均值、最人值、最小值、期望、方差、汇总、排序等各种统计分析。
- 挖掘：利用数据挖掘等方法，从数据中得到数据关系和模式识别。

（4）数据挖掘的发展前景。

当前数据挖掘的应用主要集中在电信、零售、农业、网络日志、银行、电力、生物、天体、化工、医药等方面。看似广泛，实际还远没有普及。据有关专业报告指出，数据挖掘会成为未来 10 年内重要的技术之一。数据挖掘，也已经开始成为一门独立的专业学科。

数据挖掘的具体发展趋势和应用方向主要有：对知识发现方法的研究进一步发展，如对 Bayes 和 Boosting 方法的研究和提高；商业工具软件不断产生和完善，注重建立解决问题的整体系统，例如国外的 SPSS、JMP，国内的 NoSA、SPLM、bget、qstat 等专业软件。

数据挖掘的发展应是挖掘工具在先进理论指导下的改进，就目前情况而言，还有至少20 年的发展空间。

小　　结

（1）数据管理技术经历了三个发展阶段，分别为人工管理、文件管理和数据库管理阶段。人工管理阶段的数据具有数据不能长期保存在计算机内、数据不共享、数据不具有独立性等特点；文件管理阶段的数据具有数据以"文件"形式可以长期保存在外部存储器的磁盘上、数据的逻辑结构与物理结构有区别、文件组织已有多样化、数据可以重复使用、对数据的操作以记录为单位等特点；数据库管理阶段的数据具有数据都放在数据库内、数据共享性、数据重复使用等特点。

（2）数据库管理阶段产生的三大新技术发明，分别为层次数据库的发明、网状数据库的发明、关系数据库的发明。因此数据库系统的主要特点表现在：数据结构化，有较高的数据独立性，数据库系统为用户提供了方便的用户接口，数据库系统提供并发控制、恢复性、完整性、安全性 4 方面的数据控制功能。

（3）数据、数据库、数据库管理系统、数据库系统是数据库技术中的 4 个基本概念。数据是用来记录信息的可识别的符号，是信息的具体表现形式；数据库是长期存储在计算机内、有组织的、可共享的大量数据集合，换而言之，数据库是存放数据的仓库；数据库管理系统是数据库的核心组成部分，是对数据库中数据进行管理的大型系统软件；数据库系统是实现有组织地、动态地存储大量关联数据、方便多个用户访问的硬件、软件和数据资源组成的系统，即它是采用数据库技术的计算机系统。

（4）数据库技术研究的主要领域为数据库理论研究领域、数据库系统软件的研制、数据库应用系统的设计与开发；数据库技术的发展方向很多，但比较突出、应用比较广泛的发展表现在面向对象数据库、数据仓库、数据挖掘三个方面的新发展。

习　　题

一、选择题

1. 文件倒排系统阶段属于下列（　　）。
　　A．文件管理阶段　　　　　　　　　　B．人工管理阶段
　　C．数据库管理阶段　　　　　　　　　D．面向对象数据库发展阶段
2.（　　）用来实现数据库系统的一些操作，包括数据定义、数据操纵、数据查询的数据控制等。
　　A．DBMS　　　　　　B．DB　　　　　　C．DBS　　　　　　D．DBA
3. 可以把文字、图形、图像、声音、各种具体数据，按照一定的结构存放起来，这些都是（　　）。
　　A．DATA　　　　　　B．DBS　　　　　　C．DB　　　　　　D．其他
4. 具有数据独立性和共享性好、冗余度小的优点是在（　　）阶段。
　　A．文件管理　　　　　　　　　　　　B．人工管理
　　C．数据库管理　　　　　　　　　　　D．以上阶段都具有
5. 下列不属于 DBMS 提供的数据控制功能的是（　　）。
　　A．数据的安全性控制　　　　　　　　B．数据的完整性控制
　　C．数据库的并发控制　　　　　　　　D．数据间的联系
6. 英文缩写 DBA 代表（　　）。

A．数据库管理员　　　　　　　　　　B．数据库管理系统

C．数据定义语言　　　　　　　　　　D．数据操纵语言

7．数据库系统包含以下（　　）内容。

A．DB　　　　　B．DBMS　　　　　C．DBA　　　　　D．以上都包含

8．计算机程序员设计了某高校的学生成绩管理系统，这属于数据库技术研究领域的（　　）。

A．数据库理论的研究　　　　　　　　B．数据库应用系统设计与开发研制

C．DBMS软件的研制　　　　　　　　D．不属于以上三个领域

9．数据仓库是（　　）。

A．面向主题的　　　　　　　　　　　B．集成和相对稳定的

C．反映历史变化的　　　　　　　　　D．以上说法都正确

10．数据挖掘（DM）在人工智能领域，习惯上又称为数据库中知识发现，简称为（　　）。

A．DW　　　　　B．DM　　　　　C．KDD　　　　　D．都不正确

二、填空题

1．数据库中的数据是由＿＿＿＿＿＿＿统一管理和控制。

2．数据管理技术已经历了人工管理阶段、＿＿＿＿＿＿＿和＿＿＿＿＿＿＿三个发展阶段。

3．数据库系统的主要特点：＿＿＿＿＿＿＿、数据冗余度小、具有较高的数据程序独立性、具有统一的数据控制功能等。

4．20世纪60年代末，先后发明了＿＿＿＿＿＿＿数据库、＿＿＿＿＿＿＿数据库和关系数据库，其中，关系数据库首次发明时间是在＿＿＿＿＿＿＿年，是由IBM公司的一位科学家E.F.Codd提出的。

5．面向对象数据库的英文简称是＿＿＿＿＿＿＿，面向对象数据库系统的英文简称是＿＿＿＿＿＿＿。

三、简答题

1．简述计算机数据管理技术发展的三个阶段，说明每个阶段发明的数据管理技术有哪些优缺点。

2．试述一个完整的数据库系统的组成。

3．面向对象数据库的核心概念是什么？

4．试述数据仓库的定义和它与数据库的区别。

5．目前数据挖掘技术有什么功能？它与数据仓库之间有什么联系？

第2章 数据库系统结构

数据库系统结构是全书的基础，只有掌握了这些基础知识，才能更好地学好数据库原理及其应用的具体内容。本章首先介绍在概念设计和逻辑设计中描述数据的专业术语及其含义，然后叙述数据库的各种数据模型，最后说明数据库系统的三级模式、二级映像功能与数据独立性。

2.1 数 据 模 型

数据库中的数据模型分为概念设计模型和逻辑设计模型两部分，数据库设计都要按照这两个模型来做，这是学习数据库原理必须要掌握的基本知识。本节主要介绍概念设计中的数据描述；组成结构数据模型的基本要素；概念设计模型中的实体-联系模型，逻辑模型中的层次模型、网状模型和关系模型的概念。

2.1.1 数据描述

1. 概念设计中的数据描述

数据库的概念设计是根据用户的需求来设计数据库的概念结构，在这一阶段经常使用下列 4 个术语。

（1）实体（Entity）：客观存在、可以互相区别的事物称为实体，例如，一位老师、一门课程、一辆汽车等。也可以是比较抽象的对象，例如，一次讲课、一场比赛等。

（2）实体集（Entity Set）：性质相同的同类实体的集合称为实体集，例如，所有老师、学生学习各门课程的成绩、所有汽车等。

（3）属性（Attribute）：实体有很多特性，每一个特性称为一个属性。每一个属性有一个值域，其类型可以是整数型、实数型、字符型等，例如，学生的学号、姓名、年龄、成绩等都是学生的属性，学号的值域是 6 位数字、年龄的值域是在 18～24 岁等。

（4）实体标识符（Identifier）：能唯一标识实体的属性或属性集，称为实体标识符，有时也称为关键码（Key），或简称为键。例如，学生属性中的学号可以作为学生实体的标识符，身份证号可作为一个公民实体的标识符等。

2. 逻辑设计中的数据描述

数据库的逻辑设计是根据概念设计得到的概念结构来设计的，即表达方式的实现方式。当然可以用不同的方法来实现，采用不同的方法就会使用不同的术语，下面介绍的是最常用的一套术语。

（1）字段（Field）：标记实体属性的命名单位称为字段或数据项。它是数据库中可以命名的最小信息单位，有的书上称为数据元数或初等项。与概念设计中数据描述中的属性相同。例如，在描述学生情况时，学生的学号、姓名、年龄、成绩等都可以是学生的字段名。

（2）记录（Record）：字段的有序集合称为记录。一般用一个记录来描述一个实体的基本内容，所以说记录又可以定义为能完整地描述一个实体的字段集。例如，一个学生的记录，由有序的字段集组成：学号、姓名、年龄、性别。记录与概念设计里数据描述中的实体相当。

（3）文件（File）：同一类记录的集合称为文件。文件是用来描述实体集的。例如，所有的学生记录组成了一个学生文件。文件与概念设计里数据描述中的实体集相当。

（4）关键码（Key）：能唯一标识文件中每个记录的字段或字段集，称为记录的关键码（简称为键）。与概念设计里数据描述中的实体标识符相当。

概念设计和逻辑设计中两套术语的对应关系如表 2.1 所示。

表 2.1　术语的对应关系

概 念 设 计		逻 辑 设 计
实体	←→	记录
属性	←→	字段（数据项）
实体集	←→	文件
实体标识符	←→	关键码

在每种数据描述中，各个概念都有型（Type）和值（Value）的区分。例如，"老师"是一个实体类型，而具体的老师"王一民""李俊林"是实体值。记录也有记录类型和记录值之分。

数据描述有两种形式：物理描述和逻辑描述。

（1）物理描述：指数据在存储设备上的存储方式的描述。物理数据是实际存放在存储设备上的数据。例如，物理文件、物理记录等术语是用来描述存储数据的细节。

（2）逻辑描述：指程序员或用户用以操作的数据形式的描述，是抽象的概念化数据。例如，逻辑文件、逻辑记录等术语是用户观点的数据描述。

在数据库系统中，物理数据与逻辑数据之间的差别可以很大。数据管理软件的功能之一，就是要把物理数据和逻辑数据相互转换。

2.1.2　数据模型的定义和组成结构数据模型的三要素

1．数据模型的定义

数据库系统中的数据模型是对现实世界数据的抽象，能表示实体类型及实体间联系的模型称为"数据模型"（Data Model）。

数据模型的种类很多，目前被广泛使用的分为两种类型，如图 2.1 所示。

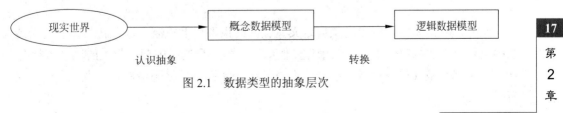

图 2.1　数据类型的抽象层次

一种是独立于计算机系统的数据模型，完全不涉及信息在计算机中的表示，是用来描述某个特定组织所关心的信息结构，这类模型称为"概念数据模型"。概念数据模型是按用户的观点对数据建模，强调其语义表达能力，概念应该简单、清晰、易于用户理解，它是对现实世界的第一层抽象，是用户和设计人员之间进行交流的工具。这一类模型中最著名的是"实体-联系模型"。

另一种数据模型是直接面向数据库的逻辑结构，它是对现实世界的第二层抽象，这类模型直接与 DBMS 有关，称为"逻辑数据模型"，也称为"结构数据模型"。这类模型有严格的定义，以便于在计算机中实现。它通常有一组严格定义的无二义性的语法和语义的数据库语言，人们可以用这种语言来定义、操作数据库中的数据。

2．组成结构数据模型的三要素

结构数据模型描述了数据库系统中的三个方面：静态特性、动态特性和完整性约束条件。因此，该数据模型一般由数据结构、数据操作和完整性约束三要素组成，是严格定义的一组概念的集合。

（1）数据结构。

数据结构用于描述系统的静态特性，是所研究的对象类型的集合。结构数据模型按其数据结构分为层次模型、网状模型、关系模型和面向对象模型。它们研究的对象是数据库的组成部分，包括两类：一类是与数据类型、内容、性质有关的对象，例如，网状模型中的数据项、记录，关系模型中的属性、实体等；另一类是与数据之间的联系有关的对象，例如，网状模型中的联系类型、关系模型中反映联系的关系等。

通常用数据结构的类型来命名数据模型。数据结构类型有层次结构、网状结构、关系结构和面向对象结构 4 种，它们对应的数据模型分别命名为层次模型、网状模型、关系模型和面向对象模型。

（2）数据操作。

数据操作用于描述系统的动态特性，是指对数据库中各种对象及对象的实例允许执行的操作的集合，包括对象的创建、增加、插入、修改和删除，对对象实例的检索与更新等。结构数据模型必须定义这些操作的确切含义、操作符号、操作规则（如定义优先级）以及实现操作的语言等。

（3）完整性约束。

数据的完整性约束条件是一组完整性约束规则的集合。完整性约束规则是给定的数据模型中数据及其联系所具有的制约和依存规则，用以限定符合数据模型的数据库状态以及状态的变化，以保证数据的正确、有效、相容。

数据模型应该反映和规定本数据模型必须遵守的基本通用的完整性约束条件。例如在关系模型中，任何关系必须满足实体完整性和参照完整性两个条件（在后面会做进一步介绍）。

此外，数据模型还应该提供自定义完整性约束条件的机制，以反映具体应用所涉及的数据必须遵守的特定的语义约束条件。例如，在学生数据库中规定学生的入学年龄在 16～26 岁，必须修满 170 学分才能毕业，有三门必修课程不及格不能取得毕业证书等。这些应用系统中数据的特殊约束要求用户能在数据模型中自己来定义（称为自定义完整性）并产生制约。

　　数据模型的三要素紧密联系，相互作用形成一个整体，如图 2.2 所示表示结构数据模型三要素的简单化的逻辑示意图。图中内圈中表与表间连线代表着数据结构；带操作方向的线段代表着动态的各类操作；各椭圆表示静态的数据结构及动态的数据操作要满足制约条件。

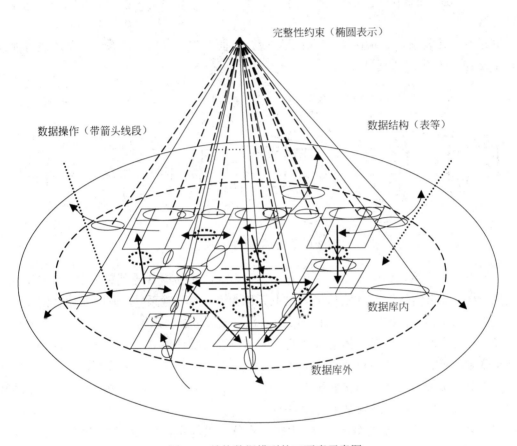

图 2.2　结构数据模型的三要素示意图

　　结构数据模型的三要素在数据中都是严格定义的一组概念的集合。对关系数据库来说可以简单理解为：数据结构是表结构及其他数据库对象定义的命令集；数据操作是数据库管理系统提供的各种数据操作的命令集；数据完整性约束是各关系表约束的定义及动态操作约束规则等的集合。因此，结构数据模型的三要素并不抽象，可根据具体的数据库系统来细细领会。

2.1.3　实体-联系模型简述

　　在数据库技术中，采用数据模型的第一层抽象是概念数据模型，表达概念数据模型一般采用实体-联系模型。

1.实体-联系模型中的数据联系

实体-联系模型（Entity-Relationship Model, E-R 模型）于 1976 年提出。这个模型直接从现实世界中抽象出实体类型及实体间的联系，然后用实体-联系图（E-R 图）表示数据模型，在概念数据模型设计中得到了广泛的应用。

实体-联系模型中最重要的三个概念是实体、属性和联系，其中，前两个概念已介绍过，这里说明联系的概念。

联系（Relationship）是实体之间的相互关系。与一个联系有关的实体集的个数称为联系的元数。

联系有一元联系、二元联系、三元联系等。下面首先研究二元联系。二元联系可以分为以下三种（如图 2.3 所示）。

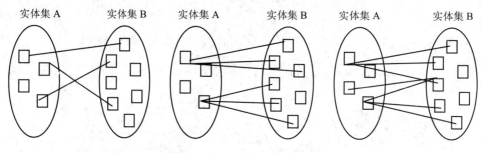

图 2.3 二元联系的三种类型

（1）一对一联系。如果实体集 A 中每个实体至多和实体集 B 中任意一个实体有联系，反之也一样，那么实体集 A 和实体集 B 的联系称为"一对一联系"，记作 1∶1。例如，一个学校的校长与该学校的联系、一个班级的班长与该班级的联系等。

（2）一对多联系。如果实体集 A 中每个实体可以与实体集 B 中任意个（零个或多个）实体有联系，而实体集 B 中每个实体至多和实体集 A 中的一个实体相联系，那么实体集 A 和实体集 B 的联系称为"一对多联系"，记作 1∶n。例如，一个学校的校长与其职工的联系、一个班级的班长与班级内学生的联系等。

（3）多对多联系。如果实体集 A 中每个实体可以与实体集 B 中任意个（零个或多个）实体有联系，反之也一样，那么实体集 A 和实体集 B 的联系称为"多对多联系"，记作 m∶n。例如，老师与课程的联系（一个老师可以讲多门课，一门课可以被多个老师讲授）、药厂与销售点的联系（一个药厂有多个销售点，一个销售点销售多个厂的药）等。

单个实体之间和多个实体之间也存在类似于两个实体之间的三种联系情况。

例如，对于教师、课程与学生三个实体，如果一门课程可以由若干名教师讲授，一个教师教授多个学生，而每个教师只讲授一门课程，每一门课程有多个学生学习，则课程与教师、课程与学生间的联系是一对多的，教师与学生间是多对多的联系，如图 2.4（a）所示。

对于一所大学的系、教师、专业三个实体，一个大学建立许多系，每个系都设置许多专业，每个专业都有许多教师，这三个实体之间存在着多对多的关系，如图 2.4（b）所示。

同一个实体型对应的实体集内的各实体之间也可以存在一对一、一对多、多对多的联系（可以把一个实体集逻辑上看成两个与原来一样的实体集来理解）。例如，许多运动员参加体育比赛，他们之间有许多人获奖，也有部分个人获多个奖，因此运动员与获奖人之间可能是多对多的联系（如图 2.5 所示）。

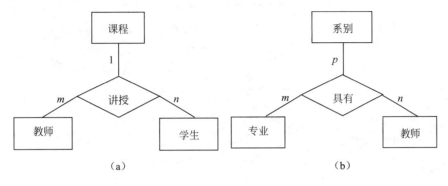

图 2.4　三个实体之间的联系

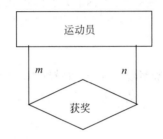

图 2.5　个实体间的多对多联系

2．E-R 模型的表示方法

E-R 模型用 E-R 图来表示，它是体现实体、属性、联系之间关系的表现形式。表示方法如下。

（1）矩形框：表示实体类型（表达的对象），矩形框内的内容用名词表达。

（2）菱形框：表示联系类型（实体间联系）。联系的类型有（$1:1$、$1:n$、$m:n$）三种。菱形框内的内容用动词来表达。

（3）椭圆形框：表示实体类型或联系类型的属性，椭圆内用属性名表示，如果这个属性名是关键词，可以在该属性名下加下画线。

（4）连线：实体与属性之间、联系与属性之间用直线连接。联系类型与有关实体类型之间也用直线连接，在直线端部标注联系的类型。

例如，某个专业和老师两个实体，这个专业要招收许多老师，它们的联系是 $1:n$ 的关系，专业实体的属性有名称、编号和性质，老师的属性有编号、姓名、性别、年龄和籍贯，那么这两个实体的 E-R 图可用图 2.6 来表示。

E-R 模型有两个明显的优点：一是简单，容易理解，真实地反映用户的需求；二是与计算机无关，用户容易接受。因此 E-R 模型已成为使用软件工程方法设计系统的重要方法。详细知识将在第 6 章中介绍。

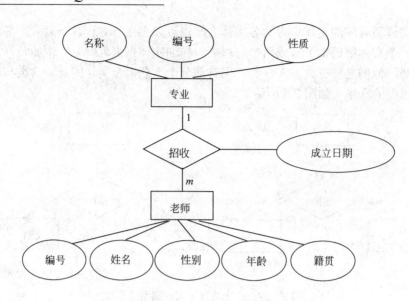

图 2.6   专业和老师两个实体之间的 E-R 图

2.1.4   结构数据模型

结构数据模型（也称为逻辑数据模型）常用模型有层次模型、网状模型、关系模型和面向对象模型 4 种。面向对象模型还在不断完善的过程中，前面已做过介绍，下面仅介绍前三种模型的一些基本知识。

1. 层次模型

（1）层次模型的定义和特点。

用树状（层次）结构表示实体类型与实体间联系的数据模型称为层次模型（Hierarchical Model）。在数据库中，层次模型要满足下列两个基本条件。

① 有且只有一个节点没有双亲节点，这个节点称为根节点；

② 根以外的其他节点有且只有一个双亲节点，即上一层记录类型和下一层记录类型之间的联系为 $1:n$ 联系。

在层次模型中，除根节点外，每一层次都可包含多个节点，每个节点都表示一个记录类型。记录之间的联系用节点之间的连线表示，这种联系是父子之间的一对多的联系，这就使得层次模型数据库系统只能处理一对多的实体联系。

每个记录类型（即一个实体）都可以设置多个字段（或称为数据项），字段描述的是实体的属性，各个记录类型及其字段名都要命名，而且它们的名称不能重复，每个记录类型可以确定一个排序字段，该字段的值是唯一的，称为该记录类型的标识符或关键码。

从理论上来说，一个层次模型可以包含任意多个记录类型和字段，但实际上要受到计算机存储容量和复杂度的限制。从目前的计算机硬件设备来讲，实际中存在的某一层次模型的所有记录类型及其字段都能解决。

若用图来表示，层次模型是一棵倒立的树，层次从树根开始定义，根为第一层，根的子女为第二层，根称为其子女的双亲，同双亲子女称为兄弟。

（2）层次模型结构举例。

层次模型的一个基本特点是，任何一个给定的记录值只能在按路径查看时才能得到正确的结果，不可能有一个子女记录值能脱离其双亲记录值而独立存在。

图 2.7 是一个简单的层次模型示例，节点"学院"是根节点（也称为父节点），节点"系别"和"处"称为其子女，"教研室"称为"系别"的子女。

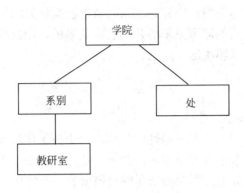

图 2.7　简单层次模型示例

图 2.8 是上述示例的具体化，"学院"实体有代号、名称和办公地三个字段，它的子节点"系别"有名称和办公地两个字段，另一个子节点"处"有编号、名称和办公地三个字段，"系别"的子节点"教研室"有编号、名称和办公室三个字段。教研室要与学院联系，必须要按教研室→系别→学院→系别→教研室方式进行，不能直接与学院联系。

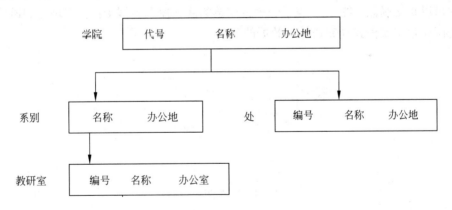

图 2.8　学院编制的数据库

（3）层次模型的优点。

① 模型简单，对具有一对多的层次关系的部门描述自然、直观，容易理解。

② 对于实体的联系是固定的，其性能较优。

③ 提供了良好的完整性支持。

（4）层次模型的缺点。

① 无法直接表示多对多联系。

② 对插入和删除操作的限制多。

数据库系统结构

③ 查询子女节点必须通过双亲节点。

④ 层次命令趋于程序化。

⑤ 理论上缺少数学推导。

2. 网状模型

（1）网状模型的定义和特点。

用有向图结构表示实体类型及实体间联系的数据模型称为网状模型（Network Model）。在现实世界中，各实体之间的联系更多的是非层次关系的，用层次模型表示非树状结构是很不方便的，网状模型可以解决这一问题。

网状模型有以下两个特点。

① 允许一个以上的节点无双亲。

② 一个节点可以有多于一个的双亲。

网状模型是比层次模型更具有普遍性的结构，它更改了层次模型的两个限制，允许多个节点没有双亲，允许某节点有多个双亲，此外，还允许两个节点之间有多种联系。这种模型更符合现实世界，实际上，层次模型是网状模型的一个特例。

网状模型与层次模型一样，每个节点都表示一个记录类型。记录之间的联系用节点之间的连线表示，每个记录类型都可以包含若干个字段。在网状模型中，子女节点与父节点间的联系并不一定是唯一的。

（2）网状模型的结构举例。

图 2.9 中有两个节点（或称为实体）"学院"和"住处"无双亲，一个节点"学生"有三个双亲。也就是说，学生这个实体与学院级的学生工作处、系级的学生科、教研室的老师都可以直接联系。图 2.10 表示一个最简单的网状模型的例子：工程项目和所使用零件之间的网状数据库模式是怎样组织数据的。

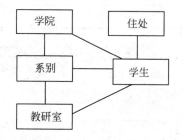

图 2.9 简单的网状模型

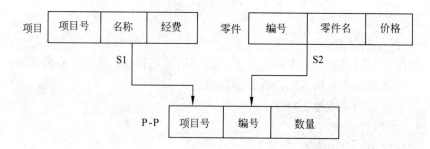

图 2.10 工程"项目"和"零件"的网状数据库模式

工程“项目”包含字段：项目号、名称和经费。“零件”包含字段：编号、零件名和价格。P-P 包含字段：项目号、编号和数量。一个工程项目要使用许多零件，一种零件也可以提供给许多工程项目使用，工程项目与零件之间的联系是 $m:n$。$m:n$ 的联系可用两个 $1:n$ 联系来实现，即项目与 P-P 之间、零件与 P-P 之间均使用 S1 与 S2 的两个 $1:n$ 来联系。

（3）网状模型的优点。

① 能更为直接地描述现实世界，如一个节点可以有多个双亲。

② 具有良好的性能，存取效率较高。

（4）网状模型的缺点。

① 结构比较复杂，而且随着应用环境的扩大，数据库的结构就变得越来越复杂，不利于最终用户掌握。

② 在理论上缺少严密的数学推导。

3．关系模型

（1）关系模型的主要特征。

关系模型（Relational Model）的主要特征是用二维表格表达实体集。与前两种模型相比，其数据结构简单，容易为初学者理解。关系模型是由若干个关系模式组成的集合。关系模式相当于前面提到的记录类型，它的实例称为关系，每个关系实际上是一张二维表格。

（2）关系模型的数据结构举例。

关系模型中数据的逻辑结构是一张二维表，它由行和列组成。每一行称为一个元组，每一列称为一个属性（或字段）。下面通过如图 2.11 所示的学生登记表，介绍关系模型中的相关术语。

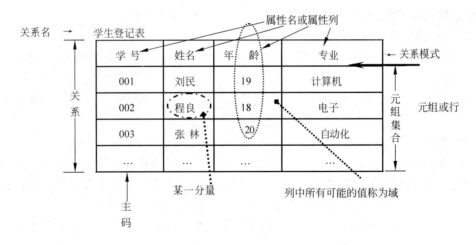

图 2.11　学生登记表

关系：一个关系对应一张二维表，图 2.11 表示的就是一张学生登记表。

元组：二维表中的一行称为一个元组，　图 2.11 中有三个元组。

属性：二维表中的一列称为一个属性，对应每一个属性的名字称为属性名，学号、姓名、年龄和专业均是属性名。

主码：二维表中的某个属性或属性组可以唯一确定一个元组，则称为主码，也称为关键码。图 2.11 中的学号就是主码。

域：属性的取值范围称为域，如果学生年龄的值域为 16～25 岁，则图 2.11 中三个元组的年龄均在规定的值域中。

分量：元组中的一个属性值，例如，姓名属性中每个元组中的姓名均是一个分量。

关系模式：表现为关系名和属性集的集合，是对关系的具体描述。一般表示为：

关系名（属性 1，属性 2，…，属性 N）

学生登记表的关系模式可以表示为：

学生（学号，姓名，年龄，专业）

关系模型要求关系必须是规范化的，即要求关系必须满足一定的规范条件，这些规范条件中最基本的一条是：关系的每一个分量必须是一个不可分的数据项，不允许表中还有表。

例如，图 2.12 中出生日期是可分的数据项，出生日期又可以分为年、月、日。因此，图 2.12 的表就不符合关系模型的要求。

学生号	姓名	年龄	出生日期		
			年	月	日
2017011208	周良英	20	1998	10	12
…	…	…	…	…	…

图 2.12　表中表示例

如果要改正表中表的错误，只要把出生日期中年、月、日三栏改成一栏，或者去掉出生日期，变成年、月、日三栏即可。

（3）关系模型的优点。

① 关系模型与前两个模型不同，所有的规则和运算方法都有数学理论作指导。

② 数据结构简单、清晰，用户易懂易用，使用关系来描述实体与实体间的联系。

③ 关系模型的存取路径对用户是透明的，从而具有更高的数据独立性，更好的安全保密性，也简化了程序员的工作和数据库建立和开发的工作。

（4）关系模型的缺点。

存取路径对用户透明导致查询效率往往不如非关系数据模型。为提高性能，必须对用户的查询请求进行优化，增加了开发数据库管理系统的难度。现在随着计算机硬件和软件的发展，关系数据库的性能已得到了极大的改善，以上缺点已不存在了。

目前世界上所使用的数据库基本上均采用关系型数据库，使用最广泛的数据库产品是 FoxPro、Access、Oracle、Sybase、SQL Server、MySQL、DB2 等。

2.2　数据库系统结构

数据库系统结构是了解数据库组成的重要基础，正因为数据库系统的这种合理有效的结构才使得数据库系统至今仍在广泛应用之中。可以有多种不同的层次或不同的角度来考查数据库系统的结构。从数据库管理系统内部结构看，数据库系统通常采用三级模式结构（下面会详细介绍）。从数据库外部的体系结构看，数据库系统的结构分为集中式结构、分布式结构、客户机/服务器结构和并行结构 4 种。

（1）集中式结构。如果数据库系统运行在单个计算机系统中，并与其他计算机系统没有联系，这种形式称为数据库系统的集中式结构。在这种结构下，只使用一台计算机（可以是微型计算机，也可以是高性能的大型计算机），有若干台设备控制器控制着磁盘、打印机等设备，计算机和设备控制器能够并发执行。

（2）分布式结构。分布式数据库系统（Distributed Database System，DDBS）是一个用通信网络连接起来的场地，每个场地都可以拥有集中式 DBS 的计算机系统。

DDBS 的数据具有"分布性"特点，数据在物理上分布在各个场地。这是与集中式 DBS 的最大区别。

DDBS 的数据具有"逻辑整体性"特点，分布在各地的数据逻辑上是一个整体，用户使用起来好像是一个集中式 DBS，这是 DDBS 与非分布式 DBS 的主要区别。

（3）客户机/服务器（Client/Server，C/S）结构。随着计算机网络技术的发展和微型计算机的广泛应用，C/S 结构方式的应用越来越广泛，这种结构的关键在于功能的分布，一些功能放在客户机上执行，另一些功能放在服务器上执行。

（4）并行结构。现在数据库的数据量急剧提高，要求数据处理的速度非常快，集中式和 C/S 结构都满足不了这个要求，并行计算机系统能解决这个问题。

并行式数据库系统（Parallel DataBase System）使用多个 CPU 和多个磁盘进行并行操作，以提高数据处理和输入/输出速度。并行处理时，许多操作同时进行，而不是采用分时的办法。在大规模并行系统中，CPU 不是几个，而是几百个，甚至上千个。

2.2.1　数据库系统的三级模式结构

数据库系统的内部结构是一种三级模式结构，是指外模式、模式和内模式，如图 2.13 所示。下面对三级模式结构做出说明。

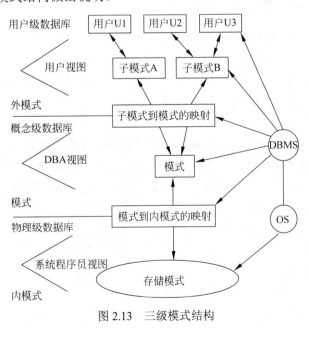

图 2.13　三级模式结构

1. 外模式

外模式（External Schema）也称子模式（Sub Schema）或用户模式，是三级模式的最外层，它是数据库用户能够看到和使用的局部数据的逻辑结构和特征的描述。

普通用户看到和使用的数据库内容通常称为视图。视图集也称为用户级数据库，它对应于外模式。外模式通常是模式的子集。一个数据库可以有多个外模式。同一外模式也可以为某一用户的多个应用系统所用，但一个应用程序只能使用一个外模式。数据库管理系统（DBMS）提供外模式描述语言（DDL）来定义外模式。

2. 模式

模式（Schema）又称概念模式，也称为逻辑模式，是数据库中全体数据的逻辑结构和特征的描述，是所有用户的公共数据视图，是数据视图的全部。它是数据库系统模式结构的中间层，既不涉及数据的物理存储细节和硬件环境，也与具体的应用程序、使用的应用开发工具及高级程序设计语言等无关。

概念模式实际上是数据库数据在逻辑级上的视图。一个数据库只有一个模式。数据库模式以某一种数据模型为基础，统一综合地考虑了所有用户的需求，并将这些需求有机地结合成一个逻辑整体。定义模式时不仅要定义数据的逻辑结构，例如，数据记录由哪些数据项构成，以及数据项的名称、类型、取值范围等，而且要定义数据之间的联系、定义与数据有关的安全性、完整性要求等。数据库管理系统（DBMS）提供模式描述语言（DDL）来定义模式。

3. 内模式

内模式（Internal Schema）也称为存储模式或物理模式，一个数据库只有一个内模式。它是数据物理结构和存储方式的描述，是数据在数据库内部的表示方式。例如，记录的存储方式是以数据结构中所讲述的何种方式存储；索引按照什么方式组织；数据是否压缩存储，是否加密；数据的存储记录结构有何规定等。数据库管理系统提供内模式描述语言（DDL）来定义内模式。

2.2.2 数据库的二级映像功能与数据独立性

为了能够在内部实现这三个抽象层次的联系和转换，数据库管理系统在这三级模式之间提供了两层映像：外模式/模式映像，模式/内模式映像。

这两层映像（指两层之间相互对应关系），保证了数据库系统的数据能够具有较高的逻辑独立性和物理独立性，从而可大大降低数据库维护人员、程序编写人员的工作量。

1. 外模式/模式映像

模式描述的是数据的全局逻辑结构，外模式描述的是数据的局部逻辑结构。对应于同一个模式可以有任意多个外模式，数据库系统都有一个外模式/模式映像，它定义了该外模式与模式之间的对应关系。这些映像定义通常包含在各自外模式的描述中。

当模式改变时，由数据库管理员对各个外模式/模式映像做相应改变，可以使外模式保持不变。应用程序是依据数据的外模式编写的，当数据的外模式不更改时，即使模式改变了，应用程序也无须改变，这就保证了数据与程序的逻辑独立性，简称为数据逻辑独立性。

例如，一个教师的数据表模式是：教师（编号，姓名，性别，职称，年龄，工资），用户的一个外模式是：教师（编号，姓名，性别，职称）。在一个具体的 DBMS 下，建立好的外模式/模式映像关系存在，此时当教师模式中要增加一个字段名"月奖金"时，其模式将变成：教师（编号，姓名，性别，职称，年龄，工资，月奖金），如果外模式不变，仍然是：教师（编号，姓名，性别，职称），则程序员编写的程序可以不改变，这就是上面讲的数据逻辑独立性，但如果外模式改变成：教师（编号，姓名，性别，职称，月奖金）时，程序员编写的程序是要改变的，这点请务必注意。

2. 模式/内模式映像

数据库中只有一个模式，也只有一个内模式，所以模式/内模式映像是唯一的，它定义了数据库全局逻辑结构与存储结构之间的对应关系，例如，说明逻辑记录的字段在内部是如何表示的。该映像定义通常包含在模式描述中。当数据库的存储结构改变时，由数据库管理员对模式/内模式映像做相应改变，可以使模式保持不变，从而应用程序也不必改变，保证了数据与程序的物理独立性，简称为数据物理独立性。

实际上，内模式中数据的存储方式是由具体的 DBMS 决定的，用户不必关心。用户所要关心的是在某一个 DBMS 中建立好的模式，不一定在别的 DBMS 中能使用，所以在决定设计一个数据库应用系统时，根据条件选择好数据库系统软件（即选择好一个 DBMS），就是说，应该在选择好的 DBMS 中建立模式。不要在某一 DBMS 中建立模式后，又去选择别的 DBMS，这可能会带来非常大的麻烦。至于在选定的 DBMS 中，如果模式改变，要使应用程序不改变，只能使外模式不变。如果外模式要改变，应用程序是必须要改变的。

在数据库的三级模式结构中，数据库模式即全局逻辑结构是数据库的中心与关键，它独立于数据库的其他层次。因此设计数据库模式时应首先确定数据库的逻辑模式。

数据库的内模式依赖于它的全局逻辑结构，但独立于数据库的用户视图即外模式，也独立于具体的存储设备。

数据库的外模式面向具体的应用程序，它定义在逻辑模式之上，但独立于内模式和存储设备。当应用需求发生变化时，可修改外模式以适应新的需要，这时应用程序需要改变。

数据库的二级映像保证了数据库外模式的稳定性，从而从根本上保证了应用程序的稳定性，使得数据库系统具有较高的数据与程序的独立性。数据库的三级模式与二级映像使得数据的定义和描述可以从应用程序中分离出去。

2.2.3 数据库管理系统的工作过程

数据库建立后，用户就可使用 DBMS 中的命令来对数据库进行操作。DBMS 控制的数据操作过程基于数据库系统的三级模式结构与二级映像功能，总体操作过程能从其读或写一个用户记录的过程大体反映出来。

下面就以应用程序从数据库中读取一个用户记录的过程来说明，按照步骤解释运行过程如下。

（1）某一应用程序向 DBMS 发出从数据库中读用户数据记录的命令。

（2）DBMS 对该命令进行语法检查、语义检查，并调用应用程序对应的子模式，检查它的存取权限，决定是否执行该命令。如果拒绝执行，则转向 DBMS，由 DBMS 向用户返回错误信息。

（3）在决定执行该命令后，DBMS 调用模式，依据子模式/模式映像的定义，确定应读入模式中的哪些记录。

（4）DBMS 调用内模式，依据模式/内模式映像的定义，决定应从哪个文件、用什么存取方式、读入哪个或哪些物理记录。

（5）DBMS 向操作系统发出执行读取所需物理记录的命令。

（6）操作系统执行从物理文件中读数据的有关操作。

（7）操作系统将数据从数据库的存储区送至系统缓冲区。

（8）DBMS 依据内模式/模式（模式/内模式映像的反方向看待，并不是另一种新映像，模式/子模式映像也是类似情况）、模式/子模式映像的定义，导出应用程序所要读取的记录格式。

（9）DBMS 将数据记录从系统缓冲区传送到应用程序的用户工作区。

（10）DBMS 向应用程序返回命令执行情况的状态信息。

至此，DBMS 就完成了一次读用户数据记录的过程。DBMS 向数据库写一个用户数据记录的过程经历的环节类似于读，只是过程基本相反而已。由 DBMS 控制的大量用户数据的存取操作，可以理解为就是由许多这样的读或写的基本过程组合完成的。

小　　结

（1）在数据库的概念设计和逻辑设计中数据描述的名称是不一样的，实体对应记录、属性对应字段（数据项）、实体集对应于文件、实体标识符对应于关键码。表示实体类型及实体间联系的模型称为"数据模型"，数据模型描述了数据库系统中的三个方面：静态特性、动态特性和完整性约束条件。因此该数据模型一般由数据结构、数据操作和完整性约束三要素组成，是严格定义的一组概念的集合。

（2）数据库的数据模型是由概念数据模型和逻辑数据模型（或称结构数据模型）组成。概念数据模型一般用 E-R 模型（即实体-联系模型）表达，它是由实体、属性和联系来表示的，联系方式有 $1:1$，$1:n$，$m:n$ 三种。逻辑数据模型有层次模型、网状模型、关系模型和面向对象模型 4 种，由于面向对象模型还不是很成熟，而关系模型具有较强的数学理论基础、数据结构简单、清晰、用户易学易懂、具有很高的数据独立性、更好的安全保密性等优点，淘汰了层次模型和网状模型，现在都用关系模型来解决数据库系统问题。

（3）数据库系统的内部结构是由外模式、模式、内模式三级模式组成的。外模式是数据库用户能够看到和使用局部数据的逻辑结构和特征的描述，是面向具体的应用程序的；模式是数据库中全体数据的逻辑结构和特征的描述，是数据的全部；内模式是数据物理结构和存储方式的描述，是数据在数据库内部的表示方式。数据库系统的三级模式之间提供了两层映像：外模式/模式映像，模式/内模式映像。这两层映像保证了数据库系统的数据具有较高的逻辑独立性和物理独立性。

习　　题

一、选择题

1.　（　　）是对概念设计中数据的描述。

　　A．记录　　　　　　B．数据项　　　　　　C．实体　　　　　　D．元组

2.　比较全面的说法，多对多的联系可以存在于（　　）中。

A．一元联系　　　　B．二元联系　　　　　C．三元联系　　　　　D．都可以

3．目前（　　）数据库模型是当今最为流行的数据库模型，全世界的商用数据库系统几乎都在使用它。

A．关系　　　　　　B．面向对象　　　　　C．分布　　　　　　D．对象-关系

4．在数据库系统中，人们通常按（　　）类型来命名数据模型，因为它最能体现出数据型的基本性质。

A．数据结构　　　B．数据操纵　　　　　C．完整性约束　　　D．数据联系

5．（　　）把现实世界中的事物抽象为不为某一DBMS支持的数据模型。

A．数据模型　　　B．概念模型　　　　　C．非关系模型　　　D．关系模型

6．当数据库的存储结构改变了，由数据库管理员对（　　）映像做相应改变，可以使模式保持不变，从而保证了数据的物理独立性。

A．存储模式　　　　　　　　　　　　B．外模式/模式

C．用户模式　　　　　　　　　　　　D．模式/内模式

7．数据库的三级体系结构即外模式、模式与内模式是对（　　）的三个抽象级别。

A．现实世界　　　B．DBS　　　　　　C．DATA　　　　　　D．DBMS

8．英文缩写DDL代表（　　）。

A．数据库管理员　　　　　　　　　　B．数据库管理系统

C．数据定义语言　　　　　　　　　　D．数据操纵语言

9．数据库三级体系中的外模式允许有（　　）。

A．唯一的一个　　　　　　　　　　　B．两个

C．至少两个　　　　　　　　　　　　D．多个

10．在DB中存储的全部内容是（　　）。

A．结构化的数据　　　　　　　　　　B．各种信息的表示

C．数据和数据之间的联系　　　　　　D．各种数据之间的联系

二、填空题

1．在概念设计中描述实体特性的是＿＿＿＿＿，在逻辑设计中描述记录特性的是＿＿＿＿。

2．在数据库的数据模型是由现实世界中的二层抽象组成的，这二层抽象是由＿＿＿＿模型和＿＿＿＿模型完成的。

3．数据模型通常都是由＿＿＿、＿＿＿＿和＿＿＿＿三个要素组成。

4．20世纪60年代末发明的三个数据库模型是＿＿＿、＿＿＿＿和＿＿＿。

5．数据库模型中的非关系模型是指＿＿＿模型和＿＿＿模型。

6．在数据库的三级模式体系结构中，外模式与模式之间、模式与内模式之间的映像，实现了数据库的＿＿＿独立性与＿＿＿独立性。

7．E-R图表示的概念模型中，实体是用＿＿＿来表示，联系用＿＿＿来表示。

8．数据库的三级模式结构是外模式、模式和内模式，从数据库基本表中导出的视图是＿＿＿模式的最基本的形式。

三、简答题

1．数据库系统中的三种数据模型各有哪些优缺点？

2．定义并理解概念模型中的以下术语。

实体，实体集，属性，实体标识符，实体联系图（E-R 图），三种联系类型。

3．学校有若干个系，每个系有若干班级和教研室，每个教研室有若干教师，每个教师只教一门课，每门课可由多个教师讲授；每个班有若干学生，每个学生选修若干门课程，每门课程可由若干学生选修。请用 E-R 图画出该学校的概念模型，注明联系类型。

4．每种工厂生产的产品由不同的零件组成，有的零件可用于不同的产品。这些零件由不同的原材料制成，不同的零件所用的材料可以相同。一个仓库存放多种产品，一种产品存放在一个仓库中。零件按所属的不同产品分别放在仓库中，原材料按照类别放在若干仓库中（不跨仓库存放）。请用 E-R 图画出此关于产品、零件、材料、仓库的概念模型，注明联系类型。

5．数据库系统的三级模式结构是什么？为什么要采用这样的结构？

6．数据独立性包括哪两个方面？含义分别是什么？

第3章 关 系 运 算

关系数据库系统是当今广泛应用的数据库系统，它是通过关系数据模型建立起来的。关系运算是关系数据模型的理论基础。学好关系运算的理论知识会对以后关系型数据库的设计和正确操作带来很大的帮助。本章主要介绍关系数据模型的基本定义和完整性规则、关系运算中关系代数的基本操作和如何优化关系表达式运算的问题。

3.1 关系数据模型

关系数据库之所以能获得广泛应用，关键在于关系数据库有一个严密的、经得起数学推导的、容易被人们理解的、在实践中证明是正确的关系数据模型。本节从关系数据模型的定义、关键码和数据库表之间的联系、关系模式概念和关系模型完整性规则 4 个方面来介绍关系数据模型的理论知识。

3.1.1 关系数据模型的定义

关系数据库系统是支持关系模型的数据库系统。关系数据模型由关系数据结构、关系操作集合和关系完整性约束三部分组成，这就是关系数据模型的三要素。这里先介绍关系数据结构的知识。关系数据结构本质上是一张二维表。为了能充分理解这一问题，必须弄清下面三个基本概念。

1．域

域（Domain）是一组具有相同数据类型的值的集合，又称为值域（用 D 表示）。域中所包含的值的个数称为域的基数（用 m 表示）。在关系中就是用域来表示属性取值范围的。

例如，学生性别的域是{男，女}，大学生入学年龄的域可以定为 16～19 岁，姓名的域可以定为 4～8 个字符等。如果用 D_1 表示姓名，D_2 表示性别，D_3 表示年龄，则关于域基数的含义如下。

D_1={张林，李以荣，欧阳正荣} D_1 的基数 m_1 为 3

D_2={男，女} D_2 的基数 m_2 为 2

D_3={16，17，18，19} D_3 的基数 m_3 为 4

2．笛卡儿积

给定一组域 D_1、D_2、$\cdots$、D_n（这些域中可以包含相同的元素,也可以完全不同（即可以部分或全部相同）），则 D_1、D_2、$\cdots$、D_n 的笛卡儿积为：

$$D_1 \times D_2 \times \cdots \times D_n = \{(d_1, d_2, \cdots, d_n) \mid d_i \in D_i, i=1, 2, \cdots, n\}$$

由定义可以看出，笛卡儿积也是一个集合。其中：

（1）每一个元素（$d_1, d_2, \cdots, d_n$）叫作一个 n 元组（n-tuple），或简称为元组（Tuple）。

但元组不是 d_i 的集合，元组由 d_i 按序排列而成。

（2）元素中的每一个值 d_i 叫作一个分量（Component）。分量来自相应的域（$d_i \in D_i$）。

（3）若 D_i（$i=1, 2, \cdots, n$）为有限集，其基数为 m_i（$i=1, 2, \cdots, n$），则 $D_1 \times D_2 \times \cdots \times D_n$ 的基数为 n 个域的基数累乘之积，即笛卡儿积可以表示为：

$$m_i=n_1 \times n_2 \times \cdots \times n_n \quad (n_1, n_2, \cdots, n_n \text{ 分别表示 } D_1, D_2, \cdots, D_n \text{ 的基数的个数})$$

（4）笛卡儿积可表示为一个二维表。表中的每行对应一个元组，表中的每列对应一个域。

如上面例子中 D_1 与 D_2 的笛卡儿积：

$D_1 \times D_2=\{$（张林，男），（张林，女），（李以荣，男），（李以荣，女），（欧阳正荣，男），（欧阳正荣，女）$\}$

可以表示成二维表，如表 3.1 所示。

表 3.1 笛卡儿积 $D_1 \times D_2$

姓　名	性　别	姓　名	性　别
张林	男	张林	女
李以荣	男	李以荣	女
欧阳正荣	男	欧阳正荣	女

由此可以看出，D_1 与 D_2 的笛卡儿积实质上是每一个域中各分量组合的集合，总元组数为：

$$M=3 \times 2=6$$

$D_1 \times D_2 \times D_3$ 的笛卡儿积可以用表 3.2 表示。

表 3.2 笛卡儿积 $D_1 \times D_2 \times D_3$

姓　名	性　别	年　龄	姓　名	性　别	年　龄
张林	男	16	李以荣	女	16
张林	男	17	李以荣	女	17
张林	男	18	李以荣	女	18
张林	男	19	李以荣	女	19
张林	女	16	欧阳正荣	男	16
张林	女	17	欧阳正荣	男	17
张林	女	18	欧阳正荣	男	18
张林	女	19	欧阳正荣	男	19
李以荣	男	16	欧阳正荣	女	16
李以荣	男	17	欧阳正荣	女	17
李以荣	男	18	欧阳正荣	女	18
李以荣	男	19	欧阳正荣	女	19

$D_1 \times D_2 \times D_3$ 的笛卡儿积总元组数为：

$$M=3 \times 2 \times 4=24$$

由此看来，笛卡儿积的数值随着域个数和基数的增加会急剧增加。

3．关系

$D_1 \times D_2 \times \cdots \times D_n$ 的任一子集叫作在域 D_1，D_2，$\cdots$，D_n 上的关系（Relation），用 R（D_1，D_2，$\cdots$，D_n）表示。如上例中 $D_1 \times D_2$ 笛卡儿积的子集可以构成关系 T_1，关系 T_1 是笛卡儿

积的一部分，如表 3.3 所示。

R 表示关系的名字，以后若关系没有确定的名字，则关系名均用 R 表示，n 是关系的目或度（Degree）。

表 3.3　$D_1 \times D_2$ 笛卡儿积的子集（关系 T_1）

姓　　名	性　　别
张林	女
李以荣	男
欧阳正荣	男

当 n=1 时，称为单元关系。

当 n=2 时，称为二元关系。

……

当 n=m 时，称为 m 元关系。

关系中的每个元素是关系中的元组，通常用 t 表示。

元组的集合就是关系，对应于数据库表中文件的概念，元组对应于数据库表中记录的概念，元对应于数据库表中字段名（数据项）的概念，单元表示单个字段名，二元表示两个字段名，m 元表示 m 个字段名。

关系是笛卡儿积的子集，所以关系也是一个二维表，表的每行对应一个元组，表的每列对应一个域。由于域可以相同，为了加以区分，必须给每列起一个唯一的名字，称为属性（Attribute）。n 目关系必有 n 个属性。表 3.4 表示一个关系——教师表，表中有 5 个元组，6 个属性。

表 3.4　教师表

教师编号	姓　　名	系　　别	性　　别	年　　龄	身份证号
1011	程虹民	计算机	男	30	30102198112091581
1032	刘良顺	电子	男	40	3010197009121383
2010	王彩凤	自动化	女	45	3010196511041480
2131	李同军	数学	女	36	3010196506111583
3011	周林	外文	男	21	3010199007281581

教师表是上述关系的一个实例，实际上是一张二维表，在关系数据模型中，一个基本关系应具有以下 6 条性质。

（1）列是同质的：每一列中的分量是同一类型的数据，来自同一个域。

（2）不同列可来自同一个域：不同列（属性）要给予不同的属性名。

（3）列的顺序无所谓：列的次序可以任意交换。

（4）任意两个元组不能完全相同：这是由笛卡儿积的性质决定的。

（5）行的顺序无所谓：行的次序可以任意交换。

（6）分量必须取原子值：每一个分量都必须是不可分的数据项。

3.1.2　关键码和表之间的联系

在关系数据库中，关键码（简称键）是关系模型中的一个重要概念，通常键由一个或几个属性组成，有以下几种常用的键。

1. 超键

在一个关系中，能唯一标识元组的属性或属性集称为关系的超键。在如表 3.4 所示关系中，设属性集 *K*（教师编号，系别）能唯一识别元组，可以认为教师编号和系别的属性集是教师关系的一个超键。

2. 候选键

若关系中某一属性组的值能唯一地标识一个元组，则称该属性组为候选键（Candidate Key）。在如表 3.4 所示关系中，属性集教师编号和身份证号都能唯一标识一个元组，所以说，属性集教师编号和身份证号是教师关系的候选键。

3. 全键

若候选键包含关系模式的所有属性，则称该候选键为全键（All-key）。例如有一关系 TCS（T，C，S），属性 T 表示老师，C 表示课程，S 表示学生。老师、课程和学生之间都存在着多对多的关系，没有其中一个属性或两个属性的组合能唯一标识关系 TCS，只有 T、C、S 属性合起来才能唯一标识关系 TCS，所以说 T、C、S 属性集是候选键，也称为全键（或称为全码）。

4. 主键

若一个关系有多个候选键，则选定其中的一个称为主键（Primary Key），包含在任何一个候选键中的属性称为主属性，不包含在任何候选键中的属性称为非主属性或非键属性。在如表 3.4 所示关系中，可以选教师编号属性为主键，也可选身份证号属性为主键，教师编号和身份证号属性都是主属性，姓名、系别、性别、年龄各属性是非主属性。

5. 外键

若一个关系 *R* 中包含另一个关系 *S* 的主键所对应的属性组 *F*，则称 *F* 为 *R* 的外键（Foreign Key）。并称关系 *S* 为参照关系，关系 *R* 为依赖关系。

例如，职工关系和部门关系分别为：

教师（教师编号，姓名，系别编号，性别，年龄，身份证号）

系别（系别编号，系别名称，系主任）

这里教师关系是 *R* 关系，系别关系是 *S* 关系，教师关系的主键是教师编号，系别关系的主键是系别编号。在教师关系中，系别编号是系别关系中的主键，因此说教师关系中系别编号属性是教师关系中的外键。称 *S* 为参照关系（或称主表），称 *R* 为被参照关系（或称副表）。在这两个关系中，就是靠公共属性系别编号这个外键来联系的，这在关系数据库中很重要。我们约定，在主键的属性下面加下画线，在外键属性下面加波浪线。

3.1.3 关系模式

1. 关系模式的概念

在数据库中要区分型和值两方面。关系数据库中，关系模式是型，关系是值。关系模式是对关系的描述，那么一个关系需要描述哪些方面呢？

首先，应该知道，关系实际上是一张二维表，表的每一行为一个元组，每一列为一个属性。一个元组就是该关系所设计的属性集笛卡儿积的一个元素。关系是元组的集合，因此关系模式必须指出这个元组集合的结构，即它由哪些属性组成，这些属性来自哪些域，以及属性和域之间的映像（即对应）关系。

其次，一个关系通常是由赋予它的元组语义来确定的。元组语义实质上是一个 n 目谓词（n 是属性集中属性的个数）。凡使该 n 目谓词为真的笛卡儿积的元素（或者说凡符合元组语义的那部分元素）的全体就构成了该关系模式的关系。

现实世界随着时间在不断地变化，因而在不同的时刻，关系模式的关系也会有所变化。但是，现实世界的许多已有事实限定了关系模式所有可能的关系必须满足一定的完整性约束条件。这些约束或者通过对属性取值范围的限定，例如，不满 16 周岁的青年不能参加工作，或者通过属性值的相互关联（主要体现在值的相等与否）反映出来，关系模式应当能刻画出这些完整性的约束条件（即属性间的依赖关系）。

因此一个关系模式应当由 5 个方面的要素组成，有些教科书上称为 5 元组。

2．关系模式的形式化表示

关系的描述称为关系模式（Relation Schema）。一个关系模式应当是一个 5 元组。它可以形式化地表示为：$R (U, D, \text{dom}, F)$。其中，R 为关系名，U 为组成该关系的属性名集合，D 为属性组 U 中属性所来自的域的集合，dom 为属性间域的映像集合，F 为属性间数据的依赖关系集合。

在一个能完整表达的关系模式中，不但要有关系名（R）和属性名集合（U），还要对每个属性规定值域（即 D），说明每个值域与哪个属性相对应（即 dom），同时还要指明属性间的相互依赖关系（即 F，关于依赖关系的概念将在第 5 章中介绍）。

关系模式通常可以简记为：$R (A_1, A_2, \cdots, A_n)$ 或 $R (U)$。其中，R 为关系名，A_1，A_2，$\cdots$，A_n 为属性名。而域名及属性间域的映像，常常直接由属性的类型、长度等数据反映出来。而属性间数据的依赖关系则被隐含着。

关系实际上就是关系模式在某一时刻的状态或内容。也就是说，关系模式是型，关系是值。关系模式是静态的、稳定的，而关系是动态的、随时间不断变化的（因为关系操作在不断地更新着数据库中的数据）。但在实际使用中，常常把关系模式和关系统称为关系，一般不加以区别。

3．关系数据库

在关系模型中，实体以及实体间的联系都是用关系来表示。例如，学生实体、课程实体、学生与课程之间的多对多选课联系都可以分别用一个关系（或二维表）来表示。在一个给定的现实领域中，所有实体及实体之间的联系的关系的集合构成一个关系数据库。

关系数据库也有型和值之分。关系数据库的型也称为关系数据库模式，是对关系数据库的描述，是关系模式的集合。关系数据库的值也称为关系数据库，是关系的集合。关系数据库模式与关系数据库通常统称为关系数据库。实际上，把前面讲的关系模式和关系合起来就是关系数据库。

3.1.4 关系模型的完整性规则

关系模型的完整性规则是对数据的约束。关系模型提供了三类完整性规则：实体完整性规则、参照完整性规则、用户自定义完整性规则。其中，实体完整性规则和参照完整性规则是关系模型必须满足的完整性约束条件，称为关系完整性规则。

1．实体完整性规则

在图 3.1 中给出了某高校的系别表，其中的属性名有系别编号、系别名称和系主任。系别表的主键是系别编号，其中有两个系的主任没有任命，这是完全可能的，因此对应栏内为空值，是允许的。

系别编号	系别名称	系主任
3601	自动控制系	张一良
3602	电子信息工程系	刘敏敏
3603	计算机科学与技术	
3604	国际经贸管理系	谢成思
3605	中国文学系	王明辉
3607	应用数学系	
3608	机械工程系	周炳荣

图 3.1　某高校设立的系别表

图 3.2 中给出了图 3.1 中某高校的教师表，其中的属性名有教师编号、姓名、系别编号、性别、年龄、身份证号。教师表中的主键是教师编号（以下年龄，以截止至 2018 年计算）。

教师编号	姓名	系别编号	性别	年龄	身份证号
360105	程虹民	3601	男	37	30102198112091581
360215	刘良顺	3602	男	48	3010197009121383
360510	王彩凤	空值	女	53	3010196511041480
360518	李同军	3605	女	53	3010196506111583
360811	周林	7803	男	28	3010199007281581

图 3.2　某高校的教师表

实体完整性规则：关系中元组的主键值不能为空。系别表中的主键系别编号不为空，教师表的主键教师编号不为空，所以这两个表都满足实体完整性规则。

2．参照完整性规则

参照完整性规则的形式定义如下。

如果属性集 K 是关系模式 R_1 的主键，同时也是关系模式 R_2 的外键，那么在 R_2 的关系中，K 的取值只有两种可能，或为空值，或者等于 R_1 关系中的某个主键值。

在关系数据库中，关系与关系之间是通过公共属性联系的，这个公共属性是一个表的主键和另一个表的外键。外键的值必须是另一个表的主键的有效值，或者是一个"空值"。例如，在图 3.1 和图 3.2 中，教师表与系别表之间的联系是通过系别编号来实现的，系别编号是系别表的主键、教师表的外键，教师表中的系别编号必须是系别表中系别编号的有效值，或者是"空值"，否则就是非法的数据。在图 3.2 中，第 3 元组中系别编号值为"空"，这是允许的；第 5 元组中系别编号的值是"7803"，这个值在图 3.1 的系别编号中不存在，因此是非法的，是错误的，必须要加以改正。

参照完整性规则在具体使用时要注意以下三点。

（1）外键和相应的主键可以不同名，只要定义在相同值域上即可。例如，在图 3.2 中外键名可以不叫系别编号，而定义别的名称，但定义的这个名称的类型和值域一定要与图 3.1 中的系别编号相同。

（2）R_1 和 R_2 也可以是同一个关系模式，表示了同一个不同元组之间的联系。例如，表示所学课程与这一课程的先修课程之间的联系模式：R（课程号，课程名，先修课程号），R 的主键是课程号，而先修课程号是外键，则先修课程号的值一定是 R 中课程号存在的值或是"空值"。

（3）外键值是否允许空，应视具体问题而定。在模式中，若外键是该模式主键中的成分时，则外键值不允许空，否则允许空。例如，一个学生表的模式是：学生（学号，姓名，性别，所学专业），一个学生成绩表的模式是：成绩（学号，课程号，成绩），成绩表的属性"学号+课程号"是主键，而"学号"是另一个关系的外键，都不允许为空值。

在上述形式定义中，R_1 称为"参照关系"模式，R_2 称为"依赖关系"模式。在软件开发中，所使用的工具不同，有不同的提法，有的称 R_1 和 R_2 为主表与副表，有的称 R_1 和 R_2 为父表和子表，但不管叫什么名称，其含义是一致的。

上述两类完整性规则是关系模型必须满足的规则，由该系统自动支持。

3．用户定义的完整性规则

这一规则是对某一具体数据的约束条件，由应用环境决定，它反映某一具体应用所涉及的数据必须满足的语义要求，实质上就是指域完整性规则。关系模型应提供定义和检验这类完整性的机制，以便使用统一的系统方法来处理，而不需要应用程序来承担这一制约功能。例如，一般普通大学学生入学的年龄不超过 30 岁，学生成绩、年龄、工资、奖学金不能为负数等，当这些规则在数据表相关结构中设定后，一旦有不符合这种设定的数据输入时，系统会自动弹出对话框，提示输入数据错误。

3.2 关 系 运 算

前面已经提过，关系数据模型由关系数据结构、关系操作集合和关系完整性约束三部分组成，这是关系数据模型的形式定义，也称为关系数据模型的三要素。关系数据结构和关系完整性约束两部分已经论述过，关系运算就是讨论关系操作集合的问题。

3.2.1 关系查询语言和关系运算

1．查询语言分类

关系数据库的数据操作语言（Data Manipulation Language，DML）的语句可以分为查询语句和更新语句两大类。查询语句用于描述用户的各种检索要求；更新语句用于描述用户的插入、修改和删除等操作。

关系查询语言根据其理论基础的不同分为以下两大类。

（1）关系代数语言：查询操作是以集合操作为基础的运算。

（2）关系演算语言：查询操作是以谓词演算为基础的运算。关系演算按所用到的变量不同又可分为元组关系演算和域关系演算两种，前者以元组为变量，后者以域为变量，分别简称为元组演算和域演算。

综合以上所述，查询语言的关系运算有三种：关系代数，元组演算，域演算。这三种方法相应的查询语言也已研制出来，它们的典型代表是关系代数的 ISBL、元组演算的 QUEL、域演算的 QBE 语言。

关系代数运算：ISBL（Information System Base Language）是 1976 年由 IBM 公司英格兰底特律科学中心研制的。

元组关系演算：QUEL（Query Language）是 1975 年由美国伯克利加州大学研制的。

域关系演算：QBE（Query By Example)是 1978 年由 IBM 的 M.M.Zloof 提出的一种按例查询语言。

以上三种语言都在相应的计算机上运行通过，都是准确无误的。现在国际上通用的查询语言是 SQL（Structured Query Language），是兼有 ISBL 和 QUEL 两种特点的查询语言，其中大部分应用了 ISBL 中的知识，它已成为所有关系型数据库统一的查询语言，这种语言将在第 4 章做详细介绍。

2．关系运算的安全性和等价性

（1）关系运算的安全性。关系运算主要有关系代数、元组演算、域演算三种。我们约定，运算只在表达式中公式涉及的关系值范围内操作，所以可以得出结论：任何一个有限关系上的关系代数操作结果，或者是对表达式涉及的关系值范围内的运算，都不会产生无限关系和无穷次验证问题，所以说，关系运算总是安全的。

（2）关系运算的等价性。关系代数、元组演算、域演算三种关系运算都在实践中证明是正确无误的，理论上也可证明关系代数、安全的元组关系演算、安全的域关系演算在关系的表达和操作能力上是等价的。也就是说，要解决关系查询语言中的任一个问题，利用上面三种方法中的任何一种，都可以得出同样的结果。

3．关系查询语言的特点

关系查询语言是一种比 Pascal(现在已淘汰)、C 等高级程序语言更高级的语言。Pascal、C 等高级程序语言是属于过程性（Procedural）语言。所谓过程性语言是指在编程时必须写出程序代码的具体步骤，即指出"干什么"及"怎么干"。而关系查询语言是属于非过程性（Nonprocedural）语言。所谓非过程性语言是指在编程时只需指出需要什么信息，不必写出程序代码的具体步骤，即只要指出"干什么"，不必指出"怎么干"。

关系查询语言中的三种关系运算语言都属于非过程性语言，但是它们在程度上是有区别的。关系代数语言数学基础雄厚，逻辑性强，应用最广泛。元组演算语言的"非过程性"程度比关系代数语言强、工作效率高，但是这种语言使用符号复杂，难理解，不易被人们接受。域演算语言是一种按例查询语言，解决问题时要画出表格，并在表格中填写数据符号，速度慢，应用不广泛。从实际应用的角度出发，本章只介绍关系代数运算语言的理论知识，如读者对其他两种运算语言理论知识有兴趣的话，可参考本书后面列出的参考文献。

3.2.2　关系代数运算符的分类

关系代数是一种抽象的查询语言，用对关系的运算来表达关系操作。运算对象、运算结果和运算符是关系代数运算的三大要素。关系代数是研究关系数据操作语言的一种很好的数学工具。常用的关系代数运算符包括集合运算符、专门的关系运算符、算术比较符、逻辑运算符 4 种。比较运算符和逻辑运算符是用来辅助专门的关系运算符进行操作的，所以关系代数的运算按运算符的不同主要分为传统的集合运算和专门的关系运算两类。

（1）集合运算符：将关系看成元组的集合，运算是从关系的"水平"方向即行的角度来进行，有并、差、交、广义笛卡儿积 4 种运算符。

（2）专门的关系运算符：不仅涉及行而且涉及列，有选择、投影、联接、除 4 种运算符。

（3）算术比较符：辅助专门的关系运算符进行操作，有等于、不等于、大于、小于、小于或等于、大于或等于 6 种运算符。

（4）逻辑运算符：辅助专门的关系运算符进行操作，有逻辑与、非、或三种。

其中，传统的集合运算将关系看作元组的集合，其运算从关系的"水平"方向，即行的角度来进行。而专门的关系运算不仅涉及行还涉及列。

具体内容如表 3.5 所示。

表 3.5　关系代数的运算符

运　算　符		含　　义	运　算　符		含　　义
集合运算符	∪ ∩ - ×	并 交 差 广义笛卡儿积	比较运算符	> ≥ < ≤ = ≠	大于 大于或等于 小于 小于或等于 等于 不等于
专门的关系运算符	σ ∏ ÷ ∞	选择 投影 除 联接	逻辑运算符	∧ ∨ ¬	与 或 非

3.2.3　传统的集合运算

传统的集合运算是二目运算，包括并、交、差、广义笛卡儿积 4 种运算。

设关系 R 和关系 S 具有相同的目 n（即两个关系都有 n 个属性），且相应的属性取自同一个域，则可定义并、差、交运算。

1．并

设关系 R 和关系 S 具有相同的目 n（即两个关系都有 n 个属性），且相应的属性取自同一个域，则关系 R 与关系 S 的并由属于 R 或属于 S 的所有元组组成。记作：

$$R \cup S = \{t | t \in R \vee t \in S\}$$

其结果关系仍为 n 目关系，由属于 R 或属于 S 的元组组成。

关系的并操作对应于关系的插入或添加记录的操作，俗称"+"操作，是关系代数的基本操作。

【例 3.1】　有图书库存和进货两个表（见表 3.6），要将两个表合为一个表，可利用并运算实现。

表 3.6　关系代数的并运算

（a）图书库存关系			（b）进货关系			（c）并运算结果		
编　号	书　名	数　量	编　号	书　名	数　量	编　号	书　名	数　量
101	C 语言	19	12	BASIC 语言	10	101	C 语言	19
102	数据库	20	13	高等数学	20	102	数据库	20
105	操作系统	15	18	外语(四)	15	105	操作系统	15
108	汇编语言	10				108	汇编语言	10
						12	BASIC 语言	20
						13	高等数学	20
						18	外语(四)	15

2．差

设关系 R 和关系 S 具有相同的目 n，且相应的属性取自同一个域，则关系 R 与关系 S 的差由属于 R 而不属于 S 的所有元组组成。记作：

$$R-S=\{t|t\in R\wedge t\notin S\}$$

其结果关系仍为 n 目关系，由属于 R 而不属于 S 的所有元组组成。

关系的差操作对应于关系的删除记录的操作，俗称"-"操作，是关系代数的基本操作。

【例 3.2】　某学校举行计算机基础知识上机操作比赛，成绩大于 85 分获奖，现有两个关系，一个关系是学生参赛学号及成绩，另一个关系是学生未得优秀成绩学号及成绩，通过差运算求出学生获奖的学号及成绩（如表 3.7 所示）。

表 3.7　关系代数的差运算

（a）参加比赛学生		（b）未得优秀成绩学生		（c）差运算结果	
学　号	成　绩	学　号	成　绩	学　号	成　绩
2008301	80	2008301	80	2008405	95
2008104	75	2008104	75	2008096	88
2008405	95	2008072	98		
2008096	88				
2008072	98				

3．交

设关系 R 和关系 S 具有相同的目 n，且相应的属性取自同一个域，则关系 R 与关系 S 的交由既属于 R 又属于 S 的所有元组组成。记作：

$$R\cap S=\{t|t\in R\wedge t\in S\}$$

其结果关系仍为 n 目关系，由既属于 R 又属于 S 的元组组成。关系的交可以用差来表示，即 $R\cap S=R-(R-S)$。

关系的交操作对应于寻找两关系共有记录的操作，是一种关系查询操作。关系的交操作能用差操作来代替，因此不是关系代数的基本操作。

【例 3.3】　假设有优秀学生和优秀学生干部两个表，如表 3.8（a）和表 3.8（b）所示，要求检索既是优秀学生，又是优秀学生干部的学生。这个检索可以用交操作来实现，结果如表 3.8（c）所示。

表 3.8 关系代数的交运算

（a）优秀学生		（b）优秀学生干部		（c）交运算结果	
学 号	姓 名	学 号	姓 名	学 号	姓 名
200702	刘一明	200708	王英	200708	王英
200708	王英	200709	喻林明	200750	郑同国
200712	李敏敏	200711	沈明英		
200715	周相应	200717	谢能力		
200750	郑同国	200750	郑同国		

4．广义笛卡儿积

广义笛卡儿积不要求参加运算的两个关系具有相同的目（自然也就不要求来自同样的域）。其定义为：两个分别为 n 目（n 个列或称 n 个属性）和 m 目（m 个列或称 m 个属性）的关系 R 和 S，则 R 和 S 的广义笛卡儿积是一个（$n+m$）列的元组的集合。元组的前 n 列是关系 R 的一个元组，后 m 列是关系 S 的一个元组。若 R 有 k_1 个元组，S 有 k_2 个元组，则关系 R 和 S 的广义笛卡儿积有 $k_1 \times k_2$ 个元组。记为：

$$R \times S = \{\widehat{t_r\, t_s}\,|\,t_r \in R \wedge t_s \in S\}$$

$\widehat{t_r\, t_s}$ 表示由两个元组 t_r 和 t_s 前后有序联接而成的一个元组。任取元组 t_r 和 t_s，当且仅当 t_r 属于 R 且 t_s 属于 S 时，t_r 和 t_s 的有序联接即为 $R \times S$ 的一个元组。

实际操作时，可从 R 的第一个元组开始，依次与 S 的每一个元组组合，然后，对 R 的下一个元组进行同样的操作，直至 R 的最后一个元组也进行完同样的操作为止，即可得到 $R \times S$ 的全部元组。

关系的广义笛卡儿积操作对应于两个关系记录横向合并的操作，俗称"×"操作，是关系代数的基本操作。关系的广义笛卡儿积是多个关系相关联操作的最基本操作。

【例 3.4】 在学生和必修课程两个关系上，产生选修关系，要求每个学生必须选修所有必修课程。这个选修关系可以用两个关系的笛卡儿积运算关系来实现，如表 3.9 所示。

表 3.9 关系笛卡儿积运算

（a）学生关系		（b）必修课程关系			（c）笛卡儿积运算结果				
学 号	姓 名	课程号	课程名	学 分	学 号	姓 名	课程号	课程名	学 分
SNO	SNAME	CNO	CNAME	SCORE	SNO	SNAME	CNO	CNAME	SCORE
S1	程良	C4	计算机	6	S1	程良	C4	计算机	6
S3	周平	C1	高等数学	6	S1	程良	C1	高等数学	6
S4	刘英	C3	电工基础	8	S1	程良	C3	电工基础	8
					S3	周平	C4	计算机	6
					S3	周平	C1	高等数学	6
					S3	周平	C3	电工基础	8
					S4	刘英	C4	计算机	6
					S4	刘英	C1	高等数学	6
					S4	刘英	C3	电工基础	8

3.2.4 专门的关系运算

1．选择

选择（Selection）又称为限制（Restriction）。它是在关系 R 中选择满足给定条件的诸元组，记作：

$$\sigma_F(R) = \{t|t \in R \wedge F(t) = \text{“真”}\}$$

其中，F 表示选择条件，它是一个逻辑表达式，取逻辑值"真"或"假"。逻辑表达式 F 的基本形式为：

$$X_1 \theta Y_1 [\phi X_2 \theta Y_2 \cdots]$$

其中，θ 表示比较运算符，它可以是>、$\geqslant$、<、$\leqslant$、=或$\neq$。X_1、Y_1 等是属性名或常量或简单函数。属性名也可以用它的序号来代替（如1，2，…）。ϕ表示逻辑运算符，它可以是 $\neg$、$\wedge$ 或 $\vee$。[ ]表示任选项，即[ ]中的部分可以要也可以不要，…表示上述格式可以重复下去。

选择运算实际上是从关系 R 中选取使逻辑表达式 F 为真的元组。这是从行的角度进行的运算。关系的选择操作对应于关系记录的选取操作（横向选择），是关系查询操作的重要成员之一，是关系操行的基本操作。

【例 3.5】 已知教师表 R，如表 3.4 所示，对该表进行选择操作：列出所有男教师的基本情况。选择的条件是：性别='男'。用关系代数表示为：

$$\sigma_{\text{性别='男'}}(R)$$

也可以用属性序号表示属性名：

$$\sigma_{4='男'}(R)$$

结果如表 3.10 所示。

表 3.10 关系代数的选择运算

教师编号	姓名	系别	性别	年龄	身份证号
1011	程虹民	计算机	男	30	30102198112091581
1032	刘良顺	电子	男	40	30102197009121383
3011	周林	外文	男	21	30102199007281581

2. 投影

关系 R 上的投影（Projection）是从 R 中选择出若干属性列组成新的关系。记作：

$$\pi_A(R) = \{ t[A]|t \in R \}$$

其中 A 为 R 中的属性列。关系的投影操作对应于关系列的角度进行的选取操作（纵向选取），也是关系查询操作的重要成员之一，是关系代数的基本操作。

【例 3.6】 假设表 3.10 为表 R，对该表进行投影操作：只列出该表中的教师编号、系别、年龄，关系代数式表示为：

$$\pi_{\text{教师编号, 系别, 年龄}}(R) \quad \text{或者} \quad \pi_{1,3,5}(R)$$

结果如表 3.11 所示。

表 3.11 关系代数的投影操作

教师编号	系别	年龄
1011	计算机	30
1032	电子	40
3011	外文	21

3. 联接

联接（Join）也称 θ 联接，是从两个关系的广义笛卡儿积中选取满足某规定条件的全

体元组，形成一个新的关系，记为

$$R \underset{A\theta B}{\infty} S = \{\widehat{t_r\ t_s} \mid t_r \in R \land t_s \in S \land t_r[A]\theta t_s[B]\}$$

其中，A 是 R 的属性组，B 是 S 的属性组。θ 是比较运算符。联接运算从 R 和 S 的广义笛卡儿积 $R \times S$ 中选取（R 关系）在 A 属性组上的值与（S 关系）属性组上的值满足比较关系 θ 的元组。也可表示为：

$$R \underset{A\theta B}{\infty} S = \sigma_{A\theta B}(R \times S)$$

联接运算中有两种最为重要也是最为常用的联接，一种是等值联接，另一种是自然联接。

（1）等值联接（Equijoin）。

θ 为 "=" 的联接运算称为等值联接。它是从关系 R 与 S 的广义笛卡儿积中选取 A、B 属性值相等的那些元组。等值联接表示为：

$$R \underset{A\theta B}{\infty} S = \{\widehat{t_r\ t_s} \mid t_r \in R \land t_s \in S \land t_r[A] = t_s[B]\}$$

也可以表示为：

$$R \underset{A=B}{\infty} S = \sigma_{A=B}(R \times S)$$

【例 3.7】 下面举一个等值联接和 θ 联接的例子。表 3.12（a）～表 3.12（c）分别是关系 SC、C 和 CL，表 3.12（d）是求 SC 和 C 中属性 CNO 相等的值，表 3.12（e）是求 SC 和 CL 中 CNO 相等并且 SC 中的 GRADE 大于 CL 中的 G 值。

表 3.12 关系代数的联接运算

（a）关系 SC

SNO	CNO	GRADE
S3	C3	87
S1	C2	88
S4	C3	79
S1	C3	76
S5	C2	91
S6	C1	78

（b）关系 C

CNO	CNAME	CDEPT	TNAME
C2	离散数学	计算机	汪宏伟
C3	高等数学	电子	钱红
C4	数据结构	计算机	马良
C1	计算机原理	计算机	李兵

（c）关系 CL

CNO	G	LEVEL
C2	85	A
C3	85	A

（d）$SC \underset{2=1}{\infty} C$

SNO	Sc.SNO	GRADE	C.CNO	CNAME	CDEPT	TNAME
S3	C3	87	C3	高等数学	电子	钱红
S1	C2	88	C2	离散数学	计算机	汪宏伟
S4	C3	79	C3	高等数学	电子	钱红
S1	C3	76	C3	高等数学	电子	钱红
S5	C2	91	C2	离散数学	计算机	汪宏伟
S6	C1	78	C1	计算机原理	计算机	李兵

（e）$SC \underset{2=1\land 3>2}{\infty} CL$

SNO	SC.SNO	GRADE	CL.CNO	G	LEVEL
S3	C3	87	C3	85	A
S1	C2	88	C2	85	A
S5	C2	91	C2	85	A

（2）自然联接。

自然联接（Natural Join）是一种特殊的等值联接，它要求两个关系中进行比较的分量必须是相同的属性组，并且要在结果中把重复的属性去掉。即若 R 和 S 具有相同的属性组 B，则自然联接可表示为：

$$R \infty S = \{\widehat{t_r \ t_s}[B] | t_r \in R \land t_s \in S \land t_r[B] = t_s[B]\}$$

也可以表示为：

$$R \infty S = \pi_{\overline{B}(\sigma R.B = S.B)}(R \times S)$$

一般的联接操作是从行的角度进行运算，但自然联接还需要取消重复列，所以同时从行和列的角度进行运算。

关系的各种联接，实际上是在关系的广义笛卡儿积的基础上再组合选择或投影操作，复合而成的一种查询操作，不属于关系代数的基本操作。

【**例 3.8**】 表 3.13 表示表 3.12 中 SC 和 C 的自然联接运算，其表达式是：

$$SC \infty C = \pi_{SNO,SC.CNO,GRADE,CNAME,CDEPT,TNAME}(\sigma_{SC.CNO=C.CNO}(SC \times C))$$

表 3.13　关系代数的自然联接运算

SNO	CNO	GRADE	CNAME	CDEPT	TNAME
S3	C3	87	高等数学	电子	钱红
S1	C2	88	离散数学	计算机	汪宏伟
S4	C3	79	高等数学	电子	钱红
S1	C3	76	高等数学	电子	钱红
S5	C2	91	离散数学	计算机	汪宏伟
S6	C1	78	计算机原理	计算机	李兵

4. 除

设两个关系 R 和 S 的列数（又称元数，目或属性个数）为 r 和 s（设 $r > s > 0$），那么 $R \div S$ 是一个（$r - s$）元的元组的集合。$R \div S$ 是满足下列条件的最大关系：其中每个元组 t 与 S 中每个元组 u 组成的新元组 $<t, u>$ 必在关系 R 中。为方便叙述，假设 S 的属性为 R 中后 s 个属性。$R \div S$ 的具体计算过程可分为下列 4 个步骤。

（1）$T = \pi_{1, 2, \ldots, (r-s)}(R)$，这是形成：关系 R 中去掉 S 中元数的全部元组关系 T，进行投影操作，注意要删去重复元组。

（2）$W = (T \times S) - R$，T 与 S 的笛卡儿积与 R 的差，实际上从关系 T 中得出了不符合关系 S 中条件的所有元组关系 W。

（3）$V = \pi_{1, 2, \ldots, (r-s)}(W)$，从上一步得出的关系中去掉 S 关系中的元数。

（4）$R \div S = T - V$，最后得出除法结果。

即：$R \div S = \pi_{1, 2, \ldots, (r-s)}(R) - \pi_{1, 2, \ldots, (r-s)}((\pi_{1, 2, \ldots, (r-s)}(R) \times S) - R)$

【**例 3.9**】 表 3.14（a）表示学生学习关系 SC，表 3.14（b）表示课程成绩条件关系 CG，表 3.14（c）表示满足课程成绩条件（数据库原理和数据结构为优）的学生情况关系，用（SC÷CG）表示。

表 3.14 关系代数的除操作

（a）学生学习关系 SC

SNAME	SEX	CNAME	CDEPT	GRADE
李志鸣	男	数据库原理	电子	优
刘月莹	女	数据库原理	计算机	良
吴康	男	数据库原理	电子	优
王文晴	女	数据结构	计算机	优
吴康	男	高等数学	电子	良
王文晴	女	数据库原理	计算机	优
刘月莹	女	数据结构	计算机	优
李志鸣	男	数据结构	电子	优
李志鸣	男	高等数学	电子	良

（b）课程成绩条件关系 CG		（c）SC÷CG		
CNAME	GRADE	SNAME	SEX	CDEPT
数据库原理	优	李志鸣	男	电子
数据结构	优	王文晴	女	计算机

按照上面 4 个步骤计算，设 SC 为 R，CG 为 S，计算第 1 步后得出表 3.15，删除了相同的元组。

表 3.15 第 1 步运算结果

SNAME	SEX	CDEPT
李志鸣	男	电子
刘月莹	女	计算机
吴康	男	电子
王文晴	女	计算机

第 2 步 $T \times S$ 后得出表 3.16。

表 3.16 $T \times S$ 结果

SNAME	SEX	CDEPT	CNAME	GRADE
李志鸣	男	电子	数据库原理	优
李志鸣	男	电子	数据结构	优
刘月莹	女	计算机	数据库原理	优
刘月莹	女	计算机	数据结构	优
吴康	男	电子	数据库原理	优
吴康	男	电子	数据结构	优
王文晴	女	计算机	数据库原理	优
王文晴	女	计算机	数据结构	优

$(T \times S) - R$ 结果如表 3.17 所示。

表 3.17　第 2 步结果

SNAME	SEX	CDEPT	CNAME	GRADE
刘月莹	女	计算机	数据库原理	优
吴康	男	电子	数据结构	优

第 3 步得出 V，见表 3.18。

表 3.18　第 3 步结果

SNAME	SEX	CDEPT
刘月莹	女	计算机
吴康	男	电子

第 4 步得出最后结果，见表 3.14（c）。

除操作是同时从行和列角度进行运算。除操作适合于包含"对于所有的或全部的"语句进行查询操作。关系的除操作，也是一种关系代数基本操作复合而成的查询操作，显然它不是关系代数的基本操作。

3.2.5　关系代数表达式应用举例

1. 关系代数表达式的定义及写出表达式的步骤

前面学习了关系代数的 5 个基本操作（并、差、笛卡儿积、选择和投影）和 3 个组合操作（交、联接和除），利用这些操作的组合，形成关系代数表达式，可用来解决数据库表中数据查询的许多复杂问题。根据查询要求能够列出正确的关系代数表达式方法，在今后学习标准 SQL，设计复杂数据查询语句时会起重要作用。

关系代数中，关系代数运算经有限次复合后形成的式子称为关系代数表达式。对关系数据库中数据的查询可以写成一个关系代数表达式。或者说写成一个正确的关系代数表达式就表示已经完成了该查询操作。

为了对一个具体的查询问题，能很快写出正确的关系代数表达式，一般可按照以下三步来做。

（1）分析问题中要求的结果，找出相对应的属性名称，应用投影方式写出来。形式为：

$$\pi_{属性名1、属性名2、属性名3、\cdots}$$

（2）分析问题中所有的条件，用条件表达式表示出来（有时还要写出数据库表之间的联系），应用选择方式写出来。形式为：

$$\sigma_F$$

F 表示条件，这一条件可以是比较表达式或逻辑表达式，往往是这些表达式的组合。

（3）确定这次查询中一共涉及数据库中哪几个表，把这些表应用自然联接的方式写出来，例如，应用到 A、B、C 共三个表，则可写成：

$$(A \infty B \infty C)$$

如果在查询问题中求出符合某一个表（或某一表的子集）条件的所有内容时，就要考虑应用除运算。下面举一些实例来说明以上关系代数表达式的具体应用。

2. 实例中数据库表的说明

（1）学生关系：S(SNO，SN，AGE，SEX)，其中，属性名称表示学号、姓名、年龄和性别。

（2）学习关系：SC（SNO，CNO，GRADE），其中，属性名称表示学号、课程号和选修课程成绩。学生关系中的每个学生不一定选修了所有的课程，即一个学生可能选修了多门课程，也可能只选修了一门课程。

（3）课程关系：C（CNO，CN，TEACHER），其中，属性名称表示课程号、课程名和教师名，这个表输入了学生所能选择的课程号信息。

假设在三个表中都输入了若干记录。

3．操作举例

（1）查询学习了课程号为 C2 学生的学号和成绩。

该问题要求得出的结果是：SNO 和 GRADE。条件是：学习的 CNO 为 C2。SNO 和 GRADE 在 SC 中有，CNO 在 SC 和 C 中都有，根据尽量少使用数据表的原则，选用 SC 表。因此表达式为：

$$\pi_{SNO, GRADE}(\sigma_{CNO='C2'}(SC))$$

（2）查询学习课程号为 C2 的学生学号、姓名和年龄。

该问题要求得出的结果是：SNO、SN 和 AGE。条件是：学习的 CNO 为 C2。SNO 和 SN 在 S 中有，CNO 在 SC 和 C 中都有，但 S 和 C 没有直接联系，故选用 S 和 SC 表。因此表达式为：

$$\pi_{SNO,SN, AGE}(\sigma_{CNO='C2'}(S \infty SC))$$

（3）查询学习课程名为 Computer 的学生姓名。

该问题要求得出的结果是：SN。条件是：学习的课程名是 Computer，实质上是指 CN。SN 在 S 中有，CN 在 C 中有，但 S 和 C 没有直接联系，它们只能调用 SC 表为中间联系，故选用 S、SC 和 C 三个表。因此表达式为：

$$\pi_{SN}(\sigma_{CN='Computer'}(S \infty SC \infty C))$$

（4）查询学习课程 Computer 或 Maths 的学生学号。

该问题要求得出的结果是：SNO。条件是：学习的课程名是 Computer 和 Maths，实质上是指 CN。SNO 在 S 和 SC 中有，CN 在 C 中有，故选用 SC 和 C 两个表。因此表达式为：

$$\pi_{SNO}(\sigma_{CN='Computer' \vee CN='Maths'}(SC \infty C))$$

（5）查询不学习课程号为 C1 学生的学号，姓名和年龄。

该问题要求得出的结果是：SNO、SN 和 AGE。条件是：不学习课程号 C1，实质上可选出学习课程 C1 的所有元组，然后减掉，再求出不学习课程号 C1 的元组。SNO、SN、AGE 在 S 中有，C1 在 SC 中有，故选用 S、SC 两个表。因此表达式为：

$$\pi_{SNO, SN, AGE}(S) - \pi_{SNO, SN, AGE}(\sigma_{CNO='C1'}(S \infty SC))$$

（6）查询学习全部课程的学生学号和姓名。

该问题要求得出的结果是：SNO，SN。条件是：学习全部课程。学习全部课程的条件在表 C 中，所以要用除法；所用表要涉及 S、SC 和 C 三个表。先通过 SC 和 C 求出学习全部课程学生的课程号和学号，再通过 SC 和 S 求出学习全部课程的学生学号和姓名。此表达式为：

$$\pi_{SNO, SN}(S \infty (\pi_{SNO,CNO}(SC) \div \pi_{CNO}(C)))$$

（7）查询学号为"S1"学生所学全部课程号的学生学号和课程号。

该问题要求得出的结果是：SNO，CNO。条件是：所学课程号是学号为"S1"学生所学全部课程号。这就提示先求出学号为 S1 学生所学的全部课程号，求出的结果实际上是开设所有课程号的一个子集，因此就可使用除法求解结果；这里涉及 SNO 和 CNO 在 SC 表中都有，只需要 SC 表，但要做两次运算。此表达式为：

$$\pi_{SNO,CNO}(SC) \div \pi_{CNO}(\sigma_{SNO='S1'}(SC))$$

（8）删除课程号为"C6"的所有记录。

首先应明白开设的课程号是在表 C 中，表 SC 中的课程号是根据 C 表的课程号来决定的。一旦删除 C 表中的课程号，必须要删除 SC 表中的课程号，才能保持数据库的完整性。该问题要求得出的结果是原表的所有属性。条件是：课程号为 C6。所涉及的表有 C 和 SC，先做 C 表的删除，再做 SC 表的删除。因此表达式为：

$$\pi_{1,2,3}(C) - \pi_{1,2,3}(\sigma_{CNO='C6'}(C))$$
$$\pi_{1,2,3}(SC) - \pi_{1,2,3}(\sigma_{CNO='C6'}(SC))$$

根据题目要求写出关系代数表达式并不困难，只要弄懂以上例题，积累经验，就能解决问题。

3.2.6 扩充的关系代数操作

为了在关系代数操作时，不至于把原先元组的内容信息丢失，就引进了"外联接"和"外部并"两种操作。

1．外联接

在关系 R 和 S 做自然联接时,我们选择两个关系在公共属性上值相等的元组构成新关系的元组。此时，关系 R 中某些元组有可能在 S 中存在公共属性上值不相等的元组，造成 R 中这些元组的值在操作时被舍弃。由于同样的原因，S 中某些元组也有可能被舍弃。为了在操作时能保存这些将被舍弃的元组，提出了"外联接"（或称全联接）操作。

如果 R 和 S 做自然联接时，把原该舍弃的元组也保留在新关系中，同时在这些元组新加的属性上填上空值（Null），这种操作称为"外联接"操作，用符号 $R \bowtie S$ 表示。

如果 R 和 S 做自然联接时，把 R 中原该舍弃的元组放到新关系中，同时在这些元组新加的属性上填上空值（Null），这种操作称为"左外联接"，用符号 $R \bowtie S$ 表示。

如果 R 和 S 做自然联接时，只把 S 中原该舍弃的元组放到新关系中，同时在这些元组新加的属性上填上空值（Null），这种操作称为"右外联接"，用符号 $R \bowtie S$ 表示。

【例3.10】 表 3.19 表示关系代数"外联接"运算。

表 3.19　关系代数的外联接运算

（a）关系 R			（b）关系 S			（c）$R \bowtie S$			
A	B	C	B	C	D	A	B	C	D
5	3	2	3	2	8	5	3	2	8
3	3	9	3	2	11	5	3	2	11
2	5	8	5	8	3	2	5	8	3
			11	9	7				

(d) $R ⋈ S$				(e) $R ⋈ S$				(f) $R ⋈ S$			
A	B	C	D	A	B	C	D	A	B	C	D
5	3	2	8	5	3	2	8	5	3	2	8
5	3	2	11	5	3	2	11	5	3	2	11
2	5	8	3	2	5	8	3	2	5	8	3
3	3	9	null	3	3	9	null	null	11	9	7
null	11	9	7								

2．外部并

前面定义两个关系的并操作时，要求 R 和 S 具有相同的关系模式。如果 R 和 S 的关系模式不同，构成的新关系属性由 R 和 S 的所有属性组成（公共属性只取一次），新关系的元组由属于 R 或属于 S 的元组构成。同时元组在新增加的属性上填上空值，那么这种操作称为"外部并"操作。

【例 3.11】 表 3.20 是表 3.19 中关系 R 和 S 执行外部并后的结果。

表 3.20　关系代数外部并运算

A	B	C	D
5	3	2	null
3	3	9	null
2	5	8	null
null	3	2	8
null	3	2	11
null	5	8	3
null	11	9	7

在分布式数据库中还经常用到下面的一种"半联接"操作。

3．半联接

关系 R 和 S 的半联接操作记为 $R ⋉ S$，定义为 R 和 S 的自然联接在关系 R 的属性集上的投影，即：

$$R ⋉ S = \pi_R(R ∞ S)$$

这里 π_R 的下标 R 表示关系 R 的属性集。也可以用另一种方法计算 $R ⋉ S$：先求出 S 在 R 和 S 的公共属性集上的投影，再求 R 和这个投影的自然联接，即：

$$R ⋉ S = R ∞ (\pi_{R∩S}(S))$$

显然，半联接的交换律是不成立的：

$$R ∞ (\pi_{R∩S}(S)) ≠ R ⋉ S$$

【例 3.12】 表 3.21 是 R 和 S 两个关系做自然联接和半联接的例子。

表 3.21　关系代数的自然联接和半联接运算

(a) 关系 R			(b) 关系 S			(c) $R∞S$				(d) $R ⋉ S$			(e) $S ⋉ R$		
A	B	C	B	C	D	A	B	C	D	A	B	C	B	C	D
5	3	2	3	2	8	5	3	2	8	5	3	2	3	2	8
8	3	2	3	2	11	5	3	2	11	8	3	2	3	2	11
3	3	9	5	8	3	8	3	2	8	2	5	8	5	8	3
2	5	8				8	3	2	11						
						2	5	8	13						

3.3 关系代数表达式的查询优化

掌握关系代数表达式的查询优化问题，在今后处理数据库表间大量数据的编程时，会极大地提高程序代码的运行效率，所以熟悉查询优化的规律是每个数据库信息处理的程序设计人员必须学会的知识。本节首先举例说明关系代数表达式优化的理由，再介绍关系代数表达式等价变换规则，最后讲述优化的一般策略和优化的具体方法。

1．关系代数表达式优化的理由

在关系代数表达式中需要指出关系的操作步骤，那么系统应该以什么样的操作顺序，才能做到既省时间，又省空间，而且效率又提高呢？这就是查询优化要解决的问题，所以要对关系代数表达式进行优化，就是为了解决这个问题。

在关系代数运算中，笛卡儿积联接运算是最费时间的。我们知道，若关系 R 有 m 个元组，关系 S 有 n 个元组，那么 $R×S$ 就有 $m×n$ 个元组。当 m 和 n 的值比较大时，这个数值相当可观。在运行时，R 和 S 本身要占用很大的内存空间，但任何计算机内存都是有限的，为了能解决这个问题，只能先把部分 R 和 S 的数据放入内存，运算完后，再把下一部分放入内存，以此进行下去，直到运行结束。如何有效地执行笛卡儿积的操作而花费较少的时间和空间，就有一个查询优化的策略问题。下面举一个实例来说明这个问题。

设关系 R 和 S 都是二元联系，属性名分别为 A，B 和 C，D。假设有一个查询可用下式来表示。

$$E_1=\pi_A(\sigma_{B=C \wedge D='99'}(R×S))$$

也可以把选择条件 D='99'移至关系 S 前，再做笛卡儿积：

$$E_2=\pi_A(\sigma_{B=C}(R×\sigma_{D='99'}(S)))$$

还可以把选择条件 $B=C$ 与笛卡儿积结合成等值联接形式：

$$E_3=\pi_A(R \underset{B=C}{\infty} \sigma_{D='99'}(S))$$

这三个关系代数表达式是等价的，但执行效率大不一样。从以上三个式子可以分析出，运行它们所花费的时间主要在联接操作上。

对于 E_1 来说，先进行笛卡儿积运算，假设关系 R 和 S 的元组数为 5000，总合成的元组数达 25 000 000，这么大的元组数，内存中是放不下的，只能从外存中分批把元组放入内存运算。设每个物理存储块可放 5 个元组，那么 R 和 S 都要放 1000 块，而内存中只能存放 100 块的数据运算，对笛卡儿积较好的运算方法是：先把关系 R 的 99 块放入内存，然后把关系 S 逐块放入内存去做元组的联接运算；再把关系 R 的第 2 个 99 块放入与关系 S 的第 1 块做联接运算……，这样做完关系 S 元组需要的块数为(1000/99)×1000，加上关系 S 放入内存要 1000 次，共计为：

$$1000+(1000/99)×1000≈11101$$

如果每秒装入内存是 20 块，则所需时间是 11101/20≈555s。这里还没有考虑联接后有元组写入外存的时间。

对于 E_2 和 E_3 来讲，先做选择运算，设关系 S 中 D='99'的元组很少，只有 5%，则可分块数为：5000×0.05/5=50，这种运算装入的总块数为：

$$50+(1000/99)\times50\approx555$$

同样，如果每秒装入内存是 20 块，所需时间是：555/20=27.75s。同样，这里没有考虑联接后有元组写入外存的时间，相当于 E_1 花费时间的 1/20。如果先对关系 R 和 S 在属性 B、C、D 上建立索引，也许所花时间还要少。

在实际的元组较多的数据库表数据处理中，还存在属性较多的情况，一般一个表有几十个属性，在这种情况下，先做投影操作，再根据条件做选择操作，最后做联接操作，这样比先做笛卡儿积运算操作所花时间还要少许多倍。由此说来，如何安排选择、投影和联接的顺序是一个很重要的问题。

2．关系代数表达式的等价变换规则

关系代数表达式是数学表达式，它们的等价变换规则实质上是指它们之间的交换率、结合率、分配率等内容，这些内容在数学中都学习过，因此掌握它们并不难。

两个关系代数表达式等价是指用同样的关系实例代替两个表达式中相应关系时所得的结果是一样的。也就是能得到相同的属性集和相同的元组集，但元组中属性顺序可能不一样。两个关系代数表达式 E_1 和 E_2 的等价变成：$E_1\equiv E_2$。

涉及联接和笛卡儿积的等价变换规则有以下（1）和（2）条。

（1）设 E_1 和 E_2 是关系代数表达式，F 是联接的条件，那么下列式子成立（不考虑属性间的顺序）。

$$E_1\times E_2\equiv E_2\times E_1$$
$$E_1\infty E_2\equiv E_2\infty E_1$$
$$E_1\underset{F}{\infty}E_2\equiv E_2\underset{F}{\infty}E_1$$

（2）联接、笛卡儿积的结合律。

设 E_1、E_2、E_3 是关系代数表达式，F_1 和 F_2 是联接条件，F_1 只涉及 E_1 和 E_2 属性，F_2 只涉及 E_2 和 E_3 属性，那么下式成立。

$$(E_1\times E_2)\times E_3\equiv E_1\times(E_2\times E_3)$$
$$(E_1\infty E_2)\infty E_3\equiv E_1\infty(E_2\infty E_3)$$
$$(E_1\underset{F_1}{\infty}E_2)\underset{F_2}{\infty}E_3\equiv E_1\underset{F_1}{\infty}(E_2\underset{F_2}{\infty}E_3)$$

涉及选择的规则有以下（3）～（12）。

（3）投影的串接。

设：L_1，L_2，$\cdots$，L_n 为属性集，并且 $L_1\subseteq L_2\subseteq\cdots\subseteq L_n$，那么下式成立。

$$\pi_{L_1}(\pi_{L_2}\cdots(\pi_{L_n}(E))\cdots)\equiv\pi_{L_1}(E)$$

（4）选择的串接。

若选择条件 F 只涉及属性 A_1，$\cdots$，A_n，则

$$\sigma_{F_1}(\sigma_{F_2}(E))\equiv\sigma_{F_1\wedge F_2}(E)$$

由于 $F_1\wedge F_2=F_2\wedge F_1$，因此选择的交换律也成立：

$$\sigma_{F_1}(\sigma_{F_2}(E))\equiv\sigma_{F_2}(\sigma_{F_1}(E))$$

（5）选择与投影操作的交换律。

$$\pi_L(\sigma_F(E))\equiv\sigma_F(\pi_L(E))$$

这里要求 F 只涉及 L 中的属性，如果条件 F 还涉及不在 L 中的属性集 L_1，那么就有下式成立。

$$\pi_L(\sigma_F(E)) \equiv \pi_L(\sigma_F(\pi_{L \cup L_1}(E)))$$

（6）选择对笛卡儿积的分配律。

$$\sigma_F(E_1 \times E_2) \equiv \sigma_F(E_1) \times E_2$$

这里要求 F 只涉及 E_1 中的属性。

如果 F 成为 $F_1 \wedge F_2$ 形式，且 F_1 只涉及 E_1 的属性，F_2 只涉及 E_2 的属性，那么可得出下式。

$$\sigma_F(E_1 \times E_2) \equiv \sigma_{F_1}(E_1) \times \sigma_{F_2}(E_2)$$

此外，如果 F 成为 $F_1 \wedge F_2$ 形式，且 F_1 只涉及 E_1 的属性，F_2 只涉及 E_1 和 E_2 的属性，那么可得出下式。

$$\sigma_F(E_1 \times E_2) \equiv \sigma_{F_2}(\sigma_{F_1}(E_1) \times E_2)$$

（7）选择对并的分配律。

$$\sigma_F(E_1 \cup E_2) \equiv \sigma_F(E_1) \cup \sigma_F(E_2)$$

这里要求 E_1 和 E_2 具有相同的属性名，或者 E_1 和 E_2 表达的关系的属性有对应性。

（8）选择对差的分配律。

$$\sigma_F(E_1 - E_2) \equiv \sigma_F(E_1) - \sigma_F(E_2)$$

$$\sigma_F(E_1 - E_2) \equiv \sigma_F(E_1) - E_2$$

这里要求 E_1 和 E_2 的属性有对应性，恒等式右边的 $\sigma_F(E_2)$ 也可以不做选择操作，直接用 E_2 代替，但往往求 $\sigma_F(E_2)$ 比求 E_2 容易。

（9）选择对自然联接的分配律。

如果 F 只涉及表达式 E_1 和 E_2 的公共属性，那么选择对自然联接的分配律成立。

$$\sigma_F(E_1 \infty E_2) \equiv \sigma_F(E_1) \infty \sigma_F(E_2)$$

（10）投影与笛卡儿积的分配律。

$$\pi_{L_1 \cup L_2}(E_1 \times E_2) \equiv \pi_{L_1}(E_1) \times \pi_{L_2}(E_2)$$

这里要求 L_1 是 E_1 中的属性集，L_2 是 E_2 中的属性集。

（11）投影与并的分配律。

$$\pi_L(E_1 \cup E_2) \equiv \pi_L(E_1) \cup \pi_L(E_2)$$

这里要求 E_1 和 E_2 的属性有对应性。

（12）选择与联接操作的结合。

根据 F 联接的定义可得。

$$\sigma_F(E_1 \times E_2) \equiv E_1 \underset{F}{\infty} E_2$$

$$\sigma_{F_1}(E_1 \underset{F_2}{\infty} E_2) \equiv E_1 \underset{F_1 \wedge F_2}{\infty} E_2$$

（13）并和交的交换律。

$$E_1 \cup E_2 \equiv E_2 \cup E_1$$

$$E_1 \cap E_2 \equiv E_2 \cap E_1$$

（14）并和交的结合律。

$$(E_1 \cup E_2) \cup E_3 \equiv E_1 \cup (E_2 \cup E_3)$$
$$(E_1 \cap E_2) \cap E_3 \equiv E_1 \cap (E_2 \cap E_3)$$

3．优化的一般策略

关系代数表达式优化的一般策略，是指对表达式操作顺序的先后安排，目的是提高运算效率，减少内存的压力。但经过优化后的表达式不一定是最优的，想要得到最优的方法，必须结合具体问题的具体内容做出少许调整才能得到。所以这里是介绍优化的一般策略问题。

（1）在关系代数表达式中尽可能早地执行选择操作。对于有选择运算的表达式，应尽量提前执行选择操作，以得到较小的中间结果，减少运算量和读外存块的次数。

（2）把笛卡儿积和其后的选择操作合并成 F 联接运算。因为两个关系的笛卡儿积是一个元组数较大的关系（中间结果），而做了选择操作后，可能会获得很小的关系。这两个操作一起做，即对每一个联接后的元组，立即检查是否满足选择决定条件，决定其取舍，将会减少时间和空间的开销。

（3）同时计算一连串的选择和投影操作，以免分开运算造成多次扫描文件，从而能节省操作时间。

因为选择和投影都是一元操作符，它们把关系中的元组看成是独立的单位，所以可以对每个元组连续做一串操作（顺序不能随意改动）。如果在一个二元运算后面跟着一串一元运算，那么也可以结合起来同时操作。

以上三点是优化的一般策略，非常重要。在遇到具体问题时，还要做具体分析。那么究竟是先做投影操作还是先做选择操作呢？根据实践经验，如果数据库表较多，如有三个以上的表，每个表的字段名多（例如有几十个），这时就要考虑先做投影操作；如果每个表的字段名个数不多，与要使用的字段名个数相比，相差无几，所使用的条件又可以使表中记录数大大减少，则应考虑先做选择操作。

（4）如果在一个表达式中多次出现某个子表达式，那么应该将该表达式的值预先计算出来，以免重复计算。这一原则是与高级语言中经常使用某一表达式时，先把它计算出来放在一个变量名中，要使用时随时调用这个变量名的原则一样。

（5）适当地对文件进行预处理。关系以文件形式存储，根据实际需要对文件进行排序或建立索引，这样能使两个关系在进行联接时，很快有效地对应起来，提高效率。

（6）在计算表达式前应先估算一下怎样计算。例如计算 $R \times S$，应先查看一下 R 和 S 的物理块数，然后再决定哪个关系可以只进内存一次，而另一关系进内存多次，再决定哪个先进，哪个后进。

4．优化的计算方法

正确的关系代数表达式写出后，是由 DBMS 的数据库操作语言（Data Manipulation Language，DML）编译器来执行的。对一个关系代数表达式进行语法分析，可以得到一棵语法树，叶子是关系，非叶子节点是关系代数操作。利用前面的等价变换规则和优化策略来对关系代数表达式进行优化。

下面通过一个实例来对关系代数表达式优化做出说明。

【**例3.13**】 通过前面介绍的数据库中的三个表：学生关系 S(SNO，SN，AGE，SEX)、学习关系 SC(SNO，CNO，SCORE)、课程关系 C(CNO，CN，TEACHER)，要求查询学习课程名为"Maths"，GRADE>80 的学生学号和姓名。

解决以上问题的关系代数表达式是：

$$\pi_{\text{SNO, SN}}(\sigma_{\text{CN='Maths'} \wedge \text{SCORE>80}}(S \infty \text{SC} \infty C))$$

对于以上表达式优化的步骤如下。

（1）把以上表达式转换成笛卡儿积形式：

$$\pi_{\text{SNO, SN}}(\sigma_{\text{CN='Maths'} \wedge \text{SCORE>80}} (\pi_L(\sigma_{S.\text{SNO=SC.SN} \wedge \text{SC.CNO}=C.\text{CNO}}(S \times \text{SC} \times C))))$$

上式中的 L 是指三个表的所有属性集合：SNO，SN，AGE，SEX，CNO，SCORE，CN，TEACHER。

（3）把上式中笛卡儿积表达式写成语法树，如图 3.3 所示。

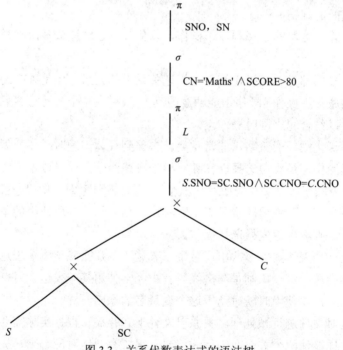

图 3.3 关系代数表达式的语法树

（3）建立优化语法树的标准格式。

根据以上语法树，按照优化的一般策略，在对某两个表进行联接前，首先对每个表进行选择和投影操作，对每个表都加一选择和投影项目，把图 3.3 中对各表要做的选择和投影操作移到各表中去，编好号，形成优化语法树的标准格式如图 3.4 所示。

（4）形成优化的语法树。

对每一个表的 π 和 σ 确定具体内容，方法是从上到下逐级进行。

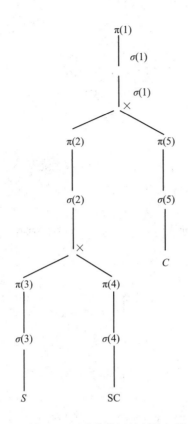

图 3.4　形成优化语法树的标准格式

π（1）是根据关系代数表达式得出的结果，其属性为 SNO、SN。σ（1）是由表 SC 和表 C 的笛卡儿积条件决定，条件是 SC.CNO=C.CNO。

π（2）涉及 π（1）的属性，并由 π（3）和 π（4）中所使用的表 S 和 SC 的属性集合得出，其属性为 S.SNO、SN、SC.CNO。σ（2）是由表 S 和表 SC 的笛卡儿积条件决定，条件是 S.SNO=SC.SNO。

π（3）涉及 π（2）的属性，可在表 S 的属性集合中得出，其属性为 S.SNO、SN。σ（3）是对表 S 提出的条件，因未对表 S 提出条件，故删去。

π（4）也涉及 π（2）的属性，可在表 SC 的属性集合中得出，其属性为 SC.CNO、SC.SNO。σ（4）是对表 SC 提出的条件，即 SCORE>80。

π（5）涉及 π（1）的属性，可在表 C 的属性集合中得出，其属性为 C.CNO。σ（5）是对表 C 提出的条件，即 CN='Maths'。

最后把以上分析的结果填入优化树的标准格式中，形成真正的优化语法树，如图 3.5 所示。

对于实际过程中较大型数据库表的数据处理，需要的数据往往是从许多表和上百个属性中抽取几个或十多个属性的集合，这个集合就是指上例中的 π(1)，只要对 π(1)中涉及的内容编程就能解决问题，这样既省时又省力。但要得到 π(1)，就必须按照上例优化方法去做，从下到上，最后得出 π(1)的结果来。

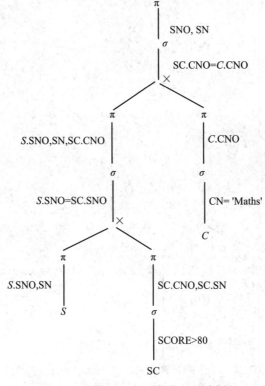

图 3.5　最后优化的语法树

小　结

（1）关系运算理论是关系数据库查询语言的理论基础。只有掌握了关系运算理论，才能深刻理解查询语言的本质和熟练使用查询语言。为了掌握关系运算理论，必须弄懂域、笛卡儿积、关系的概念，深刻理解候选键、主键、全键和外键的定义，明确关系模型必须遵循实体完整性规则、参照完整性规则和用户定义的完整性规则。

（2）用数学方法验证关系运算理论的方法有三种：关系代数、关系元组演算和关系域演算。这三种方法是等价的，在实际应用中，关系代数用得最普遍。

关系代数有并、差、笛卡儿积、选择和投影 5 种基本操作方法，有交、联接（包含等值联接和自然联接）和除 3 种非基本操作方法，还有外联接、外部并和半联接的扩充操作方法，这些方法都要熟练掌握。

（3）关系代数表达式优化方法是提高数据库运算效率、节省时间和空间的重要手段。熟悉关系表达式的等价变化规则，掌握优化策略，学会优化计算方法是很重要的，这种处理的原则和方法在实际数据库的大量数据处理过程中会起到不可估量的作用。

习　题

一、选择题

1. 设关系 R 有 r 个属性，关系 S 有个 s 个属性，其中有一个属性是相同的，经过$(R×S)$

操作后，属性个数为（　　　）。

    A．$r+s$　　　　　　B．$r+s-1$　　　　　　C．$r×s$　　　　　　D．$\max(r,s)$

2．在基本的关系中，下列说法不正确的是（　　　）。

    A．行列顺序无关　　　　　　　　B．属性名称应不同

    C．任意两个元组不允许重复　　　D．列是非同质的

3．有关系 R 和 S，$R∩S$ 的运算等价于（　　　）。

    A．$S-(R-S)$　　　B．$R-(R-S)$　　　C．$(R-S)∪S$　　　D．$R∪(R-S)$

4．设关系 $R(A，B，C)$ 和 $S(A，D)$，与自然连接 $R∞S$ 等价的关系代数表达式是（　　　）。

    A．$\sigma_{R.A=S.A}(R×S)$　　B．$R\underset{1=1}{∞}S$　　C．$\pi_{B,C,S.A,D}(\sigma_{R.A=S.A}(R×S))$　　D．$\pi_{R.A,B,C}(R×S)$

5．在关系代数操作中有三种非基本操作，它们是（　　　）。

    A．并、交和除　　　　　　　　B．交、除和投影

    C．交、除和选择　　　　　　　D．交、除和联接

6．关系代数中的自然联接一定要把（　　　）去掉。

    A．重复的属性　　　B．重复的列　　　C．不必去掉东西　　　D．重复的属性和列

7．在扩充的关系代数操作中，全联接、左外联接、右外联接统称为（　　　）。

    A．全联接　　　　　B．外联接　　　　　C．合并联接　　　　　D．以上说法都不对

8．对一个关系做选择操作后，新关系的元组的个数（　　　）原来关系的元组个数。

    A．小于　　　　　　B．小于或等于　　　C．等于　　　　　　　D．大于

9．有关系：$R(A，B，C)$ 主键=A，$S(D，A)$ 主键=D，外键=A，参照 R 的属性 A，关系 R 和 S 的元组如下。指出关系 S 中违反关系完整性规则的元组是（　　　）。

R:	A	B	C
	5	6	8
	4	3	7

S:	D	A
	1	4
	2	null
	3	6
	4	5

    A．(1,4)　　　　　B．(2,null)　　　　C．(3,6)　　　　　　D．(4,5)

10．关系运算中形成元组最多的运算是（　　　）。

    A．投影　　　　　　B．选择　　　　　　C．广义笛卡儿积　　　D．并

二、填空题

1．关系中实体完整性规则规定主键的取值必须_____且_____。

2．关系 R 有 m_1 个元组，关系 S 有 m_2 个元组，R 和 S 进行笛卡儿积后，元组总数为_____。

3．用 5 元组来表示一个关系模式，其中，属性间域的映像集合用_____表示，属性间数据依赖关系集合是用_____来表示。

4．关系查询语言根据其理论基础的不同分为_____语言和_____语言两大类。

5．在关系的参照完整性规则中，两个关系 R_1 与 R_2 之间存在 $1:m$ 的联系，可以通过在一个关系 R_2 中的_____，在相关联的另一个关系 R_1 中检索相对应的记录。

6．在对关系 R 和 S 做自然联接时，把原该舍弃的元组也保留在新关系中，同时在这

些元组的属性上填上空值（null），这种操作称为_____操作。

7. 解决关系代数表达式的优化问题，可以做到_____、_____、_____。

8. 写出一个关系代数表达式后，可以使用语法树来表达该优化过程。首先把关系代数表达式变成笛卡儿积形式，然后画出形式语法树，后面通过_____和_____两个步骤就可以解决问题。

三、计算题

1. 设有关系 R 和 S，如表 3.22 所示。

表 3.22　R 和 S 表

R 表			S 表		
A	B	C	A	B	C
3	6	7	3	4	5
2	5	7	7	2	3
7	2	3			
4	4	4			

计算：$R \cup S$，$R\text{-}S$，$R \cap S$，$R \times S$，$\pi_{3,2}(S)$，$\sigma_{B<'5'}(R)$，$R \underset{2<2}{\infty} S$，$R \infty S$。

2. 设有下面 4 个关系模式：

供应商关系 S（SNO，SNAME，SADDR）

零件关系 P（PNO，PNAME，COLOR，WEIGHT）

工程关系 J（JNO，JNAME，JCITY，BALANCE）

供应关系 SPJ（SNO，PNO，JNO，PRICE，QTY）

上述关系模式中属性的含义是：供应商编号（SNO）、供应商名（SNAME）、供应商地址（SADDR）、零件编号（PNO）、零件名（PNAME）、颜色（COLOR）、重量（WEIGHT）、工程编号（JNO）、工程名称（JNAME）、工程所在城市（JCITY）、工程余额（BALANCE）、零件单价（PRICE）、供应数量（QTY）。试用关系代数表达式表示每个查询语句。

（1）检索供应零件给工程 J_1 的供应商编号 SNO 与零件编号 PNO。

（2）检索供应零件给工程 J_1，且零件编号为 P_1 的供应商编号 SNO。

（3）检索使用了编号为 P_3 零件的工程编号和名称。

（4）检索供应零件给工程 P_1，且零件颜色为红色的供应商名称 SNAME 和地址 SADDR。

（5）检索使用了编号为 P_3 或 P_5 零件的工程编号 JNO。

（6）检索至少使用了编号为 P_3 或 P_5 零件的工程编号 JNO。

（7）检索不使用编号为 P_3 零件的工程编号 JNO 和工程名称 JNAME。

（8）检索使用了全部零件的工程名称 JNAME。

（9）检索使用零件包含编号为 S_1 的供应商所供应的全部零件的工程编号 JNO。

3. 根据上题（4）的关系代数表达式，对它进行优化，并画出优化后的语法树。

第4章　标准查询语言 SQL

结构化查询语言（Structured Query Language，SQL）是关系数据库系统的国际标准语言，它在大型或中小型数据库中都能使用。SQL 集数据定义（DDL）、数据操作（DML）、数据控制（DCL）于一身，学会了它，就等于学会了在各种关系型数据库中、各种不同的 DBMS 中都能进行 DDL、DML、DCL 操作。本章主要叙述 SQL 的概念与特点、SQL 的数据定义、SQL 的数据查询、SQL 的数据更新、SQL 处理视图等方面的知识，最后介绍嵌入式 SQL 的概念以及在 C#和 Java 中 SQL 的具体使用方法。

4.1　SQL 概述及其数据定义

SQL 无论是在 Oracle、Sybase、Informix、SQL Server 这样的大型数据库管理系统中，还是在 Visual FoxPro、Access 这样的中小型数据库管理系统中都能获得支持。本节首先说明 SQL 的发展过程和它的特点，然后详细介绍 SQL 对数据库表、索引文件的定义方法。

4.1.1　SQL 的基本概念及其特点

1. SQL 的发展过程

SQL 是 1974 年由 Boyce 和 Chamberlin 提出的，在 IBM 公司研制的关系数据库原型系统 System R 上实现了这种语言，最早的 SQL 版本（SEQUEL2）是在 1976 年 11 月的 IBM Journal of R&D 上发布的。由于它的许多突出优点，SQL 在计算机工业界和计算机用户中备受欢迎。

1979 年，Oracle 公司提供商首先使用了 SQL，IBM 公司在 DB2 和 SQL/DS 数据库系统中也开始使用 SQL。

1986 年 10 月，美国国家标准局（ANSI）批准了 SQL 作为关系数据库的美国批准。1987年 6 月，国际标准化组织（ISO）将其采纳为国际标准，定为 SQL 86。

1989 年，美国国家标准局定义了关系型数据库的 SQL 标准语言，称为 ANSI SQL 89，随后，国际标准化组织采用这一标准，推出 SQL 89。

1992 年，国际标准化组织推出 SQL 92，也称为 SQL 2。

1999 年，国际标准化组织推出了 SQL99（也称为 SQL 3），其中增加了面向对象功能，也称为 SQL 3。

我国在 1990 年颁布《信息处理系统数据库语言 SQL》，把其定为国家标准。

SQL 是一种介于关系代数和关系演算之间的语言，其功能包括查询、操作、定义和控制 4 个方面，是一个通用的、功能极强的关系数据库语言，它完全适合关系数据库的三级模式结构（外模式、模式、内模式），遵循关系模型中的三类完整性约束：实体完整性、参照完整性和自定义完整性。目前已成为关系数据库的标准语言，广泛应用于各种数据库。

2. SQL 的主要特点

SQL 之所以能够为用户和业界所接受，成为国际标准，是因为它是一个综合的、通用的、功能极强同时又简洁易学的语言。SQL 集数据定义（DDL）、数据操作（DML）、数据控制（DCL）于一体，充分体现了关系数据库语言的特点和优点。

（1）综合统一。

数据库系统的主要功能是通过各自的 DBMS 来实现的，DBMS 在各种不同的数据库系统中的数据定义语言和数据操作语言是不成一体的，当数据库投入运行后，一般不支持联机实时修改各级模式。

SQL 集数据定义（DDL）、数据操作（DML）、数据控制（DCL）于一体，语言风格统一，可以独立完成数据库中模式定义。建立数据库表，录入、查询、更新、维护数据、数据库重构，数据库安全控制等一系列操作，使得用户的数据库投入运行后，还可以根据实际需要，在不影响数据库整体运行的情况下，修改数据库模式，具有良好的扩充性。

（2）高度非过程化。

SQL 与各种关系数据库 DBMS 中的语言一样，是一种高度非过程化语言。使用时，只要指明"做什么"而不必像高级语言那样指明"怎样做"，因此用户无须了解文件与数据的存取路径，这种存取路径的选择以及 SQL 的操作过程是由系统自动来完成的。这不仅大大减轻了编程人员的负担，还有利于提高数据的独立性。

（3）面向集合的操作方式。

SQL 操作与各种关系数据库 DBMS 中的语言一样是面向集合的操作方式。这就是说，它的操作方式不是针对某一个数据，而是针对一条记录和符合条件的多条记录进行的。例如，有一个班的学生关系(设为 *R*)表，共有十多列内容，任意条（有限）记录，其中有一列是平均成绩，当要显示平均成绩在 80 分以上同学的情况（十多列内容一起显示）时，只要使用下面一条简单选择语句，就可把符合条件的所有学生情况显示出来。

```
Select * From R Where 平均成绩>=80
```

（4）提供两种不同格式的使用方式。

SQL 提供的两种不同格式的使用方法是：自含式和嵌入式。所谓 SQL 的自含式语言，是和各种关系数据库 DBMS 中的语言一样，能够独立地用于联机交互的使用方式，用户可以在键盘上直接输入 SQL 命令对数据进行操作，当然也可以写成代码程序，在 DBMS 环境下运行。所谓 SQL 嵌入式语言，是把 SQL 的各种命令嵌入到高级语言程序中使用。这种方式可使高级语言与数据库结合起来，克服高级语言处理大量数据效率不高的缺点，这在当今各种应用系统开发中发挥很大的作用。目前应用较多的高级语言是 Visual Basic、C 语言一族（VC、C++、C#）、Java 等。

SQL 嵌入式语言的应用是本书重要的实践内容，将在第 10、11 章重点介绍。

（5）语言简洁，易学易用。

SQL 功能强大，但语言本身却很简单。一套语言完成所有功能只使用 9 个动词，它们是：查询命令（Select），数据定义中的创建（Create）、删除（Drop）、修改（Alter），数据操纵中的插入（Insert）、修改（Update）、删除（Delete），数据控制中的权力授予（Grant）、权力回收（Revoke）。SQL 语法简单，接近口语，易学易用。但要提醒用户注意的是，SQL 中所涉及的动词虽少，但有几个动词结构复杂，要熟练掌握还需要花一定的时间和努力实践。

4.1.2 SQL 的数据定义

SQL 使用数据定义语言实现其数据定义功能，可以对数据库、基本表、视图和索引等进行定义和删除。

利用 SQL 语句来定义基本表时，需要对表中的每个字段设置一个数据类型，用来指定字段所存放的数据是整数、字符串、货币还是其他类型数据。数据类型是由选择的 DBMS 系统提供的。本书选择的数据库管理系统是 SQL Server 2012。

1．定义数据库

一般格式为：

```
CREATE DATABASE <数据库名>
```

例如，要建立一个教师（teacher）数据库，在查询窗口中输入命令：

```
CREATE DATABASE teacher
```

在 SQL Server 2012 中，打开数据库，就会见到 teacher 的名称。

2．定义基本表

选择 teacher 数据库后，在查询窗口中输入建立基本表的命令就可以建立基本表，定义基本表的结构，格式为：

```
CREATE TABLE <基本表名>
(<列名> <数据类型> ,
...
完整性约束,
...)
```

选择数据库名后，再来定义基本表结构，相对来说比较简单，下面对以上命令做一说明。

（1）基本表名：规定所创建的基本表的名称。在一个数据库中，不允许有两个基本表同名。

（2）列名：规定了该列（属性）的名称。一个表中不能有两列同名。

（3）数据类型：规定了该列的数据类型。各具体 DBMS 所提供的数据类型是不同的；本书使用的是 SQL Server 2012 中规定的数据类型。

（4）完整性约束：完整性约束规则在该命令中较为复杂，为了方便学习，没有把命令的全部内容一次写出来，这里主要用到下列三类子句。

定义主键子句：Primary key <属性名 1,…>

检查子句：Check (<条件>)

外键子句：Constraint <约束名> Foreign Key <副表属性名 1，…>References <主表属性

名1，…>

这里定义的主键一定要遵守实体完整性规则；外键一定要遵守参照完整性规则；检查子句要遵守用户自定义完整性规则。

为了能够方便建立基本表，设定在 teacher 数据库内有以下三个基本表。

（1）教师表：T，由教师编号（TNO）、姓名（TN）、性别（SEX）、年龄（AGE）、职称（ZC）和所在专业（DEPT）6个属性组成。可记为：

```
T(TNO,TN,SEX,AGE,ZC,DEPT)
```

（2）课程表：C，由课程号（CNO）、课程名（CN）、课程性质（CX）和学分（CT）4个属性组成。可记为：

```
C(CNO,CN,CX,CT)
```

（3）教师授课表：TC，由教师编号（TNO）、课程号（CNO）、教龄（YEAR）3个属性组成，这里的教龄是指教授这门课的教龄。可记为：

```
TC(TNO,CNO,YEAR)
```

以上三个表的内容如图 4.1～图 4.3 所示。现在逐一建立它们的基本表。

教师编号 TNO	姓名 TN	性别 SEX	年龄 AGE	职称 ZC	专业 DEPT
S1	王一民	男	46	教授	计算机
S5	邹敏	女	35	讲师	软件工程
S3	赵忠秀	女	40	副教授	信息技术
S4	周彬	男	24	助教	计算机
S6	钱良	男	22	助教	软件工程
S2	刘英	女	30	讲师	信息技术

图 4.1　教师表

课程号 CNO	课程名 CN	课程性质 CX	学分 CT
C1	数学	基础	4
C6	工程训练	专业	2
C3	汇编程序	专业基础	3
C4	网络基础	专业基础	2
C5	数据结构	专业基础	3
C7	DB_Design	专业	4
C2	英语	基础	6

图 4.2　课程表

教师编号 TNO	课程号 CNO	教龄 YEAR
S1	C1	8
S1	C2	6
S1	C3	3
S4	C2	2
S2	C2	4
S3	C1	6
S3	C7	5
S3	C4	4
S3	C5	5
S2	C7	3
S4	C5	2
S4	C6	2
S2	C1	8
S5	C2	2

图 4.3　教师授课表

【例 4.1】 创建教师表 T，其中，教师编号是主键，姓名、性别和年龄不能为空，性别只能选"男"或"女"，年龄大于 18 岁。

```
CREATE TABLE T
   (TNO CHAR(4) NOT NULL,
    TN CHAR(8) NOT NULL,
    SEX CHAR(2) NOT NULL CHECK(SEX IN('男','女')),
    AGE INT NOT NULL CHECK(AGE>18),
    ZC CHAR(10),
    DEPT VARCHAR(12),
    PRIMARY KEY(TNO))
```

【例 4.2】 建立课程表 C，课程号 CNO 是主键，课程名 CN 和 CT 不能为空，CT 大于 1。

```
CREATE TABLE C
   ( CNO CHAR(4) NOT NULL,
     CN VARCHAR(10) NOT NULL,
     CX CHAR(8),
     CT INT NOT NULL CHECK(CT>1),
     PRIMARY KEY(CNO))
```

【例 4.3】 建立教师授课表 TC，定义 TNO 和 CNO 是外键同时又是该表的主键，教龄不为空，并且 YEAR 大于 1。

```
CREATE TABLE TC
  (TNO CHAR(4) NOT NULL,
   CNO CHAR(4) NOT NULL,
   YEAR INT NOT NULL CHECK(YEAR>1),
   PRIMARY KEY(TNO,CNO),
   CONSTRAINT TC_T FOREIGN KEY(TNO)REFERENCES T(TNO),
   CONSTRAINT TC_C FOREIGN KEY(CNO)REFERENCES C(CNO))
```

把上面三个例子的代码以文件形式保存在自定的子目录中，以作备用。运行这些文件，就形成 T、C、TC 三个表，然后按图 4.1～图 4.3 的内容录入到相应表中（注意 TC 表最后录入数据）。

3．修改基本表结构

基本表建立以后，如有错误或要增加和删除属性，都可以用命令解决。

（1）增加属性。

格式：ALTER TABLE <基本表名> ADD <新属性名> <新属性类型>

【例 4.4】 在基本表 T 中增加一个联系电话（TELE）属性。

```
ALTER TABLE T ADD TELE CHAR(13)
```

注意：新增加的属性不能定义为 NOT NULL，因为基本表在增加一个属性后，原来所有记录在新增加的属性列上的值都被定义为空值（NULL）。

（2）修正原属性数据类型。

格式为：ALTER TABLE <基本表名> ALTER　COLUMN <新属性名> <新属性类型>

【例 4.5】　将 T 表中年龄的数据类型改为 SMALLINT。

```
ALTER TABLE T ALTER COLUMN AGE SMALLINT
```

修改原有的列定义，会使列中数据类型做新旧自动变化，有可能会破坏已有数据。

（3）删除原有属性。

格式为：ALTER TABLE <基本表名> DROP COLUMN <属性名>

在基本表中删除某一属性时要注意，引用到该属性的视图和约束也会一起自动地被删除。

【例 4.6】　在基本表 T 中删除 TELE 属性。

```
ALTER TABLE T DROP COLUMN TELE
```

（4）禁止参照完整性约束。

格式为：ALTER TABLE <基本表名> NOCHECK CONSTRAINT <约束名>

【例 4.7】　禁止 TC 中参照完整性约束 TC_T。

```
ALTER TABLE TC NOCHECK CONSTRAINT TC_T
```

4. 删除基本表

随着时间的变化，有些基本表无用了，可将其删除。删除某基本表后，该表中数据及表结构将从数据库中彻底删除，表相关的对象如索引、视图、参照关系等也将同时删除或无法再使用，因此执行删除操作时一定要格外小心。

删除基本表命令的一般格式为：

```
DROP TABLE <表名>
```

【例 4.8】　删除表 T。

```
DROP TABLE T
```

注意：删除表需要相应的操作权限，一般只删除自己建立的无用表，如有用表一定要备份或保存好建立该表的程序。

4.1.3　SQL 对索引的创建与删除

1. 索引的概念

数据库中的索引是为了加速对表中记录的检索而创建的一种分散存储结构，它实际上是记录的关键字与其相应地址的对应表。索引是对表或视图而建立的。

索引建立后，如果改变了表或视图中的数据，增加或减少记录，系统会自动更新索引。当查询到索引字段时，系统会自动使用索引进行查询，查询时的速度会比没建索引时快得多。但要注意的是：建立索引，除多占用内存外，当表的数据变化太频繁、索引数量又多时，则会影响更新数据的速度。

按照索引记录存放的位置可以分为聚集索引（Clustered Index）与非聚集索引（Nonclustered Index）两类。聚集索引是指索引项的顺序与表中记录的物理顺序一致的索引组织，检索记录的速度快。规定一个表中只能有一个属性或属性组，设定为聚集索引的字段，这一字段一定是查询时用得最频繁的。非聚集索引也按照索引的字段排列记录，但是排列的结果不会存储在表中，而是另外存储，因此检索记录速度没有聚集索引快。

2．创建索引

创建索引的语句一般格式为：

```
CREATE [UNIQUE] [CLUSTERED|NONCLUSTERED] INDEX <索引名> ON { <表名> | <视图名> } (<列名> [ ASC | DESC ] [ ,…n ] )
```

其中，UNIQUE 表明建立唯一索引，CLUSTERED 表示建立聚集索引，NONCLUSTERED 表示建立非聚集索引。索引可以建在该表或视图的一列或多列上，各列名之间用逗号分隔，每个列名后面还可以用次序指定索引值的排列次序，包括 ASC（升序）和 DESC（降序）两种，默认值为 ASC。

【**例 4.9**】 为 teacher 数据库中的 T、C、TC 三个表建立索引。其中，T 表按教师编号升序建立唯一索引，C 表按课程号降序建立聚集索引，TC 表按教师编号升序和课程号降序建立非聚集索引。

```
CREATE UNIQUE INDEX T_TNO ON T(TNO)
CREATE CLUSTERED INDEX C_CNO ON C(CNO DESC)
CREATE NONCLUSTERED INDEX TC_TNO_CNO ON TC(TNO ASC,CNO DESC)
```

要观察以上命令的结果，需要分别打开 T、C、TC 表。

3．删除索引

删除索引的一般格式为：

```
DROP INDEX 表名.<索引名> | 视图名.<索引名>[, ..., n]
```

【**例 4.10**】 删除 TC 表中的 TC_TNO_CNO 索引。

```
DROP INDEX TC.TC_TNO_CNO
```

值得用户注意的是，索引一旦建立，所在的 DBMS 会自动维护它，无须用户关心，建立索引文件的目的是提高查询速度，如果所建索引表的数据或记录增减太频繁，索引数目又多，每次打开表操作，系统会花费大量时间来维护这些索引，反而对加快查询操作不利。因此用户应根据具体情况，对数据库表做索引。

4.2 SQL 的数据查询

查询是数据库应用的核心内容，用户一定要深刻领会和熟练掌握它。SQL 只提供一条查询语句——SELECT，但该语句功能丰富，使用方法灵活，可以满足用户合理查询的任何要求。本节详细介绍利用 SELECT 语句在各种情况下如何应用，并配合大量实例，初学者必须上机练习，并能举一反三。

使用 SELECT 语句时，用户无须指明被查询关系的路径，只需要指出关系名，查询什么，有何附加条件即可。SELECT 既可以在基本表关系上查询，也可以在视图关系上查询。因此，下面介绍语句中的关系既可以是基本表，也可以是视图。读者目前可把关系专指为基本表，到介绍视图操作时，再把它与视图联系起来。

4.2.1 SELECT 命令的格式及其含义

SELECT 语句的一般格式为：

```
SELECT [ALL|DISTINCT]<目标列表达式>[,<目标列表达式>]…
[INTO <新表名>]
FROM <表名或视图名>[,<表名或视图名>]…
[WHERE <条件表达式>]
[GROUP BY <列名1> … [HAVING <条件表达式>]]
[ORDER BY <列名2> [ASC|DESC]] …
```

查询语句形式上比较复杂，但在实际应用中，并不是每解决一个问题，都要使用这么复杂的格式。这一查询语句从功能上可分为以下 4 部分。

（1）无条件的简单查询。使用 SELECT 和 FROM 格式（上述命令的前 3 行或第 1，3 行）。

（2）有条件的查询，使用 SELECT、FROM 加上 WHERE 格式（上述命令的前 4 行或第 1，3，4 行）。

（3）如果要按各表中属性分组查询，可能要用到上述命令的前 5 行（或者第 1，3，4，5 行）。

（4）如果查询结果的记录要排序，一般情况下，可能要用到上述命令的第 1，3，4，6 行。

SELECT 语句既可以完成简单的单表查询，也可以完成复杂的连接查询或嵌套查询。该 SELECT 语句至少需要 SELECT 与 FROM 两个子句，下面将以 teacher 数据库为例说明 SELECT 语句的各种用法。

整个 SELECT 语句的含义是，根据 WHERE 子句的条件表达式，从 FROM 子句指定的基本表或视图中找出满足条件的记录，再按 SELECT 子句中的目标列表达式，选出记录中的属性值形成结果表。如果有 GROUP 子句，则将结果按列名 1 的值进行分组，该属性列值相等的元组为一个组，每个组产生结果表中的一条记录。通常会在每组中使用集函数。如果 GROUP 子句带 HAVING 短语，则只有满足指定条件的组才给予输出。如果有 ORDER 子句，则结果表还要按列名 2 的值的升序或降序排序后，再输出。

4.2.2 单表查询

在本节所讲的查询命令中，假设都已在 SQL Server 2012 中打开了 teacher 数据库。

1. 指定列或列表达式的查询

【例 4.11】 查询全体教师的全部记录。

```
SELECT * FROM T
```

上面命令中的 "*" 指所有的字段名，即 TNO，TN，SEX，AGE，ZC，DEPT，等价于：

```
SELECT TNO,TN,SEX,AGE,ZC,DEPT  FROM T
```

目标列表达式中各个列的先后顺序可以与表中的顺序不一致。也就是说，用户在查询时可以根据应用的需要改变列的显示顺序。

结果如图 4.4 所示。

【例 4.12】 查出开设全部课程的名称及其性质。

```
SELECT CN, CX FROM C
```

结果如图 4.5 所示。

	TNO	TN	SEX	AGE	ZC	DEPT
1	s1	王一民	男	46	教授	计算机
2	s2	刘英	女	30	讲师	信息技术
3	s3	赵忠秀	女	40	副教授	信息技术
4	s4	周彬	男	24	助教	计算机
5	s5	邹敏	女	35	讲师	软件工程
6	s6	钱良	男	22	助教	软件工程

图 4.4　例 4.11 结果

	CN	CX
1	数学	基础
2	英语	基础
3	汇编语言	专业基础
4	网络基础	专业基础
5	数据结构	专业基础
6	工程训练	专业
7	DB_Design	专业

图 4.5　例 4.12 结果

【例 4.13】 查询全体老师的姓名、性别和出生年份。

SELECT 子句的目标列表达式不仅可以是表中的属性列，也可以是有关表达式。本例中要查出教师的出生年份，T 表中没有，只有年龄，所以要用一表达式（用查询时年份－年龄）表示。

```
SELECT TN,SEX,'出生年份: ',2010-AGE FROM T
```

结果如图 4.6 所示。

用户可以通过指定别名来改变查询结果的列标题，这对于含有算术表达式、常量、函数名的目标列表达式尤为有用，对于本例使用下列命令：

```
SELECT  TN, SEX,  '出生年份:'  BIRTH,2010-AGE  BIRTHDAY  FROM T
```

说明：列别名与表达式间可以直接用空格分隔（如上述命令），也可以用 **AS** 关键字来连接，命令如下。

```
SELECT TN, SEX,  '出生年份:'AS BIRTH, 2010-AGE AS BIRTHDAY FROM T
```

结果如图 4.7 所示。

	TN	SEX	(无列名)	(无列名)
1	王一民	男	出生年份:	1964
2	刘英	女	出生年份:	1980
3	赵忠秀	女	出生年份:	1970
4	周彬	男	出生年份:	1986
5	邹敏	女	出生年份:	1975
6	钱良	男	出生年份:	1988

图 4.6　例 4.13 结果

	TN	SEX	BIRTH	BIRTHDAY
1	王一民	男	出生年份:	1964
2	刘英	女	出生年份:	1980
3	赵忠秀	女	出生年份:	1970
4	周彬	男	出生年份:	1986
5	邹敏	女	出生年份:	1975
6	钱良	男	出生年份:	1988

图 4.7　例 4.13 使用列别名后的结果

2．消除重复行的查询

在 SELECT 查询语句的第一行中，有 ALL｜DISTINCT 选择，ALL 表示对所有行进行查询，是语句使用的默认状态，以上举的例子实际上是指 ALL（省略了）；如果选择 DISTINCT，查询后会取消重复的行。如果想去掉结果表中的重复行，必须指定 DISTINCT 短语。

【例 4.14】 查询担任课程的所有教师编号。

```
SELECT DISTINCT TNO FROM TC
```

结果如图 4.8 所示。

	TNO
1	s1
2	s2
3	S3
4	s4
5	s5

图 4.8　例 4.14 结果

	TNO	TN	SEX	DEPT
1	s2	刘英	女	信息技术
2	s5	邹敏	女	软件工程

图 4.9　例 4.15 结果

3．条件子句的使用

查询满足指定条件的记录可以通过 WHERE 子句实现。WHERE 子句常用的查询条件如表 4.1 所示。

表 4.1　常用的查询条件

查 询 条 件	谓　　词
比较运算符	=, >, <, >=, <=, !=, <>, !>, !< Not（上述比较运算符构成的比较关系表达式）
确定范围	BETWEEN AND，NOT BETWEEN AND
确定集合	IN，NOT IN
字符匹配	LIKE，NOT LIKE
空值	IS NULL，IS NOT NULL
多重条件	AND，OR，NOT

（1）使用比较运算符查询。

【例 4.15】 查询职称为讲师的教师编号、姓名、性别和专业。

```
SELECT TNO，TN，SEX，DEPT  FROM  T
WHERE  ZC='讲师'
```

结果如图 4.9 所示。

【例 4.16】 查询学分为 4 的课程号和课程名。

```
SELECT CNO,CN FROM C
WHERE CT=4
```

结果如图 4.10 所示。

（2）确定范围的查询。

【例 4.17】 查询所开设课程的学分为 2～3 的课程名和它的学分数。

```
SELECT CN，CT FROM C
WHERE CT BETWEEN 2 AND 3
```

或写成：

```
SELECT CN，CT FROM C
WHERE CT>=2 AND CT<=3
```

结果如图 4.11 所示。

	CNO	CN
1	c1	数学
2	c7	DB_Design

图 4.10 例 4.16 结果

	CN	CT
1	汇编语言	3
2	网络基础	2
3	数据结构	3
4	工程训练	2

图 4.11 例 4.17 结果

【例 4.18】 查询所开设课程的学分不在 2～3 的课程名和它的学分数。

```
SELECT CN，CT FROM C
WHERE CT NOT BETWEEN 2 AND 3
```

或写成：

```
SELECT CN，CT FROM C
WHERE CT<2 OR CT>3
```

结果如图 4.12 所示。

（3）确定集合。

【例 4.19】 查询计算机和软件工程专业的教师编号、姓名、性别。

```
SELECT TNO,TN,SEX  FROM T
WHERE DEPT IN('计算机','软件工程')
```

或写成：

```
SELECT TNO,TN,SEX  FROM T
WHERE DEPT='计算机'OR DEPT='软件工程'
```

结果如图 4.13 所示。

	CN	CT
1	数学	4
2	英语	6
3	DB_Design	4

图 4.12　例 4.18 结果

	TNO	TN	SEX
1	s1	王一民	男
2	s4	周彬	男
3	s5	邹敏	女
4	s6	钱良	男

图 4.13　例 4.19 结果

【例 4.20】　查询不在计算机和软件工程专业的教师编号、姓名、性别。

```
SELECT TNO,TN,SEX  FROM T
WHERE DEPT NOT IN('计算机','软件工程')
```

或写成：

```
SELECT TNO,TN,SEX  FROM T
WHERE DEPT !='计算机' AND DEPT!='软件工程'
```

结果如图 4.14 所示。

（4）字符匹配。

谓词 LIKE 可以用来进行字符串的匹配。其一般语法格式如下：

```
字段名 [NOT] LIKE <匹配串> [ESCAPE <换码字符>]
```

上面格式的含义是指查找字段值与匹配串相匹配的记录。匹配串可以是一个完整的字符串，也可以含有通配符。SQL 中的通配符及其含义见表 4.2 所示。

表 4.2　通配符及其含义

通　配　符	描　　述	示　　例
%（百分号）	代表零个或更多字符的任意字符串	WHERE title LIKE '%computer%'将查找处于书名任意位置的包含单词 computer 的所有书名
_（下画线）	代表任何单个字符（长度可以为 0）	WHERE au_fname LIKE '_ean'将查找以 ean 结尾的所有 4 个字母的名字（如 Dean、Sean 等）
[ ]（中括号）	指定范围([a-f])或集合([abcdef])中的任何单个字符	WHERE au_lname LIKE '[C-P]arsen' 将查找以 arsen 结尾且以介于 C 与 P 之间的任何单个字符开始的作者姓氏，例如，Carsen、Larsen、Karsen 等
[^]	不属于指定范围([a-f])或集合([abcdef]) 的任何单个字符	WHERE au_lname LIKE 'de[^l]%' 将查找以 de 开始且其后的字母不为 l 的所有作者的姓氏

【例 4.21】　查询所有姓"王"的教师情况。

```
SELECT *  FROM T
WHERE TN LIKE '王%'
```

结果如图 4.15 所示。

【例 4.22】　查询课程名第二个字为"程"的课程情况。

```
SELECT *  FROM C
WHERE CN LIKE '_程%'
```

结果如图 4.16 所示。

	TNO	TN	SEX
1	s2	刘英	女
2	s3	赵忠秀	女

图 4.14　例 4.20 结果

	TNO	TN	SEX	AGE	ZC	DEPT
1	s1	王一民	男	46	教授	计算机

图 4.15　例 4.21 结果

【例 4.23】　查询所有不姓"王"的教师情况。

```
SELECT * FROM T
WHERE TN NOT LIKE '王%'
```

结果如图 4.17 所示。

	CNO	CN	CX	CT
1	c6	工程训练	专业	2

图 4.16　例 4.22 结果

	TNO	TN	SEX	AGE	ZC	DEPT
1	s2	刘英	女	30	讲师	信息技术
2	s3	赵忠秀	女	40	副教授	信息技术
3	s4	周彬	男	24	助教	计算机
4	s5	邹敏	女	35	讲师	软件工程
5	s6	钱良	男	22	助教	软件工程

图 4.17　例 4.23 结果

如果用户要查询的匹配字串本身就有"%"和"_"，怎么处理呢？这就要使用 ESCAPE
<换码字符>选项。

【例 4.24】　查询 DB_Design 课程的情况。

```
SELECT * FROM C
WHERE CN LIKE 'DB\_Design'ESCAPE '\'
```

上述条件中，ESCAPE'\'短语表示为换行字符，这样在匹配串中紧跟在'\'后面的字符不
再具有通配符的含义，而是匹配串本身的字符了，本例为'DB_Design'。

结果如图 4.18 所示。

	CNO	CN	CX	CT
1	c7	DB_Design	专业	4

图 4.18　例 4.24 结果

（5）有关空值的查询。

【例 4.25】　查询没有填写课程教龄的教师编号和课程号。

```
SELECT TNO,CNO FROM TC
WHERE YEAR IS NULL
```

在本例中，查询结果无记录。条件不能写成：=0（数值型）或=''（字符型）。

【例 4.26】　查询所有教师情况，使用空值概念命令为：

```
SELECT * FROM T
WHERE DEPT IS NOT NULL
```

结果如图 4.4 所示。

（6）应用统计函数查询。

在使用 SQL 查询时，有时需要统计一些数据，从查询结果中显示出来，这就要应用系统提供的集函数。常用的集函数如表 4.3 所示。

表 4.3 常用集函数

COUNT({[ALL|DISTINCT] expression }|*)	返回组中项目的数量。expression 一般是指列名，下同。COUNT(*)表示对元组（或记录）计数
SUM([ALL|DISTINCT] expression)	返回表达式中所有值的和，或只返回 DISTINCT 值的和。SUM 只能用于数字列。空值将被忽略
AVG([ALL|DISTINCT] expression)	返回组中值的平均值。空值将被忽略
MAX([ALL|DISTINCT] expression)	返回组中值的最大值
MIN([ALL|DISTINCT] expression)	返回组中值的最小值

【例 4.27】 统计上过课程号为 C2 的教师人数。

```
SELECT COUNT(*) FROM TC
WHERE CNO='C2'
```

结果如图 4.19 所示。

【例 4.28】 查询所有担任上课任务的教师编号。

```
SELECT COUNT(DISTINCT TNO)  FROM TC
```

在例 4.14 中查询出 5 位教师编号，在例 4.28 中用统计函数计算，得到结果为 5。

【例 4.29】 统计开设专业基础课的门数和这些课程的最高学分、最低学分和平均学分。

```
SELECT COUNT(*)门数, MAX(CT)最高分, MIN(CT)最低分, AVG(CT)平均分
FROM C
WHERE CX='专业基础'
```

结果如图 4.20 所示。

	（无列名）
1	4

	门数	最高分	最低分	平均分
1	3	3	2	2

图 4.19 例 4.27 结果   图 4.20 例 4.29 结果

注意：图 4.20 中平均分为 2 是由于 CT 设置为 INT 的原因。

4. 分组查询

GROUP BY 子句可以将查询结果表的各行按一列或多列取值相等的原则进行分组。对查询结果分组的目的是为了细化集函数的作用对象。如果未对查询结果分组，集函数将作用于整个查询结果，即整个查询结果为一组对应统计产生一个函数值。否则，集函数将作用于每一个组，即每一组分别统计，分别产生一个函数值。

【例 4.30】 查询各个课程号和担任该课程的教师人数。

```
SELECT CNO, COUNT(TNO)  FROM TC
GROUP BY CNO
```

该 SELECT 语句，首先对 TC 表中的 CNO 进行分组，然后通过集函数 COUNT（TNO）求出担任 CNO 课程的教师人数，结果如图 4.21 所示。

如果分组后还要求按一定的条件对这些组进行筛选最终只输出满足指定条件的组统计值，则可以使用 HAVING 短语指定筛选条件。值得注意的是：HAVING 条件是指分组后要求设定的条件，而 WHERE 是指对查询表（或多个表）内所有内容设定的条件。

【例 4.31】 查询有三个教师以上（含三个）担任同一门课程的课程号和担任的教师数。

```
SELECT CNO，COUNT(TNO)  FROM TC
GROUP BY CNO HAVING COUNT(*)>=3
```

结果如图 4.22 所示。

	CNO	（无列名）
1	c1	3
2	c2	4
3	c3	1
4	c4	1
5	c5	2
6	c6	1
7	c7	2

图 4.21　例 4.30 结果

	CNO	（无列名）
1	c1	3
2	c2	4

图 4.22　例 4.31 结果

5．排序查询

如果没有指定查询结果的显示顺序，DBMS 将按其最方便的顺序（通常是记录在表中的先后顺序）输出查询结果。用户也可以用 ORDER BY 子句指定按照一个或多个字段值的升序（ASC）或降序（DESC）重新排列查询结果，其中，升序 ASC 为默认值。

【例 4.32】 查询担任 C2 课程的教师编号和担任该课程的教龄，查询结果按教龄的大小做降序排列。

```
SELECT TNO, YEAR FROM TC
WHERE CNO='C2'
ORDER BY YEAR DESC
```

结果如图 4.23 所示。注意：如果有空值参与排序时，NULL 最小（本题无空值）。

【例 4.33】 查询全体教师情况，查询结果按所在专业升序排列，对同一专业的教师按年龄降序排列。

```
SELECT * FROM T
ORDER BY DEPT, AGE DESC
```

结果如图 4.24 所示。

	TNO	YEAR
1	s1	6
2	s2	4
3	s4	2
4	s5	2

图 4.23　例 4.32 结果

TNO	TN	SEX	AGE	ZC	DEPT
s1	王一民	男	46	教授	计算机
s4	周彬	男	24	助教	计算机
s5	邹敏	女	35	讲师	软件工程
s6	钱良	男	22	助教	软件工程
s3	赵忠秀	女	40	副教授	信息技术
s2	刘英	女	30	讲师	信息技术

图 4.24　例 4.33 结果

4.2.3　多表间联接和合并查询

一般来说，一个数据库中包括多个表，各表之间是按参照完整性规则联系的。若一个查询同时涉及两个或两个以上的表，则称为联接查询。按照它们之间联接方式的不同，可以分为等值与非等值联接、自身联接、外联接、合并联接等几种，下面分别给予说明。

1．等值与非等值联接查询

SQL 中等值与非等值联接的方法完全是按照第 3 章中关系代数操作方法执行的。其一般格式为：

[<表名1>.]<列名1>　<比较运算符>　[<表名2>.]<列名2>

其中，比较运算符可以使用表 4.1 中比较运算符和确定范围中的内容。当联接运算符为"="时，称为等值联接。使用其他运算符称为非等值联接。

联接谓词中的列名称为联接字段。联接条件中的各联接字段类型必须是可比的，但不必是相同的。例如，两个联接字段都可以是字符型、日期型或数字型，但不能一个是字符型，另一个是数字型或日期型。

从概念上讲，DBMS 执行联接操作的过程是，首先从表名 1 中取出第一条记录，然后从表名 2 中从头到尾扫描全部记录，找出满足联接条件的记录，写到结果库中，再从表名 1 中取出第二条记录，再一次扫描表名 2 中的全部记录，找出满足联接条件的记录，写到结果库中，……直到表名 1 中取出最后一条记录比较完为止。

【例 4.34】　查询职称为讲师的授课情况。

教师基本情况在表 T 中，授课情况在表 TC 中，因此要使用 T 和 TC 两个表。使用的 SQL 命令是：

```
SELECT * FROM T, TC
WHERE T.TNO=TC.TNO AND ZC='讲师'
```

实质上，这就是第 3 章关系代数操作中讲的等值联接，T 表和 TC 表是通过 TNO 这个字段值相等联接起来的。结果如图 4.25 所示。

	TNO	TN	SEX	AGE	ZC	DEPT	TNO	CNO	YEAR
1	s2	刘英	女	30	讲师	信息技术	s2	c1	8
2	s2	刘英	女	30	讲师	信息技术	s2	c2	4
3	s2	刘英	女	30	讲师	信息技术	s2	c7	3
4	s5	邹敏	女	35	讲师	软件工程	s5	c2	2

图 4.25　例 4.34 结果

【例 4.35】　对 T 表和 TC 表做讲师的自然联接。

这里讲的自然联接和第 3 章关系代数操作中讲的自然联接的概念是一样的，使用的 SQL 命令是：

```
SELECT T.TNO,TN,AGE,SEX,ZC,DEPT,CNO,YEAR FROM T,TC
WHERE T.TNO=TC.TNO AND ZC='讲师'
```

值得注意的是，在自然联接过程中，多表中遇到相同的字段名时，应指明是哪个表的。例如上面命令中的 T.TNO，否则系统运行时会找不到属于哪个表而出错。结果如图 4.26 所示。

	TNO	TN	AGE	SEX	ZC	DEPT	CNO	YEAR
1	s2	刘英	30	女	讲师	信息技术	c1	8
2	s2	刘英	30	女	讲师	信息技术	c2	4
3	s2	刘英	30	女	讲师	信息技术	c7	3
4	s5	邹敏	35	女	讲师	软件工程	c2	2

图 4.26 例 4.35 结果

2．自身联接

联接操作不仅可以在两个表之间进行，也可以是一个表与其自己进行联接，这种联接称为表的自身联接。只有当对某一表进行多次扫描时才要进行自身联接。

【例 4.36】 查询比邹敏老师年龄大的老师的姓名、年龄和邹敏的年龄。

本例中要查询的内容都在 T 表中，系统要对 T 表做二次扫描，第一次扫描得到邹敏老师的年龄，第二次扫描才求出比邹敏老师年龄大的老师的情况。使用的 SQL 命令是：

```
SELECT X.TN AS 姓名,X.AGE AS 年龄,Y.AGE As 邹敏年龄 FROM T AS X,T AS Y
WHERE X.AGE>Y.AGE AND Y.TN='邹敏'
```

结果见图 4.27。

姓名	年龄	邹敏年龄
王一民	46	35
赵忠秀	40	35

图 4.27 例 4.36 结果

3．外联接

外联接的概念与第 3 章中的外联接概念完全一样,目的是为了保存没条件联接的本来要删除的记录信息。所不同的是，在 SQL 中，外联接符号用 FULL[OUTER] JOIN 表示，左外联接符号用 LEFT[OUTER] JOIN 表示，右外联接符号用 RIGHT[OUTER] JOIN 表示。这里举一个左外联接的例子来加以说明。

【例 4.37】 把 T 表和 TC 表做左外联接。

```
SELECT T.TNO,TN,SEX,AGE,DEPT,CON,YEAR FROM T LEFT JOIN TC
ON T.TNO=TC.TNO
```

结果见图 4.28。

4．合并查询

合并查询结果就是使用 UNION 操作符将来自不同查询的数据组合起来，形成一个具有综合信息的查询结果。UNION 操作会自动将重复的数据行剔除。必须注意的是，参加合并查询结果的各子查询使用的表结构应该相同，即各子查询的数据数目相同，对应的数据类型要相容。

	TNO	TN	SEX	AGE	DEPT	CNO	YEAR
1	s1	王一民	男	46	计算机	c1	8
2	s1	王一民	男	46	计算机	c2	6
3	s1	王一民	男	46	计算机	c3	3
4	s2	刘英	女	30	信息技术	c1	8
5	s2	刘英	女	30	信息技术	c2	4
6	s2	刘英	女	30	信息技术	c7	3
7	s3	赵忠秀	女	40	信息技术	C1	6
8	s3	赵忠秀	女	40	信息技术	c4	4
9	s3	赵忠秀	女	40	信息技术	c5	5
10	s3	赵忠秀	女	40	信息技术	c7	5
11	s4	周彬	男	24	计算机	c2	2
12	s4	周彬	男	24	计算机	c5	2
13	s4	周彬	男	24	计算机	c6	2
14	s5	邹敏	女	35	软件工程	c2	2
15	s6	钱良	男	22	软件工程	NULL	NULL

图 4.28　例 4.37 结果

【例 4.38】 从 TC 表中查询出教师编号为 S4 和 S5 的教师编号和总教龄。

从 TC 数据表中查询出教师编号为 S4 的教师编号和总教龄，再从 TC 数据表中查询出教师编号为 S5 的教师编号和总教龄，然后将两个查询结果合并成一个结果集。

```
SELECT TNO AS 教师编号,SUM(YEAR) AS 总教龄  FROM TC
   WHERE (TNO='S4')
   GROUP BY TNO
   UNION
 SELECT TNO AS 教师编号,SUM(YEAR) AS 总教龄
   FROM TC
   WHERE (TNO='S5')
   GROUP BY TNO
```

结果如图 4.29 所示。

	教师编号	总教龄
1	s4	6
2	s5	2

图 4.29　例 4.38 结果

实际上，上面的 SQL 命令可使用下面的命令。

```
SELECT TNO AS 教师编号,SUM(YEAR) AS 总教龄  FROM TC
WHERE (TNO='S4' OR TNO='S5')
GROUP BY TNO
```

运行结果和图 4.29 一样。

4.2.4　嵌套查询

在 SQL 中，一个 SELECT…FROM…WHERE 语句称为一个查询块。将一个查询块嵌

套在另一个查询块的 WHERE 子句或 HAVING 短语的条件中的查询称为嵌套查询。

1．带有 IN 谓词和比较运算符的子查询

【例 4.39】 查询与周彬老师同在一个专业的教师编号、姓名和所在专业名称。

```
SELECT TNO,TN,DEPT FROM T
WHERE DEPT IN (SELECT DEPT FROM T
            WHERE TN='周彬')
```

除使用以上方法外，还可以用以下两种方法来解决。

（1）用带有比较运算符的子查询方法。谓词 IN 与比较符中的"="含义相同，故可用以下方法。

```
SELECT TNO, TN, DEPT FROM T
WHERE DEPT =(SELECT DEPT FROM T
            WHERE TN='周彬')
```

（2）可以使用前面介绍过的自身联接方法。

```
SELECT T1.TNO,T1.TN,T1.TN FROM T T1,T T2
WHERE (T1.DEPT=T2.DEPT) AND (T2.TN='周彬')
```

运行结果见图 4.30。

【例 4.40】 查询担任课程名为"数据结构"的教师编号和姓名。

```
SELECT TNO,TN FROM T
WHERE TNO IN(SELECT TNO FROM TC
            WHERE CNO IN(SELECT CNO FROM C
                        WHERE CN='数据结构'))
```

结果见图 4.31。

	TNO	TN	DEPT
1	s1	王一民	计算机
2	s4	周彬	计算机

图 4.30 例 4.39 结果

	TNO	TN
1	s3	赵忠秀
2	s4	周彬

图 4.31 例 4.40 结果

也可以使用前面讲的联接方法来解决这一问题。

```
SELECT T.TNO,TN FROM T,TC,C
WHERE T.TNO=TC.TNO AND TC.CNO=C.CNO AND CN='数据结构'
```

2．带有 ANY 或 ALL 谓词的子查询

子查询返回一个值时，常与比较运算符相配合。配合的形式如表 4.4 所示。

表 4.4　ANY 和 ALL 谓词与比较符结合形式

名称	（1）	（2）	（3）	（4）	（5）	（6）
ANY	>ANY	<ANY	>=ANY	<=ANY	=ANY	!=ANY 或<>ANY
ALL	>ALL	<ALL	>=ALL	<=ALL	=ALL	!=ALL 或<>ALL

【例 4.41】 查询其他专业中比软件工程专业所有老师年龄大的教师姓名和年龄。

```
SELECT TN,AGE FROM T
WHERE AGE>ALL(SELECT AGE FROM T
            WHERE DEPT='软件工程') AND DEPT<> '软件工程'
ORDER BY AGE DESC
```

也可以用集函数的方法来解决。

```
SELECT TN,AGE FROM T
WHERE AGE>ALL(SELECT MAX(AGE) FROM T
            WHERE DEPT='软件工程') AND DEPT<> '软件工程'
ORDER BY AGE DESC
```

	TN	AGE
1	王一民	46
2	赵忠秀	40

图 4.32 例 4.41 结果

结果见图 4.32。

使用集函数实现子查询的效率一般比使用 ANY 和 ALL 谓词子查询高。它们之间的等价转换关系见表 4.5。

表 4.5 ANY、ALL 谓词与集函数及 IN 谓词的等价转换关系

	=	<	<=	>	>=	<>或!=
ANY	IN	<MAX	<=MAX	>MIN	>=MIN	-
ALL	-	<MIN	<=MIN	>MAX	>=MAX	NOT IN

3．带有 EXISTS 谓词的子查询

EXISTS 谓词子查询不返回任何实际数据，它只产生逻辑值"真"或"假"。

【例 4.42】 查询担任 C2 课程的教师姓名。

查询所有担任 C2 课程的教师姓名涉及 T 关系和 TC 关系，可以在 T 关系中依次取每个记录的 TNO 值，用此值去检查 TC 关系，若 TC.TNO=T.TNO，并且 TC.CNO='C2'，则取 T.TN 送入结果关系。

```
SELECT TN FROM T
WHERE EXISTS(SELECT * FROM TC
            WHERE TNO=T.TNO AND CNO='C2')
```

使用存在量词 EXISTS 后，若内层检查非空，则外层的 WHERE 子句返回真值，否则返回假值。由 EXISTS 引出的子查询，其目标列表达式通常都用"*"，因为带 EXISTS 的子查询只返回真值和假值，给出列名也无实际意义。

这类子查询与前面的不相关子查询有一个明显的区别，即这类子查询的查询条件是依赖于外层父查询的某个属性值（在本例子中是依赖 T 表中的 TNO 值），称这类子查询为相关子查询。求解相关子查询不能像求解不相关子查询那样，一次将子查询求解出来，然后求父查询。相关子查询的内层查询由于与外层查询有关，因此必须反复求值。从概念上讲，

相关子查询的一般处理如下。

首先取外层查询中 T 表的第一条记录，根据它与内层查询相关的属性值（即 TNO 值）处理内层查询，若 WHERE 子句返回值为真（即内层结果非空），则取此记录放入结果表；然后再检查 T 表的下一条记录；重复这一过程，直至 T 表全部检查完毕为止。

以上例题也可以用以下方法解决。

（1）用联接查询方式。

```
SELECT TN FROM T, TC
WHERE T.TNO=TC.TNO AND CNO='C2'
```

（2）用嵌套查询方式。

```
SELECT TN FROM T
 WHERE TNO IN(SELECT TNO FROM TC
              WHERE CNO='C2')
```

	TN
1	王一民
2	刘英
3	周彬
4	邹敏

图 4.33　例 4.42 结果

以上方法运行结果见图 4.33。

与 EXISTS 谓词相反意义的是 NOT EXISTS。使用谓词 NOT EXISTS 后，若内层查询结果为空，则外层的 WHERE 子句返回真值，否则返回假值。

【例 4.43】　查询所有未担任 C2 课程的教师姓名。

```
SELECT TN FROM T
WHERE NOT EXISTS(SELECT * FROM TC
              WHERE TNO=T.TNO AND CNO='C2')
```

结果见图 4.34。

由于带 EXISTS 谓词的相关子查询只关心内层查询真假，不返回具体数据，所以查询效率一般较高。

【例 4.44】　查询担任全部课程的教师姓名。

查询担任全部课程的教师姓名，可以反过来理解为：选择的教师姓名没有一门课程是他不担任的。该查询涉及三个关系：T、TC、C。使用 NOT EXISTS 较容易解决这一问题。其 SQL 语句为：

```
SELECT TN FROM T                                          （1）
WHERE NOT EXISTS(SELECT * FROM C                          （2）
              WHERE NOT EXISTS (SELECT * FROM TC          （3）
                    WHERE TNO=T.TNO AND CNO=C.CNO))       （4）
```

在程序运行前，先对 TC 表增加三条记录：①'S3', 'C6',2；②'S3', 'C2',3；③ 'S3', 'C3',3。结果见图 4.35。

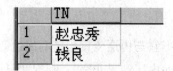 

图 4.34　例 4.43 结果　　　　　　　　图 4.35　例 4.44 结果

这一 SQL 语句的工作原理是：首先在（1）式的 T 表中取出第一个教师编号，再从（2）式的 C 表中取出第一个课程号，然后利用（4）条件，在 TC 表中查询该编号的教师是否担任过这门课。如担任过，（3）式 WHERE 前为假，再取 C 表中第二个课程号，再到 TC 表中查询，该教师是否担任过这门课，如果担任过则在（3）式 WHERE 前返回为假，否则返回真……一直到 C 表中所有课程号与这个教师编号都在 TC 表中查询过为止。如（3）式 WHERE 前返回全为假，则（2）式 WHERE 前返回真，即把该教师编号通过（1）式获得的姓名写到结果库中，如（3）式 WHERE 前有一个为真，则在（2）式 WHERE 前返回假，则（1）式取消该教师编号。如此反复，直到每个教师编号查询完为止。

该问题在关系代数操作中，要使用"除"操作，除操作在 SQL 中实现起来较麻烦，所以 SQL 中采用元组关系演算中的谓词演算方法解决，本题采用 NOT EXISTS 谓词来解决，比较容易。

4.2.5　保存查询结果及分步查询

1．保存查询的结果

使用 SELECT…INTO 语句可以将查询到的结果存储到数据库新建的表中，把数据永久保存起来，这种方法有时是非常有用的。

【例 4.45】　查询课程性质相同的总学分和课程性质名称，将查询结果放入一个新表 TABLEA 中。

```
SELECT CX AS 课程性质, SUM(CT) AS   总学分
    INTO TABLEA  FROM C
    GROUP BY CX
    SELECT * FROM TABLEA
```

结果见图 4.36。

课程性质	总学分
基础	10
专业	6
专业基础	8

图 4.36　例 4.45 结果

如果在本题中，将 INTO TABLEA 改成 INTO #TABLEA，则查询结果被存放到一个临时表中，临时表只存储在内存中，一旦退出操作，数据就会消失。在上面命令中把 TABLEA

改成#TABLEA，重新运行程序，会得到如图 4.36 所示一样的结果。

2．分步查询

在实际查询中，有时会遇到比较复杂的问题，对此不必花大力气去研究如何使用一个查询表达式来得出查询结果，可以想办法用多个查询表达式（两个以上）解决问题。方法是把第一次查询结果放入临时表中，再让这个临时表参与第二次查询，如还没有查出，可把此结果放入第二个临时表，……直到查出正确结果为止。

【例 4.46】 在担任 C2 课程的教龄大于该课程平均教龄的教师中，查询还担任 C1 课程教师的教师编号和担任 C1 课程的教龄。

这个问题分两步解决：第一步解决担任 C2 课程的教龄大于该课程平均教龄教师的教师编号、课程号和课程教龄，把查得的结果放在临时表 TABLE3 中。第二步在 TABLE3 中求出担任 C1 课程教师的教师编号、姓名和担任 C1 课程的教龄。SQL 命令如下。

```
SELECT TNO,CNO,YEAR INTO #TABLE3 FROM TC
WHERE YEAR>(SELECT AVG(YEAR) FROM TC
            WHERE CNO='C2')
ORDER BY YEAR DESC
SELECT T.TNO,TN,YEAR FROM T,#TABLE3
WHERE T.TNO=#TABLE3.TNO AND CNO='C1'
```

结果见图 4.37。

	TNO	TN	YEAR
1	s1	王一民	8
2	s2	刘英	8
3	s3	赵忠秀	6

图 4.37　例 4.46 结果

4.3　SQL 的数据更新与视图

SQL 中的数据更新命令（包括数据插入、修改、删除、视图处理等）是数据操作功能中的重要组成部分，是维护数据表中数据正确的重要操作方法，应该熟练掌握。

4.3.1　插入数据

在 SQL Server 2012 中已经介绍了数据表中数据更新的菜单操作方法,这里讲述的是用 SQL 语句来更新数据,这在编写程序时非常有用。

1．插入记录

插入单条记录的 INSERT 语句的格式为：

```
INSERT [INTO] <表名> [(<属性列1>[,<属性列2>]…)]
        VALUES(<常量1> [,<常量2>]…)
```

如果某些属性列在 INTO 子句中没有出现，则新记录在这些列上将取空值。但要注意的是，在定义表时就说明了 NOT NULL 的属性列不能取空值，为此它们必须出现在属性列表中，否则会出错。

如果 INTO 子句中没有指明任何列名，则新插入的记录必须在每个属性列上均指定值。

【例 4.47】 在 T 表中插入两条记录。

（1）TNO='S7'，姓名='陈明良'，性别='男'，年龄=37，专业='计算机'

（2）TNO='S8'，姓名='王良英'，性别='女'，年龄=24，专业='信息技术'

打开 teacher 数据库，在查询分析器中输入：

```
INSERT INTO T  VALUES('S7','陈明良','男',37,'讲师','计算机')
INSERT INTO T  VALUES('S8','王良英','女',24,'助教','信息技术')
SELECT * FROM T
```

结果见图 4.38。

	TNO	TN	SEX	AGE	ZC	DEPT
1	s1	王一民	男	46	教授	计算机
2	s2	刘英	女	30	讲师	信息技术
3	s3	赵忠秀	女	40	副教授	信息技术
4	s4	周彬	男	24	助教	计算机
5	s5	邹敏	女	35	讲师	软件工程
6	s6	钱良	男	22	助教	软件工程
7	S7	陈明良	男	37	讲师	计算机
8	S8	王良英	女	24	助教	信息技术

图 4.38 例 4.47 结果

2. 插入子查询结果

子查询不仅可以嵌套在 SELECT 语句中，可以构造父查询的条件，也可以嵌套在 INSERT 语句中，用以生成要插入的数据记录集。

插入子查询结果的 INSERT 语句的格式为：

```
INSERT INTO <表名> [(<属性列1> [,<属性列2>]…)] 子查询
```

其功能是可以批量插入，一次将子查询的结果存入数据库表。

【例 4.48】 求 T 表中各专业教师的平均年龄，并把结果存入数据库。

要把操作结果存入数据库，首先要创建一个表（设为 DEPTAGE），其中有两个属性：专业（DEPT）和平均年龄（AVGAGE），然后把查询计算后的结果存到新建的表中。

```
CREATE TABLE DEPTAGE(DEPT CHAR(10),AVGAGE TINYINT)
INSERT INTO DEPTAGE(DEPT,AVGAGE)
SELECT DEPT,AVG(AGE) FROM T
GROUP BY DEPT
SELECT * FROM DEPTAGE
```

结果见图 4.39。

1	计算机	35
2	软件工程	28
3	信息技术	31

图 4.39　例 4.48 结果

4.3.2　修改数据

修改操作又称为更新操作，其语句的一般格式为：

```
UPDATE <表名>
SET <列名>=<表达式>[,<列名>=<表达式>]…
[WHERE <条件>]
```

其功能是修改指定表中满足 WHERE 子句条件的记录。其中，SET 子句用于指定修改方法，即用表达式的值取代相应的属性列值。如果省略 WHERE 子句，则表示要修改表中的所有记录。

1．修改某一个记录的值

【例 4.49】 对 T 表中每位教师年龄增加 1 岁，并将编号为“S5”的教师职称改为“副教授”。

```
UPDATE T SET AGE=AGE+1
UPDATE T SET ZC='副教授'
WHERE TNO='S5'
SELECT * FROM T
```

结果见图 4.40。

	TNO	TN	SEX	AGE	ZC	DEPT
1	s1	王一民	男	47	教授	计算机
2	s2	刘英	女	31	讲师	信息技术
3	s3	赵忠秀	女	41	副教授	信息技术
4	s4	周彬	男	25	助教	计算机
5	s5	邹敏	女	36	副教授	软件工程
6	s6	钱良	男	23	助教	软件工程
7	S7	陈明良	男	38	讲师	计算机
8	S8	王良英	女	25	助教	信息技术

图 4.40　例 4.49 结果

2．带子查询的修改语句

子查询也可以嵌套在修改语句中，用来作为修改操作的条件。

【例 4.50】 将信息技术专业的全体教师授课的教龄均改为 5 年。

```
UPDATE TC SET YEAR=5
WHERE '信息技术'=(SELECT DEPT FROM T
                WHERE TC.TNO=T.TNO)
```

```
SELECT * FROM TC
WHERE YEAR=5
```

也可以使用以下 SQL 命令。

(1)

```
UPDATE TC SET YEAR=5
WHERE TNO IN(SELECT TNO FROM T
                  WHERE DEPT='信息技术')
SELECT * FROM TC
WHERE YEAR=5
```

(2)

```
UPDATE TC SET YEAR=5 FROM TC,T
WHERE TC.TNO=T.TNO AND DEPT='信息技术'
SELECT * FROM TC
WHERE YEAR=5
```

	TNO	CNO	YEAR
1	s2	c1	5
2	s2	c2	5
3	s2	c7	5
4	s3	c1	5
5	s3	c2	5
6	s3	c3	5
7	s3	c4	5
8	s3	c5	5
9	s3	c6	5
10	s3	c7	5

图 4.41 例 4.50 结果

结果见图 4.41。

4.3.3 删除数据

删除语句的一般格式为:

```
DELETE [FROM] <表名> [WHERE <条件>]
```

DELETE 语句的功能是从指定表中删除满足 WHERE 子句条件的所有记录。如果省略 WHERE 子句,表示删除表中全部记录,但表的定义仍在字典中。也就是说,DELETE 语句删除的只是表中的数据,而不包括表的结构定义。删除表的结构定义,应使用前面讲过的 DROP TABLE 命令。

1. 删除表中记录

【例 4.51】 删除 DEPTAGE 表中有关计算机专业的记录。

```
DELETE FROM DEPTAGE
WHERE DEPT='计算机'
```

可在 DEPTAGE 表中查看内容,会发现计算机专业的记录被删除了。

2. 带子查询的删除语句

【例 4.52】 删除'信息技术'专业中所有教师的授课记录。

```
DELETE FROM TC
WHERE'信息技术'=(SELECT DEPT FROM T
                  WHERE T.TNO=TC.TNO)
```

可在 TC 表中查看内容，会发现信息技术专业教师的授课记录被删除了。

4.3.4　视图创建、删除与更新

1．视图的概念

视图是数据库系统三级模式中外模式的主要形式之一，开发数据库系统程序相当一部分也是根据视图来编写的，因此用户必须要掌握视图的知识。

视图是根据基本表（一至多个基本表或已有的视图）导出的关系。当基本表中数据变化时，可以从视图中反映出来，在一定条件下，也可以通过视图中数据更新来改变基本表中的数据。在创建视图时，并不存储视图中的数据，而是在用户使用视图时才去显示对应的数据，因此视图被称为"虚表"。

视图在很多方面与基本表相同，当视图一经定义，可以与基本表一样被查询、删除，也可以再定义新的视图，但对视图的更新操作有一定的限制。

2．创建视图

SQL 用 CREATE VIEW 命令建立视图，其一般格式为：

```
CREATE VIEW <视图名>[(<列名>[,<列名>]…)]
    AS <子查询>
```

其中，子查询可以是任意复杂的 SELECT 语句，但通常不允许含有 ORDER BY 子句和 DISTINCT 短语。

如果 CREATE VIEW 语句仅指定了视图名，省略了组成视图的各个属性列名，则隐含该视图由子查询中 SELECT 子句目标列中的诸字段组成。在以下情况下必须明确指定组成视图的所有列名。

（1）其中某个目标列不是单纯的属性名，而是集函数或列表达式。

（2）多表连接时选出了几个同名列作为视图的字段。

（3）需要在视图中为某个列启用新的更合适的名字。

【例 4.53】　建立"计算机"专业教师的视图（应有教师编号、姓名、性别和年龄）。

```
CREATE VIEW ST01(TNO,TN,SEX,AGE)
AS SELECT TNO,TN,SEX,AGE FROM T
WHERE DEPT='计算机'
```

结果见图 4.42。

TNO	TN	SEX	AGE
s1	王一民	男	47
s4	周彬	男	25
S7	陈明良	男	38

图 4.42　例 4.53 结果

【例 4.54】 建立计算机专业讲授 C1 和 C2 课程的教师的视图。

```
CREATE VIEW ST02(TNO,TN,YEAR)
AS SELECT T.TNO,TN,YEAR FROM T,TC
WHERE DEPT='计算机'AND T.TNO=TC.TNO
AND (TC.CNO='C1'OR TC.CNO='C2')
```

结果见图 4.43。

TNO	TN	YEAR
s1	王一民	8
s1	王一民	6
s4	周彬	2

图 4.43 例 4.54 结果

3．删除视图

语句的格式为：

```
DROP VIEW <视图名>
```

一个视图被删除后，由此视图导出的其他视图也将失效，用户应该使用 DROP VIEW 语句将它们一起删除。

【例 4.55】 删除视图 ST01。

```
DROP VIEW ST01
```

当查看数据库视图中的视图名称时，会发现 ST01 不见了。

4．更新视图

更新视图包括插入（INSERT）、删除（DELETE）和修改（UPDATE）三类操作。

【例 4.56】 将视图 ST02 中的教师编号 S1 的教师改名为"王宗明"。

```
UPDATE ST02 SET TN='王宗明'
WHERE TNO='S1'
```

结果见图 4.44。

TNO	TN	YEAR
s1	王宗明	8
s1	王宗明	6
s4	周彬	2

图 4.44 例 4.56 结果

在关系数据库中，并不是所有的视图都是可更新的，因为有些视图的更新不能唯一地有意义地转换成对相应基本表的更新。不同的数据库系统对视图更新有不同的要求，一般视图更新操作有以下几条规则。

（1）如果一个视图是从多个基本表使用联接操作导出的，则此视图不允许更新。

（2）如果在导出视图的过程中，使用了分组和聚合操作，也不允许该视图更新。

（3）若视图的字段来自字段表达式或常量，则不允许对此视图执行 INSERT 和 UPDATE 操作，但可以进行 DELETE 操作。

（4）若视图定义中含有 GROUP BY、DISTINCT 短语或嵌套查询，且内层查询的 FROM 子句中涉及的表也是导出该视图的基本表，则此视图不允许更新。

4.3.5 SQL 数据控制

数据库中的数据由多个用户共享，为保证数据库的安全，SQL 提供数据控制语句（Data Control Language，DCL）对数据库进行统一的控制管理。SQL 数据控制语句有两个命令动词：一个是 GRANT 语句，是系统对下级用户授予权限；另一个是 REVOKE 语句，是系统对下级用户授予权限后的回收，在此不做介绍，有兴趣的读者可参考相关书籍。

小　　结

（1）由于 SQL 具有高度综合统一、高度非过程化、面向集合操作模式、包括自含式和嵌入式两种使用方式、语言易学易用等 5 大特点，注定要成为标准的、使用广泛的最重要的语言。SQL 定义语言包括创建、修改、删除数据库表及其数据库表之间的完整性约束方法，也包括对数据库表创建、修改、删除索引的基本方法。这些内容都是重要的实践知识，必须牢固掌握。

（2）SELECT 查询语句是 SQL 操作语言中应用最多的语句，应该熟练掌握各种查询数据方法，包括利用比较运算符、确定范围、确定集合、字符匹配、空值和多重条件的查询，分组查询和排序查询，多表间的各种联接查询，各种嵌套查询等内容。

（3）SQL 操作语言的另一重要内容是对数据库表中的数据进行插入、修改和删除操作，是维护数据表中数据正确的重要操作方法。这些操作方法与视图的建立、修改、查询、删除等知识，都是需要掌握的重要内容。

习　　题

一、选择题

1. 在 SQL 中，增加或删除数据库表中的字段名所使用的命令动词是（　　　）。

    A．alter 和 update   B．drop 和 delete

    C．alter 和 drop   D．update 和 delete

2. SQL 的综合统一特点是指（　　　）。

    A．能创建、修改和删除数据库表，能遵守完整性约束规则

    B．能对数据库和数据库表中数据进行插入、修改和删除操作，并能进行创建、修改、查询和删除操作

    C．能对它的用户授予或回收各种操作权限

    D．集 DDL、DML 和 DCL 于一体

3．在嵌入式 SQL 中，使用的某种高级语言称为（　　　）。

    A．主体语言   B．配合语言

    C．宿主语言   D．不完整

4．设有关系 R=（A1，A2，A3）。与 SQL 语句 SELECT DISTINCT A3 FROM R WHERE A2='S3'等价的关系代数表达式是_____。

    A．$\pi_{A3}(R)$ B．$\sigma_{A2='S3'}(R)$

    C．$\pi_{A3}(\sigma_{A2='S3'}(R))$ D．$\sigma_{A2='S3'}(\pi_{A3}(R))$

5．两个子查询的结果（　　　）时，可以执行并、交、差操作。

    A．结构完全一致   B．结构完全不一致

    C．结构部分一致   C．主键一致

6．在 SQL 查询语句中，用于合并查询的谓词是（　　　）。

    A．Exists   B．Union   C．Some   D．All

7．使用 SQL 语句进行查询操作时，若希望查询出全部存在的元组，一般使用（　　　）保留字。

    A．Unique   B．All   C．Except   D．Distinct

8．操作视图不可能完成的功能是（　　　）。

    A．更新视图中的数据   B．查询视图中的内容

    C．定义新的基本表   D．定义新视图

9．SQL 中涉及属性所学专业 Dept 是否是空值的比较操作，写法（　　　）是错误的。

    A．Dept= Null   B．Not(Dept Is Null)

    C．Dept Is Null   D．Dept Is Not Null

10．假定学生关系是 S(S#,SName,Sex,Age)，课程关系是 C(C#,CName,TEACHER)，学生选课关系是 SC(S#,C#,Grade)。要查找选修"数据结构"课程（指 CNname 字段）的"男"学生学号，将涉及关系（　　　）。

    A．S，C   B．SC,C   C．S,SC   D．S,SC,C

二、填空题

1．SQL 集 DDL、DML、DCL 于一体，操作命令 CREATE、DROP、ALTER 属于_____语言。

2．SQL 提供两种使用方法，它们是_____语言和_____语言。

3．SQL 中删除数据库表使用_____命令，删除数据库表中数据使用_____命令。

4．视图是数据库系统三级结构中的外模式的主要形式，它是从_____导出的表。

5．视图是虚表，它建成后就可以和基本表一样使用，但_____操作将有一定限制。

6．SQL 的数据库表创建、修改和删除命令是指_____、_____和_____三个语句。

7．在字符匹配查询中，是否符合多个条件常使用的三个字符是_____、_____和_____。

8．SQL 语句中的数据更新语句的命令动词是指_____、_____和_____三个。

9. SQL 中，对分组查询中指定满足条件的语句是_____。

10. 在 SQL 中如果希望将查询结果永久保存，应在 SELECT 语句中使用_____子句。

三、操作题

1. 设有 4 个关系的模式如下。

S（SNO，SNAME，ADDRESS，TEL），其中：SNO，供应商代码；SNAME，姓名；ADDRESS，地址；TEL，电话。

J（JNO，JNAME，LEADER，BG），其中：JNO，工程代码；JNAME，工程名；LEADER，负责人；BG，预算。

P（PNO，PNAME，SPEC，CITY，COLOR），其中：PNO，零件代码；PNAME，零件名；SPEC，规格；CITY，产地；COLOR，颜色。

SPJ（SNO，JNO，PNO，QTY），其中：SNO，供应商代码；JNO，工程代码；PNO，零件代码；QTY，数量。

为了便于操作，示意性地给出一条记录作为样例，按下列要求完成各种操作。

S

SNO	SNAME	ADDRESS	TEL
Sl	SN1	上海南京路	68564345

SPJ

SNO	PNO	JNO	QTY
S1	Pl	J1	200

P

PNO	PNAME	SPEC	CITY	COLOR
P1	PN1	8X8	无锡	红

J

JNO	JNAME	LEADER	BG
J1	JN1	王总	10

（1）为每个关系建立相应的表结构（注意设置主键和外键），添加若干记录。

（2）完成如下查询。

① 找出所有供应商的姓名和地址、电话。

② 找出所有零件的名称、规格、产地。

③ 找出使用供应商代码为 S1 的供应商供应零件的工程号。

④ 找出工程代码为 J2 的工程使用的所有零件名称、数量。

⑤ 找出产地为上海的所有零件代码和规格。

⑥ 找出使用上海产的零件的工程名称。

⑦ 找出没有使用天津产的零件的工程号。

⑧ 求没有使用天津产的红色零件的工程号。

⑨ 取出为工程 J1 和 J2 提供零件的供应商代号。

⑩ 找出使用供应商 S2 供应的全部零件的工程号。

（3）完成如下更新操作。

① 把全部红色零件的颜色改成蓝色。

② 由 S10 供给 J4 的零件 P6 改为由 S8 供应，请做必要的修改。

③ 从供应商关系中删除 S2 的记录，并从供应零件关系中删除相应的记录。

④ 请将（S2, J8, P4, 200）插入供应零件关系。

⑤ 将工程 J2 的预算改为 40 万元。

⑥ 删除工程 J8 订购的 S4 的零件。

（4）请将"零件"和"供应零件"关系的联接定义为一个视图，完成下列查询。

① 找出工程代码为 J2 的工程使用的所有零件名称、数量。

② 找出使用上海产的零件的工程号。

2. 自己设计一个数据库表，至少要有 6 个以上的字段名，在 SQL Server 中创建好数据库和数据库表，并输入若干记录。利用 VB、C#、Java 高级语言中学过的一种作为平台，完成使用 SQL，对设计的数据库表进行任意查询数据和修改数据等功能的任务。要求在计算机上能正确运行。

第 5 章   关系数据库的规范化设计

关系数据库的规范化设计是关系数据库原理中的主要理论之一，它与第 3 章的关系运算知识一起，构成了关系数据库最重要的、严密的数学理论基础。

关系数据库的规范化设计理论主要包含数据依赖、范式和规范化设计理论三部分内容。其中，数据依赖是核心，范式是规范化设计的标准。数据库设计的一个最基本问题就是如何建立一个好的数据模式，而规范化设计理论则是指导数据模式设计的标准。因此，规范化设计对关系数据库的结构设计起着非常重要的作用。本章重点介绍数据依赖中的函数依赖以及范式的判定方法。

5.1   关系模式的设计问题

关系模式是关系数据库的型，是关系数据库中最重要的内容之一。设计出一个规范的关系模式，可以尽可能地消除关系数据库中的数据冗余，解决数据库操作中插入、修改和删除异常的问题。

5.1.1   概述

关系数据库的鼻祖——E.F.Codd 从 1971 年起，提出了关系数据库的规范化理论，后经过很多专家和学者的不断研究和发展，规范化理论研究已经取得很多的成果，使数据库设计的方法逐步走向完备。在此理论提出以前，层次和网状数据库的设计没有严密的数学理论依据，只是依照其模型自身的特点和原则来设计，其结果可能会给日后的运行和使用带来一些不可预见的问题。关系数据库中关系模型有严格的数学理论基础，又可以向其他的数据模型转换，因此设计一个好的关系模型需要依托规范化理论这个强有力的设计工具。

数据库设计的一个最基本问题是如何建立一个好的数据库模式，使数据库系统无论是在数据存储方面，还是在数据操作方面都有较好的性能。针对一个具体问题，应该如何构造一个适合于它的数据模式，也就是应该构造几个关系模式，每个关系模式又由哪些属性构成，如何将这些相互关联的关系模式构建成一个适合的关系模型，这是关系数据库逻辑设计所要解决的问题。这就要求关系数据库的设计必须遵循关系数据库的规范化理论。

5.1.2   关系模式存在的问题

想要设计一个相对较好的关系数据库，规范化理论是必须遵循的。关系数据库的设计最重要的是关系模式的设计，那么什么是一个较好的关系模式？一个不好的关系模式又会存在什么样的问题？

【例 5.1】 要求设计学生-课程数据库，其关系模式如下：SDC（SNO，SNAME，AGE，DEPT，DEAN，CNAME，SCORE），其中，SNO 为学号，SNAME 为姓名，AGE 为年龄，DEPT 为系别，DEAN 为系主任，CNAME 为课程名，SCORE 为成绩。具体内容如表 5.1 所示。

根据实际情况，这些数据有如下语义规定。

（1）一个系有若干名学生，但一名学生只属于一个系；

（2）一个系只有一名系主任，系主任不可以兼任；

（3）一名学生可以选修多门课程，每门课程可被多名学生选修。

表 5.1　关系模式 SDC 对应的部分表内容

学号 SNO	姓名 SNAME	年龄 AGE	系别 DEPT	系主任 DEAN	课程名 CNAME	成绩 SCORE
721011	程民	20	计算机	刘华	计算机应用基础	78
721011	程民	20	计算机	刘华	数据库原理	82
721032	李顺	23	电子	李国义	高频技术	67
722010	王小平	22	自动化	王健	高电压	75
722010	王小平	22	自动化	王健	过程控制	60
722010	王小平	22	自动化	王健	数据库原理	82
722131	刘婷	20	计算机	刘华	C++	77
723011	张小惠	19	自动化	王健	计算机应用基础	74
723011	张小惠	19	自动化	王健	高电压	68
723015	熊民	20	计算机	刘华	计算机应用基础	70
723015	熊民	20	计算机	刘华	C++	50
722017	胡丽文	22	电子	李国义	高频技术	82
722017	胡丽文	22	电子	李国义	通信原理	69
721109	王少国	23	计算机	刘华	数据库原理	65

分析可得，（SNO，CNAME）属性的组合可以唯一标识一个元组，即每行的 SNO 与 CNAME 组合都是不同的，因此，（SNO，CNAME）是该关系模式的候选键，且为主键（只有一个候选键）。但在实际操作数据库时，将会出现以下几种问题。

1．数据冗余

每名学生的信息如姓名和年龄重复存储，选修几门课程就要重复存储几次；每个系的名称和系主任的名字存储的次数等于该系的学生选修课程门数的累加和，也存在重复存储的问题，数据冗余很大，极大地浪费了存储空间。

2．操作异常

（1）插入：若一个系里的学生尚未选修课程，则不能进行插入操作。因为（SNO，CNAME）是该关系模式的主码，根据关系的实体完整性规则，主码的值要求不能全部或部分为空，而由于主码中的 CNAME 部分为空，所以学生的相关基本信息无法插入到数据库中。

（2）修改：若某位学生改名了，则所有相关的记录都要逐一修改 SNAME 的值；若某个系的主任改变了，则属于该系的学生记录都要修改 DEAN 的值。由于本身存在数据冗余的问题，修改量将会特别大，稍有不慎，就很有可能漏改或错改某些内容，造成数据上的不一致，破坏数据的完整性。

（3）删除：若某个系的学生全部毕业了，本应该只是删除学生的记录，由于 SNO 是主键的一部分，为保证实体完整性，需将整个元组一起删除，这样，系的有关信息也将删除。

由于该关系中包含的内容太多、太杂了，因此会存在上述一些问题。由此得出结论，SDC 不是一个好的关系模式。那么怎样才能得到一个好的关系模式呢？将 TDC 分解为三个关系：学生关系 S（SNO，SNAME，AGE，DEPT），系关系 D（DEPT，DEAN）和选修关系 SC（SNO，CNAME，SCORE），如图 5.1 所示。

S

学号 SNO	姓名 SNAME	年龄 AGE	系别 DEPT
721011	程民	20	计算机
721032	李顺	23	电子
722010	王小平	22	自动化
722131	刘婷	20	计算机
723011	张小惠	19	自动化
723015	熊民	20	计算机
722017	胡丽文	22	电子
721109	王少国	23	计算机

D

系别 DEPT	系主任 DEAN
计算机	刘华
电子	李国义
自动化	王健

SC

学号 SNO	课程名 CNAME	成绩 SCORE
721011	计算机应用基础	78
721011	数据库原理	82
721032	高频技术	67
722010	高电压	75
722010	过程控制	60
722010	数据库原理	82
722131	C++	77
723011	计算机应用基础	74
723011	高电压	68
723015	计算机应用基础	70
723015	C++	50
722017	高频技术	82
722017	通信原理	69
721109	数据库原理	65

图 5.1 分解后的三个关系 S、D 和 SC

在三个关系中，实现了信息在某种程度上的分离，S 中存储学生的基本信息，与系主任和所选修课程无关；D 中存储系的有关信息，与学生和课程信息无关；SC 中存储学生选修课程的情况，而与学生和系的有关信息无关。它们与 SDC 相比，数据的冗余情况明显减少。即使学生不选修课程，他的信息也能正常插入 S 中，这就避免了插入异常。由于数据的冗余度低，因此也不会引起修改异常的问题。当某位学生只选修了一门课程，而这门课程暂时不开设了，只需在 SC 关系中进行相关的删除，而不会造成其他信息的丢失，这就解决了删除异常的问题。

综上所述，分解后的关系模式是一个较好的数据库模式。三个关系模式极好地降低了数据的冗余程度，也不会发生插入、修改和删除的操作异常问题。但是，一个好的关系模式并不是在任何时候都是最好的，应该根据实际应用系统的需求进行设计。例如，若想知道某位学生所在系的主任和其选修情况，可将三个表进行联接后进行查询，而联接操作所需的系统开销是非常大的。

另一方面，关系模式中的属性之间存在相互制约、相互依赖的关系，它们直接决定着

关系数据库的规范化设计

关系模式的好坏。因此，必须借助理论依据，根据实际情况，从语义上分析属性间的制约和依赖关系，将不好的关系数据库模式转变为较好的关系数据库模式，即进行关系的规范化。

5.2　规范化理论

规范化理论的基本思想是通过合理的分解关系模式消除其中不合适的数据依赖，解决数据冗余、修改异常、插入异常、删除异常的问题，使模式中的各关系模式达到某种程度的分离。

关系数据库中的数据依赖分为函数依赖（Functional Dependency，FD）、多值依赖（Multivalued Dependency，MVD）和联接依赖（Join Dependency，JD）。其中，函数依赖最为重要。

5.2.1　函数依赖

1．定义

设关系模式 $R(U)$，x、y 是 U 的子集。若对于 $R(U)$ 上的任何一个可能关系，均有 x 的一个值对应于 y 的唯一具体值，称为 y 函数依赖于 x 或者 x 函数决定 y，记作：$x{\rightarrow}y$。其中，x 称为决定因素，y 称为依赖因素。进而，若再有 $y{\rightarrow}x$，则称 x 与 y 相互依赖，记作：$x{\leftrightarrow}y$。当 y 不依赖于 x 时，记作：$x{\nrightarrow}y$。

例如，前面讲到的学生-课程数据库中的关系模式 SC（SNO，SNAME，AGE，DEPT，DEAN，CNAME，SCORE），根据它们的语义定义可以写出该关系模式所有的函数依赖（即函数依赖集 F）。

F={SNO→SNAME, SNO→AGE, SNO→DEPT, SNO→DEAN, DEPT→DEAN, (SNO, CNAME)→SCORE}

由于一个 SNO 有多个 CNAME 的值与之对应，CNAME 不能唯一被确定，也就是 CNAME 不能依赖于 SNO，因此有 SNO$\nrightarrow$CNAME，同理有 SNO$\nrightarrow$SCORE。

而（SNO，CNAME）属性的组合是该关系模式的主键，可以唯一标识一个元组，所以有（SNO，CNAME）→SCORE。

2．分类

（1）部分与完全函数依赖。

设关系模式 $R(U)$，x、y 是 U 的子集，x'是 x 的任意一个真子集，若 $x{\rightarrow}y$ 并且 $x'{\rightarrow}y$，则称 y 部分函数依赖（Partial Functional Dependency）于 x，记作 $x\xrightarrow{P}y$。若 $x{\rightarrow}y$ 并且 $x'{\nrightarrow}y$，则称 y 完全函数依赖（Full Functional Dependency）于 x，记作 $x\xrightarrow{f}y$。

例如，在关系模式 SDC 中，因为 SNO→SNAME，所以（SNO，CNAME）$\xrightarrow{P}$TNAME。又因为 SNO$\nrightarrow$SCORE 且 CNAME$\nrightarrow$SCORE，所以（SNO，CNAME）$\xrightarrow{f}$SCORE。

显然，当且仅当决定因素为属性组时，才有可能出现部分函数依赖。完全函数依赖说明在依赖关系的决定因素中没有多余属性，有多余属性就是部分函数依赖。

（2）传递与直接函数依赖。

设关系模式 $R(U)$，x、y、z 是 U 的子集，若 $x{\rightarrow}y$，y 又不包含于 x，且 $y{\nrightarrow}x$，但 $y{\rightarrow}$

z，则称 z 传递函数依赖（Transitive Functional Dependency）于 x，记作 $x \xrightarrow{t} z$。

如果有 $y \rightarrow x$，则 $x \leftrightarrow y$，此时称 z 直接函数依赖（Direct Functional Dependency）于 x，而不是传递函数依赖。

例如，在关系模式 TDC 中，因为 SNO→DEPT，但 DEPT↛SNO，而 DEPT→DEAN，则有 SNO $\xrightarrow{t}$ DEAN。若学生不存在同名时，则有 SNO↔SNAME，SNAME→DEPT，此时 DEPT 对 SNO 是直接函数依赖，而不是传递函数依赖。

（3）平凡与非平凡函数依赖。

若属性集 y 是属性集 x 的子集，则必有函数依赖 $x \xrightarrow{} y$，称其为平凡函数依赖。如果 y 不是 x 的子集，若有 $x \rightarrow y$，则称其为非平凡函数依赖。一般不特别声明，都是指非平凡函数依赖。

（SNO，CNAME）→SNO 为平凡函数依赖；（SNO，CNAME）→SCORE 则为非平凡函数依赖。

3．基本性质

（1）扩张性

两个函数依赖的决定因素与依赖因素分别合并后，依然保持函数依赖关系。假设 $a \rightarrow c$，并且 $b \rightarrow d$，则（a，b）→（c，d）。

（2）投影性

根据平凡函数依赖的定义，一组属性函数决定它的所有子集。（a，b）→a，（a，b）→b。

（3）合并性

把决定因素相同的两个函数依赖中的依赖因素进行合并后，依然保持函数依赖关系。假设 $a \rightarrow b$ 且 $a \rightarrow c$，则必有 $a \rightarrow$（b，c）。

（4）分解性

决定因素能够决定全部，当然也能够决定全部中的部分。分解性和合并性互为逆过程。假设 $a \rightarrow$（b，c），则 $a \rightarrow b$ 并且 $a \rightarrow c$。

属性间的三种联系实际上是属性值之间相互依赖又相互制约的反映，称为属性间的数据依赖。那么函数依赖与属性间的联系类型是有关系的，分别为：

① 如果属性 x 与属性 y 的联系类型是一对一时，则存在函数依赖 $x \rightarrow y$，$y \rightarrow x$，即 $x \leftrightarrow y$。例如，当学生没有同名时，则有 SNO↔SNAME。

② 如果属性 x 与属性 y 的联系类型是一对多时，则只存在函数依赖 $y \rightarrow x$。例如，SNO 与 AGE，DEPT 之间均为多对一的联系类型，所以有 SNO→AGE，SNO→DEPT。

③ 如果属性 x 与属性 y 的联系类型是多对多时，则 x 与 y 之间不存在任何函数依赖关系。例如，一名学生可以选修多门课程，一门课程又可以被多名学生选修，所以 SNO 与 CNAME 之间不存在任何函数依赖关系。

由于函数依赖与属性间的联系类型有关，因此要确定属性间的函数依赖，应该从属性间的联系类型开始分析，进而确定属性间的函数依赖。

要证明一个函数依赖是否成立，必须根据其语义进行分析，而不能只是依照其形式化的定义。例如，在关系模式 SDC 中，只有在学生不存在同名的情况下，才有 SNAME→AGE，SNAME→SNO。否则，这些函数依赖就不成立了。因此，函数依赖是语义范畴的概念，反

98

映一种语义的完整性约束。

由于函数依赖是关系中的所有元组，而不仅是关系中的某个或某些元组应该满足的约束条件，因此，当关系进行元组的插入、修改或删除操作后都不能违背这种函数依赖。

必须根据语义来确定属性间的函数依赖，而不能仅凭某一时刻的数据来判断。所以说函数依赖的存在与时间没有关系，而只与数据间的语义有关系。

例如，在关系模式 SDC 中，若没有给出"不存在同名的学生"这种语义规定，即使当前关系中没有同名的元组，也只能存在函数依赖 SNO→SNAME，而不能存在函数依赖 SNAME→AGE，因为若增加一名同名的学生，函数依赖 SNAME→AGE 必然不成立。

5.2.2　码

1．候选码

（1）定义。

设 K 为 R（U，F）中的属性或属性组，若 $K \xrightarrow{f} U$，则 K 称为 R 的候选码（候选键或候选关键字）。若一个关系模式的候选码不只一个，则选择其中的一个为主码（主键）。包含在任何一个候选码中的属性称为主属性。不包含在任何候选码中的属性称为非主属性（非码属性）。若候选码包含所有的属性，则称为全码（全键）。第 3 章已经介绍过相关内容，这里就不再举例说明了。

（2）确定。

① 观察函数依赖集 F，看哪些属性在依赖因素中没有出现过。设没出现过的属性集为 K'。若 K' 为空集，转到步骤④；若 K' 不为空集，转到步骤②。

② 根据候选码的定义，其中必定包含 K'，因为没有其他属性集能决定 K'。观察 K'，如有 $K' \xrightarrow{f} U$，则 K' 为候选码，转到步骤⑤，否则转到步骤③。

③ K' 可以分别与 $\{U-K'\}$ 中的每一个属性组合成新的属性集，观察哪个属性集能够完全决定 U，继而找到候选码。若合并一个属性不能找到或者不能找全候选码，可以将 K' 分别与 $\{U-K'\}$ 中的每两个（三个，四个，……）属性组合成新的属性集，进行类似的判断，直到找全所有的候选码。转到步骤⑤。

④ 假如 K' 为空集，则先观察 F 中的每个决定因素。若某个决定因素能够完全决定 U，则其即为候选码。若不能够完全决定 U，则将决定因素分为两个或多个组合，观察哪些组合能够完全决定 U，继而找到其他的候选码。转到步骤⑤。

⑤ 结束。

【例 5.2】 设有关系模式 $R(U, F)$，其中，$U=\{A, B, C, D\}$，$F=\{AB→C, D→B, C→AD\}$，求 R 的所有候选码。

观察函数依赖集 F，所有属性都在依赖因素中出现。转到步骤④。

观察 F 中的每个决定因素：AB、D、C，因为存在 $(A, B) \xrightarrow{f} U$ 和 $C \xrightarrow{f} U$，所以 (A, B) 和 C 皆为候选码。转到步骤⑤。结束。

【例 5.3】 设有关系模式 $R(U, F)$，其中，$U=\{A, B, C, D, E\}$，$F=\{AB→C, B→DE, D→B\}$，求 R 的所有候选码。

观察函数依赖集 F，只有 A 属性没有在依赖因素中出现。转到步骤②。

由于 A 不能完全函数决定 U，因此转到步骤③。

将 A 分别与 B、C、D、E 组成新的属性集,因为存在 $(A, B) \xrightarrow{f} U$ 和 $(A, D) \xrightarrow{f} U$,所以 (A, B) 和 (A, D) 皆为候选码。转到步骤⑤。结束。

2.外码

外码的概念在第 3 章中已叙述过,这里再总结如下。

F 为关系模式 R 中的属性或属性组,若其不是 R 的主码,但却是另外一个关系模式 S 的主码,则称 F 是 R 的外码或外键。

例如,在学生关系 S(SNO,SNAME,AGE,DEPT)和选修关系 SC(SNO,CNAME,SCORE)中,SNO 不是关系 SC 的主码,但它却是 S 的主码,则称 S 中的 SNO 为 SC 的外码。

5.2.3 范式

设计关系数据库中的关系模式必须遵循一定的规则,这种规则就是范式(Normal Form,NF)。关系数据库中的关系必须满足一定的要求,即满足不同的范式。

范式的概念最早是由 E.F.Codd 提出的,从 1971 年起相继提出了关系的三级规范化形式,它们是第 1 范式(1NF)、第 2 范式(2NF)和第 3 范式(3NF)。1974 年,E.F.Codd 和 Boyce 共同提出了一个新的范式概念——Boyce-Codd 范式(BC 范式)。1976 年,Fagin 提出了第 4 范式(4NF),后来又有人提出了第 5 范式(5NF)。至此,在关系数据库规范中建立了一个范式系列:1NF、2NF、3NF、BCNF、4NF 和 5NF。它们一级比一级有更为严格的要求,满足最低要求的范式是第 1 范式,在第 1 范式的基础上进一步满足要求的称为第 2 范式(2NF),其余范式以此类推。

范式是符合某一种级别的关系模式的集合。各范式之间的集合关系可以表示为:
1NF ⊃ 2NF ⊃ BCNF ⊃ 3NF ⊃ 4NF ⊃ 5NF,如图 5.2 所示。

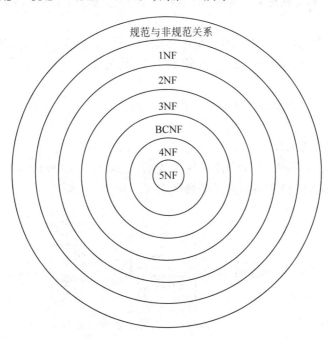

图 5.2 各范式之间的关系

关系数据库的规范化设计

一个较低范式的关系，可以通过关系的分解转换为若干个较高级范式关系的集合，这一过程就叫作关系的规范化。规范化的目的就是使结构更为合理，消除存储异常，使数据冗余度尽量小，便于插入、删除和更新操作。

1. 第 1 范式

若关系模式 R 的每个属性都是不可再分的数据项，也就是每个属性不能有多个值或者不能有重复的属性，则称 R 属于第 1 范式，记作 $R \in 1NF$。

在任何一个关系数据库中，第 1 范式是对关系模式的基本要求。由于在关系数据库中只讨论规范化的关系，因此所有非规范化的关系模式必须转换成规范化的关系。去掉非规范化关系中的组合项就能将其转换成规范化的关系。每个规范化的关系都是属于 1NF。

【例 5.4】 设计员工信息表的结构，应该有员工号、姓名、教育经历等字段，其中，教育经历分为小学、高中、大学，将它规范成 1NF。

第 1 种方法：员工号为候选码，不要"教育经历"这个属性，直接把三个子属性作为实体的属性。关系模式为：员工信息表（员工号，姓名，小学，高中，大学）。

第 2 种方法：（员工号，教育经历）为候选码，重复存储员工号和姓名，依次填入小学、高中、大学的教育经历。关系模式为：员工信息表（员工号，姓名，教育经历）。

第 3 种方法：员工号为候选码，强制每个员工只填最高学历的教育经历。关系模式为：员工信息表（员工号，姓名，教育经历）。

第 1 范式要求每个属性都是不可再分的数据项，即解决了"表中表"的问题。

2. 第 2 范式

若关系模式 R 属于第 1 范式，并且它的每个非主属性都完全函数依赖于任何一个候选码，则称 R 属于第 2 范式，记作 $R \in 2NF$。

第 2 范式是在第 1 范式的基础上建立起来的，根据定义可知，第 2 范式就是不存在非主属性部分依赖于某一候选码。如果 R 的候选码均为单属性，或者 R 的全体属性均为主属性，那么 R 属于 2NF。

【例 5.5】 在关系模式 SDC 中，（SNO，CNAME）为候选码，则 SNO、CNAME 为主属性，SNAME、AGE、DEPT、DEAN 和 SCORE 均为非主属性。

函数依赖关系有：

SNO→SNAME，（SNO，CNAME）$\xrightarrow{p}$ SNAME

SNO→AGE，（SNO，CNAME）$\xrightarrow{p}$ AGE

SNO→DEPT，（SNO，CNAME）$\xrightarrow{p}$ DEPT，DEPT→DEAN

SNO$\xrightarrow{t}$ DEAN，（SNO，CNAME）$\xrightarrow{p}$ DEAN，（SNO，CNAME）$\xrightarrow{f}$ SCORE

它们之间的函数依赖关系用函数依赖图表示，如图 5.3 所示。

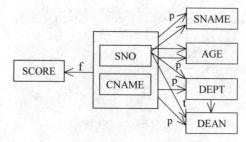

图 5.3　TDC 中的函数依赖关系

经上述分析，存在非主属性对候选码的部分函数依赖，所以 SDC∉2NF。而且还存在完全函数依赖和传递函数依赖。这种情况正是因为关系中存在着复杂的函数依赖，所以引起数据冗余和操作异常等问题。

为此将其规范化，消除非主属性对候选码的部分函数依赖，使其转换成为 2NF。方法就是要求一个关系只描述一个实体或者实体间的联系，若多于一个实体或联系，则将其进行投影分解。

根据此方法，将 SDC 分解为两个关系模式 SD（SNO，SNAME，AGE，DEPT，DEAN）和 SC（SNO，CNAME，SCORE），SD 描述学生实体，SC 描述学生与课程的联系。其中，SD 的候选码为 SNO，SNO 是单属性，不可能存在部分函数依赖；SC 的候选码为（SNO，CNAME），也不存在非主属性对候选码的部分函数依赖。因此 SDC 分解后，SD 和 SC 均属于 2NF。

分解后的两个关系通过 TNO 相联系，需要时可以进行自然联接，恢复成原来的关系，这种分解不会丢失原有的信息。

3．第 3 范式

若关系模式 R 不存在这样的候选码 X、非主属性 Z，使得 $X \xrightarrow{t} Z$ 成立，则称 R 属于第 3 范式，记作 $R \in 3NF$。

若关系模式属于第 3 范式，则它也属于第 2 范式。但关系模式若属于第 2 范式，它不一定属于第 3 范式。

【例 5.6】 在关系模式 SD（SD∈2NF）中，SNO 为候选码，则 SNO 为主属性，SNAME、AGE、DEPT 和 DEAN 均为非主属性。

函数依赖关系有：

SNO $\xrightarrow{f}$ SNAME

SNO $\xrightarrow{f}$ AGE

SNO $\xrightarrow{f}$ DEPT，DEPT→DEAN

SNO $\xrightarrow{t}$ DEAN

它们之间的函数依赖关系用函数依赖图表示，如图 5.4 所示。

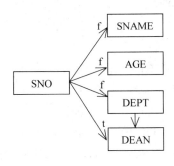

图 5.4　TD 中的函数依赖关系

经上述分析，存在非主属性对候选码的传递函数依赖，所以 SD∉3NF。虽然 2NF 的关系模式解决了 1NF 中存在的弊端，但是 2NF 的关系模式 TD 在进行数据操作时，仍然会存在数据冗余和操作异常的问题。存在这些问题的关键是由于在 TD 中存在着非主属性对候

关系数据库的规范化设计

选码的传递函数依赖。

为此将其规范化，消除非主属性对候选码的传递函数依赖，使其转换成为 3NF。方法与第 2 范式的规范化一样。

根据此方法，将 SD 分解为两个关系模式 S（SNO，SNAME，AGE，DEPT）和 D（DEPT，DEAN），S 描述学生实体，D 描述系实体。其中，S 的候选码为 SNO，D 的候选码为 DEPT，都不存在非主属性对候选码的传递函数依赖。因此 TD 分解后，S 和 D 均属于 3NF。

如果一个关系数据库中所有的关系模式都属于 3NF，则已经在很大程度上消除了插入异常和删除异常，但由于 3NF 只是限制非主属性对候选码的函数依赖，并没有限制主属性对候选码的函数依赖，因此，关系模式的分离仍然不够彻底，需要对 3NF 进行规范化，向更高一级的 BC 范式进行转换。

4. BC 范式

若关系模式 R 属于第 1 范式，如果对于 R 的每个函数依赖 $X \rightarrow Y$（$Y \nsubseteq X$），X 都含有候选码，则称 R 属于 BC 范式，记作 $R \in BCNF$。

BCNF 通常被认为是修正的 3NF，它是在满足 1NF 的基础上，没有任何属性传递依赖于任意一个候选码。等价于满足第 3 范式且主属性与码之间不存在依赖关系。

由 BCNF 的定义可以得到以下结论，一个满足 BCNF 的关系模式有：

（1）所有的主属性对每一个不包含它的候选码都是完全函数依赖。

（2）所有非主属性对每一个候选码都是完全函数依赖。

（3）没有任何属性完全函数依赖于非码的任何一组属性。

若关系模式属于 BC 范式，则它也属于第 3 范式。但关系模式若属于第 3 范式，它不一定属于 BC 范式。

【例 5.7】 设有关系模式 SCR（SNO，SNAME，COMPETITON，TIME，RANKING），其中，SNO 为学号，SNAME 为学生姓名，COMPETITON 为比赛名称，TIME 为参加时间，RANKING 为比赛名次。每个学生可以参加若干个比赛，每次比赛有若干名学生参加，学生参加某个比赛有一个名次。若不存在同名的学生，则（SNO，COMPETITON，TIME）和（SNAME，COMPETITON，TIME）皆为候选码，SNO、SNAME、TIME 和 COMPETITON 为主属性，RANKING 为非主属性。

函数依赖关系有：

SNO $\leftrightarrow$ SNAME，

(SNO，COMPETITON，TIME) $\xrightarrow{P}$ SNAME

(SNAME，COMPETITON，TIME) $\xrightarrow{P}$ SNO

(SNO，COMPETITON，TIME) $\rightarrow$ RANKING

(SNAME，COMPETITON，TIME) $\rightarrow$ RANKING

经上述分析，唯一的非主属性 RANKING 对候选码，既不存在部分函数依赖也不存在传递函数依赖，所以 SCR $\in$ 3NF。但由于 SNO $\leftrightarrow$ SNAME，即决定因素 SNO 或 SNAME 不包含候选码，因此 SCR $\notin$ BCNF。

属于 3NF 的关系模式 SCR 在进行数据操作时，仍然会存在数据冗余和操作异常的问题。存在这些问题的关键是由于在 SCR 中存在着主属性对候选码的部分函数依赖。

为此将其规范化，消除主属性对候选码的部分函数依赖，解决这一问题的办法仍然是通过投影分解，使其转换成为 BCNF。

根据此方法，将 SCR 分解的两个关系模式 S（SNO，SNAME）和 SR（SNO，COMPETITON，TIME，RANKING），S 描述学生实体，SR 描述学生与比赛的联系。其中，S 的候选码为 SNO 和 SNAME，SR 的候选码为 (SNO，COMPETITON，TIME)，函数依赖中的所有决定因素都包含一个候选码，即无论是主属性还是非主属性都不存在其对候选码的部分和传递函数依赖。因此 SCR 分解后，S 和 SR 均属于 BCNF。

如果一个关系数据库中所有的关系模式都属于 BCNF，那么在函数依赖的范畴内，已经实现了模式的彻底分解，消除了产生插入异常、修改异常和删除异常的根源，而且数据冗余也减少到极小程度。

5．多值依赖

前面介绍的范式都是依据函数依赖而定义的。函数依赖只能表示关系模式中属性之间一对一或一对多的联系，而对于多对多的联系，需通过多值依赖来描述。

【例 5.8】 设有关系模式专业必修课管理（专业号，学生，必修课），其中一个专业有若干名学生学习，一名学生只属于一个专业，他们学习所在专业的所有必修课，如表 5.2 所示。

表 5.2　关系模式专业必修课管理对应的部分表内容

专 业 号	学　生	必 修 课
1	赵明	法理学
1	赵明	宪法
1	赵明	法制史
2	李蕾	基础会计
2	李蕾	财务管理
2	刘艳	基础会计
2	刘艳	财务管理
3	钱明建	高等数学
3	钱明建	线性代数
3	钱明建	高等代数
3	熊勇进	高等数学
3	熊勇进	线性代数
3	熊勇进	高等代数
3	罗兰	高等数学
3	罗兰	线性代数
3	罗兰	高等代数

可以得出，该关系模式只有一个函数依赖（学生，必修课）→专业号，候选码为（学生，必修课），因此它属于 BCNF。

由于对于关系中的一个具体专业号来说，有多个学生值与其对应，专业号与必修课也存在着类似的联系；并且对于关系中的一个具体专业号来说，有一组与学生无关的必修课与之对应。因此，进一步分析可以看出，它还存在着数据冗余和操作异常的现象。

通过上述两方面的原因可以看出，专业号与学生之间的依赖关系并不是函数依赖，为此提出多值依赖的概念。

（1）多值依赖的定义。

设关系模式 $R(U)$，x、y、z 是 U 的子集，$z=U-x-y$。若对于 $R(U)$ 的任一关系 r，给定的一个（x，z）值，存在一组 y 的值与之对应，并且这组值仅决定于 x 值而与 z 值无关，称为 y 多值依赖于 x 或者 x 多值决定 y，记作：$x\rightarrow\rightarrow y$。

在多值依赖中，若 $x\rightarrow\rightarrow y$ 且 $z=U-x-y\neq\phi$，则称 $x\rightarrow\rightarrow y$ 是非平凡的多值依赖，否则称为平凡的多值依赖。

例如，在关系模式专业必修课管理中，对于某一专业号、必修课属性值组合如（2，基础会计）来说，有一组学生值{李蕾，刘艳}与之对应，这组值仅由专业号上的值（2）决定。也就是说，对于另一个专业号、必修课属性值组合如（2，财务管理），它对应的一组管理员值仍是{李蕾，刘艳}，尽管这时必修课的值已经改变了。因此必修课多值依赖于专业号，即：专业号$\rightarrow\rightarrow$学生。

（2）多值依赖与函数依赖的区别。

① 在函数依赖中，$x\rightarrow y$ 的有效性仅由 x、y 这两个属性集决定，不涉及第三个属性集，而在多值依赖中，判定 $x\rightarrow\rightarrow y$ 在属性集 $U(z=U-x-y)$ 上是否成立，不仅要检查 x、y 上的值，而且要检查 U 的其余属性 z 上的值。因此，多值依赖的有效性与属性集的范围有关。

若 $x\rightarrow\rightarrow y$ 在 R 上成立，在属性集 $W(U\supset W)$ 上也成立，则称 $x\rightarrow\rightarrow y$ 为 $R(U)$ 的嵌入型多值依赖。

② 若函数依赖 $x\rightarrow y$ 在 $R(U)$ 上成立，则对于 y 的任一子集 y' 均有 $x\rightarrow y'$ 成立。而多值依赖 $x\rightarrow\rightarrow y$ 在 $R(U)$ 上成立，却不能确定 $x\rightarrow\rightarrow y'$ 成立。

（3）多值依赖的性质。

① 对称性。如果 $x\rightarrow\rightarrow y$，则 $x\rightarrow\rightarrow z$，其中 $z=U-x-y$。

② 传递性。如果 $x\rightarrow\rightarrow y$，$y\rightarrow\rightarrow z$，则 $x\rightarrow\rightarrow(z-y)$。

③ 伪传递性。如果 $x\rightarrow\rightarrow y$，$wy\rightarrow\rightarrow z$，则 $wx\rightarrow\rightarrow(z-wy)$。

④ 合并性。如果 $x\rightarrow\rightarrow y$，$x\rightarrow\rightarrow z$，则 $x\rightarrow\rightarrow yz$。

⑤ 分解性。如果 $x\rightarrow\rightarrow y$，$x\rightarrow\rightarrow z$，则 $x\rightarrow\rightarrow(y\cap z)$，$x\rightarrow\rightarrow(y-z)$，$x\rightarrow\rightarrow(z-y)$。

⑥ 增广性。如果 $x\rightarrow\rightarrow y$，且 $v\in w$，则 $wx\rightarrow\rightarrow vy$。

⑦ 从函数依赖导出多值依赖：如果 $x\rightarrow y$，则 $x\rightarrow\rightarrow y$。

⑧ 从多值依赖导出函数依赖：如果 $x\rightarrow\rightarrow y$，$z\in y$，$y\cap w=\phi$，$w\rightarrow z$，则 $x\rightarrow z$。

6. 第 4 范式

若关系模式 R 属于第 1 范式，如果对于 R 的每个非平凡多值依赖 $X\rightarrow\rightarrow Y$，$X$ 都含有候选码，则称 R 属于第 4 范式，记作 $R\in 4NF$。

在例 5.8 中，已经分析了专业必修课管理关系模式属于 BCNF，它的数据依赖有（学生，必修课）$\rightarrow$专业号和专业号$\rightarrow\rightarrow$学生。对于专业号$\rightarrow\rightarrow$学生这个非平凡多值依赖，决定因素没有包含候选码，所以专业必修课管理 $\notin 4NF$。在对该关系进行数据操作时，仍然会存在数据冗余和操作异常的问题。存在这些问题的关键是由于在专业必修课管理中存在着非平凡多值依赖。

为此将其规范化，消除非平凡多值依赖，使其转换成为 4NF。解决这一问题的办法仍然是通过投影分解，使其转换成为 4NF。

根据此方法，将专业必修课分解的两个关系模式专业必修课 1（专业号，学生）和专业必修课 2（专业号，必修课）。它们分别有一个多值依赖：专业号→→学生和专业号→→必修课，这样它们都不存在非平凡多值依赖。因此分解后，专业必修课 1 和专业必修课 2 均属于 4NF。

经过上面的分析可以得知：一个 BCNF 的关系模式不一定是 4NF，而 4NF 的关系模式必定是 BCNF 的关系模式，即 4NF 是 BCNF 的推广，4NF 范式的定义涵盖了 BCNF 的定义。

当然还有更高级的范式，比如 5NF。如果消除了属于 4NF 的关系模式中存在的联接依赖，则可以进一步达到 5NF。本书将不再讨论 4NF 和 5NF 这方面的内容，有兴趣的读者可以参阅相关书籍。

数据依赖中除了两种最重要的函数依赖和多值依赖，还有联接依赖。如果考虑函数依赖，则属于 BCNF 的关系模式的规范化程度是最高的；如果考虑多值依赖，则属于 4NF 的关系模式的规范化程度是最高的。函数依赖是多值依赖的一种特殊情况，而多值依赖又是联接依赖的一种特殊情况。但联接依赖不像函数依赖和多值依赖那样可以由语义直接导出，而是在关系的联接运算时才反映出来的。

虽然提高数据库的范式级别，有利于在设计的层面上消除数据库操作异常，但是考虑到分解带来数据库表之间的联接代价和可能的联接损失，所以也不必盲目追求高级别的范式，可根据应用的需要而定。

5.3 Armstrong 公理系统

Armstrong 公理系统是有效而完备的公理系统，它其中的一些推理规则是关系模式分解算法的理论基础。本节主要介绍公理系统推理规则、属性集的闭包概念、最小函数依赖集的分析方法和模式设计的原则。

5.3.1 Armstrong 公理系统推理规则

从已知的一些函数依赖，可以推导出另外一些函数依赖，这就需要一系列推理规则。W.W.Armstrong 于 1974 年最早提出了一些函数依赖的推理规则，这些规则常常被称作 Armstrong 公理。

设关系模式 $R(U, F)$，其中，U 是属性全集，F 是 U 上的一组函数依赖，有以下的推理规则。

$A1$ 自反律：若属性集 Y 包含于属性集 X，属性集 X 又包含于 U，则 $X \rightarrow Y$ 在 R 上成立。

$A2$ 增广律：若 $X \rightarrow Y$ 在 R 上成立，且属性集 Z 包含于属性集 U，则 $XZ \rightarrow YZ$ 在 R 上成立。

$A3$ 传递律：若 $X \rightarrow Y$ 和 $Y \rightarrow Z$ 在 R 上成立，则 $X \rightarrow Z$ 在 R 上也成立。

$A4$ 伪传性：若 $X \rightarrow Y$，且 $YW \rightarrow Z$，则 $XW \rightarrow Z$。

$A5$ 合成性：若 $X \rightarrow Y$，且 $X \rightarrow Z$，则 $X \rightarrow YZ$。

$A6$ 分解性：若 $X \rightarrow Y$，且属性集 Z 包含于属性集 Y，则 $X \rightarrow Z$。

通常把自反律、增广律和传递律称为 Armstrong 公理系统。由于 R 根据 Armstrong 公理系统推导出来的每个函数依赖一定也是在 R 上成立的，因此称 Armstrong 公理系统是有效的。又由于其他所有函数依赖的推理规则可以使用这三条规则推导出，因此称 Armstrong 公理系统是完备的。总之，Armstrong 公理系统是有效的、完备的。

5.3.2 属性集的闭包

设有关系模式 $R(U, F)$，其中，U 为属性全集，X 是 U 的子集，F 为 R 的函数依赖集，则由 Armstrong 公理推导出的所有函数依赖中的依赖因素（右部）所形成的属性集，称为属性集 X 关于函数依赖集 F 的闭包，记作 $(X)_F^+$。

下面介绍求解 $(X)_F$ 的算法。

（1）将 X 置入 $(X)_F^+$ 中，即 $(X)_F^+ = X$。

（2）对于 F 中的每一个函数依赖 FD，若决定因素（左部）属于 $(X)_F^+$，则将依赖因素（右部）置入 $(X)_F^+$ 中，即 $(X)_F^+ = X \cup$ 依赖因素。

（3）重复第 2 步，直至 $(X)_F^+$ 不能再扩大。

【例 5.9】 设有关系模式 $R(U, F)$，$U = \{A, B, C, D\}$，$F = \{A \rightarrow C, AC \rightarrow B, D \rightarrow A, D \rightarrow C\}$，分别求属性集 BC、AD 和 AC 的闭包。

（1）$(BC)_F^+$

第一步：将 BC 置入 $(BC)_F^+$ 中，即 $(BC)_F^+ = BC$。

第二步：在 F 中再找不到某个函数依赖的决定因素属于 $(BC)_F^+$，因此 $(BC)_F^+ = BC$。

（2）$(AD)_F^+$

第一步：将 AD 置入 $(AD)_F^+$ 中，即 $(AD)_F^+ = AD$。

第二步：由于 $A \rightarrow C$ 的决定因素 A 属于 $(AD)_F^+$，则将依赖因素 C 置入 $(AD)_F^+$ 中，即 $(AD)_f^+ = AD \cup C = ACD$。

第三步：由于 $AC \rightarrow B$ 的决定因素 AC 属于 $(AD)_F^+$，则将依赖因素 B 置入 $(AD)_F^+$ 中，即 $(AD)_F^+ = ACD \cup B = ABCD = U$，因此 $(AD)_F^+ = ABCD$。

（3）$(AD)_F^+$

第一步：将 AC 置入 $(AC)_F^+$ 中，即 $(AC)_F^+ = AC$。

第二步：由于 $A \rightarrow C$ 的决定因素 A 属于 $(AC)_F^+$，将依赖因素 C 置入 $(D)_F^+$ 中并不能使其扩大。

第三步：由于 $AC \rightarrow B$ 的决定因素 A 属于 $(AC)_F^+$，则将依赖因素 B 置入 $(AC)_F^+$ 中，即 $(AC)_F^+ = AC \cup B = ABC$。

而在 F 中再找不到某个函数依赖的决定因素属于 $(AC)_F^+$，因此 $(AC)_F^+ = ABC$。

5.3.3 最小函数依赖集

函数依赖集 F 中包含若干个函数依赖，为了得到最为精简的函数依赖集，应该去掉其中平凡的、无关的函数依赖和多余的属性。

如果函数依赖集 F 满足下列条件，那么 F 就是最小的，称为最小函数依赖集或最小覆盖，记作 F_m。

（1）F 中的每一个函数依赖的依赖因素（右边）只含有单个属性。

（2）每个函数依赖的左边没有冗余的属性，即 F 中不存在这样的函数依赖 $X \rightarrow Y$, X 有真子集 W 使得 $F-\{X \rightarrow Y\} \cup \{W \rightarrow Y\}$ 与 F 等价。

（3）F 中没有冗余的函数依赖，即在 F 中不存在这样的函数依赖 $X \rightarrow Y$, 使得 F 与 $F-\{X \rightarrow Y\}$ 等价。

下面通过例题介绍求解最小函数依赖集的方法。

【例 5.10】 设有关系模式 $R(U, F)$，其中，$U=\{A, B, C, D, E\}$，$F=\{AB \rightarrow C, CD \rightarrow BE, A \rightarrow C\}$，求 F 的最小函数依赖集。

第一步：将 F 中的所有的依赖因素转换为单个属性。

$$F_0=\{AB \rightarrow C, CD \rightarrow B, CD \rightarrow E, A \rightarrow C\}；$$

第二步：去掉 F_0 中的所有决定因素的冗余属性。方法是在某个决定因素中去掉其中的一个属性，看看是否依然能决定依赖因素。

（1）对于 $AB \rightarrow C$，若去掉 A，B 的闭包不含 C，故 A 不是冗余属性，不能去掉；若去掉 B，A 的闭包包含 C，故 B 是冗余属性，可以去掉。

（2）对于 $CD \rightarrow B$，若去掉 D，C 的闭包不含 B，故 D 不是冗余属性，不能去掉；若去掉 C，D 的闭包不包含 B，故 C 也不是冗余属性，不可以去掉。

（3）对于 $CD \rightarrow E$，若去掉 D，C 的闭包不含 E，故 D 不是冗余属性，不能去掉；若去掉 C，D 的闭包不包含 E，故 C 也不是冗余属性，不可以去掉。

因此，$F_1=\{A \rightarrow C, CD \rightarrow B, CD \rightarrow E, A \rightarrow C\}$ 是当前最为精简的函数依赖集。

第三步：去掉 F_1 中的冗余函数依赖。

（1）在 F_1 中去掉 $A \rightarrow C$，得 $F_2=\{CD \rightarrow B, CD \rightarrow E, A \rightarrow C\}$，$(A)^+_{F2}=AC$，包含 C，因此该函数依赖是冗余的，可以从 F_1 中去掉。

（2）在 F_2 中去掉 $CD \rightarrow B$，得 $F_3=\{CD \rightarrow E, A \rightarrow C\}$，$(CD)^+_{F3}=CDE$，不包含 B，因此该函数依赖不是冗余的，不能从 F_2 中去掉。

（3）在 F_2 中去掉 $CD \rightarrow E$，得 $F_4=\{CD \rightarrow B, A \rightarrow C\}$，$(CD)^+_{F3}=BCD$，不包含 E，该函数依赖不是冗余的，不能从 F_2 中去掉。

（4）在 F_2 中去掉 $A \rightarrow C$，得 $F_5=\{CD \rightarrow B, CD \rightarrow E\}$，$(A)^+_{F5}=A$，不包含 C，因此该函数依赖不是冗余的，不能从 F_2 中去掉。

因此，$F_m=\{CD \rightarrow B, CD \rightarrow E, A \rightarrow C\}$。

可以得出，F 与它的最小函数依赖集是等价的。由于在求解过程中对属性和函数依赖的处理顺序的关系，因此，每个函数依赖集 F 不一定只有一个最小函数依赖集。

5.3.4　规范化模式设计的三个原则

1．表达性

表达性涉及两个数据库模式的等价（数据等价和依赖等价）问题，分别用无损联接性和保持函数依赖性来衡量。

关系模式的规范化过程是通过对关系模式的投影分解来实现的。由于投影分解的方法并不只一种，因此不同的投影分解会得到不同的结果。

只有能够保证分解后的关系模式与原来的关系模式等价的方法才是有意义的。人们判断对关系模式的一个分解是否与原关系模式等价要符合下面两个条件。

（1）分解要具有"无损联接性"。

（2）分解要具有"保持函数依赖性"。

如果一个分解具有无损联接性，则能够保证不丢失信息。如果一个分解具有保持函数依赖性，则保证不会破坏原来的语义，减轻或解决各种异常情况。无损联接性的判别方法如下。

$\rho=\{R_1<U_1,F_1>,R_2<U_2,F_2>,\cdots,R_k<U_k,F_k>\}$ 是关系模式 R 的一个分解，$U=\{A_1,A_2,\cdots,A_n\}$，$F=\{FD_1,FD_2,\cdots,FD_p\}$，并设 F 是一个最小依赖集，记 FD_i 为 $X_i \rightarrow A_{li}$，其步骤如下。

① 建立一张 n 列 k 行的表，每一列对应一个属性，每一行对应分解中的一个关系模式。若属性 A_j 属于 U_i，则在 j 列 i 行交叉处填上 a_j，否则填上 b_{ij}。

② 对于每一个 FD_i 做如下操作：找到 X_i 所对应的列中具有相同符号的那些行。考察这些行中 l_i 列的元素，若其中有 a_{li}，则全部改为 a_{li}，否则全部改为 b_{mli}，m 是这些行的行号最小值。如果在某次更改后，有一行成为 $a_1,a_2,\cdots,a_n$，则算法终止。且分解 ρ 具有无损联接性，否则不具有无损联接性。对 F 中 p 个 FD 逐一进行一次这样的处理，称为对 F 的一次扫描。

③ 比较扫描前后表有无变化，如有变化，则返回第②步，否则算法终止。如果发生循环，那么前次扫描至少应使该表减少一个符号，表中符号有限，因此，循环必然终止。

【例 5.11】 若将关系模式 SDC（SNO，SNAME，AGE，DEPT，DEAN，CNAME，SCORE），$F=\{SNO \rightarrow （SNAME，AGE，DEPT），（SNO，CNAME）\rightarrow SCORE\}$，分解为三个关系：$S$（SNO，SNAME，AGE，DEPT）、$D$（DEPT，DEAN）和 SC（SNO，CNAME，SCORE），判别这个分解是否具有"无损联接性"和"保持函数依赖性"。

（1）首先构造初始表，如图 5.5（a）所示。

（2）由 SNO $\rightarrow$（SNAME，AGE，DEPT），可以把 b_{32} 改为 a_2，b_{33} 改为 a_3，b_{34} 改为 a_4；对（SNO，CNAME）$\rightarrow$ SCORE，因为各元组的第 1、6 列没有相同的分量，所以表不改变，最后结果如图 5.5（b）所示。表中没有全 a 行，因此该分解不具有无损联接性。

SNO	SNAME	AGE	DEPT	DEAN	CNAME	SCORE
a_1	a_2	a_3	a_4	b_{15}	b_{16}	b_{17}
b_{21}	b_{22}	b_{23}	a_4	a_5	b_{26}	b_{27}
a_1	b_{32}	b_{33}	b_{34}	b_{35}	a_6	a_7

（a）

SNO	SNAME	AGE	DEPT	DEAN	CNAME	SCORE
a_1	a_2	a_3	a_4	b_{15}	b_{16}	b_{17}
b_{21}	b_{22}	b_{23}	a_4	a_5	b_{26}	b_{27}
a_1	a_2	a_3	a_4	b_{35}	a_6	a_7

（b）

图 5.5 分解不具有无损联接的一个实例

（3）$F=\{SNO \rightarrow （SNAME，AGE，DEPT），（SNO，CNAME）\rightarrow SCORE\}$。SDC 分解为 S（SNO，SNAME，AGE，DEPT）、D（DEPT，DEAN）和 SC（SNO，CNAME，SCORE）

后，没有丢失某个函数依赖，因此该分解具有"保持函数依赖性"。

【例 5.12】 已知 $R(U, F)$，$U=\{A, B, C, D\}$，$F=\{B{\to}C, BC{\to}D, A{\to}D\}$，分解为三个关系：$R_1(A, B)$、$R_2(B, C)$ 和 $R_3(A, D)$，判别这个分解是否具有"无损联接性"和"保持函数依赖性"。

（1）首先构造初始表，如图 5.6（a）所示。

（2）由 $B{\to}C$，可以把 b_{13} 改为 a_3；对 $BC{\to}D$，因为各元组的第 4 列没有 a 值，所以表不改变；由 $A{\to}D$，可以把 b_{14} 改为 a_4；最后结果如图 5.6（b）所示。表中第一行为全 a 行，因此该分解具有无损联接性。

A	B	C	D
a_1	a_2	b_{13}	b_{14}
b_{21}	a_2	a_3	b_{24}
a_1	b_{32}	b_{33}	a_4

（a）

A	B	C	D
a_1	a_2	a_3	a_4
b_{21}	a_2	a_3	b_{24}
a_1	b_{32}	b_{33}	a_4

（b）

图 5.6　分解具有无损联接的一个实例

（3）$F=\{B{\to}C, BC{\to}D, A{\to}D\}$。$R$ 分解为 $R_1(A, B)$、$R_2(B, C)$ 和 $R_3(A, D)$ 后，丢失了 $BC{\to}D$ 这个函数依赖，因此该分解具有"不保持函数依赖性"。

分解具有无损联接性和保持函数依赖性是两个相互独立的标准。具有无损联接性的分解不一定具有保持函数依赖性。同样，具有保持函数依赖性的分解也不一定具有无损联接性。

2．分离性

分离性需要属性之间的"独立联系"使用不同的关系模式表达。这个性质主要是在模式设计中，要尽可能地消除数据的冗余，具体来说，要求模式达到 3NF 或 BCNF。

例如，前面已经分析了关系模式 SD（SNO，SNAME，AGE，DEPT，DEAN）属于 2NF，系和系主任的信息需要重复存储若干次，存在数据的冗余。而当把 SD 分解成 S（SNO，SNAME，AGE，DEPT）和 D（DEPT，DEAN）时，S 和 D 都属于 3NF，减少了数据冗余的问题。

例如，前面已经分析了关系模式 SCR（SNO，SNAME，COMPETITON，TIME，RANKING）属于 3NF，学生的姓名需要重复存储若干次，存在数据的冗余。而当把 SCR 分解成 S（SNO，SNAME）和 SR（SNO，COMPETITON，TIME，RANKING）时，S 和 SR 都属于 BCNF，减少了数据冗余的问题。

3NF 消除了非主属性对候选码的传递函数依赖，而 BCNF 消除了主属性对候选码的部分函数依赖和传递函数依赖。通过模式的分解，使用不同的关系模式描述属性之间的"独立联系"，将数据冗余度减少到极小。

关系数据库的规范化设计

3. 最小冗余性

最小冗余性要求在分解后的关系模式能表达原来所有信息的前提下，实现模式个数和模式中的属性总数达到最少。

例如，若将关系模式 SDC（SNO，SNAME，AGE，DEPT，DEAN，CNAME，SCORE）分解为 5 个关系：S_1（SNO，SNAME）、S_2（（SNO，AGE）、S_3（（SNO，DEPT）、D（DEPT，DEAN）和 SC（SNO，CNAME，SCORE）。由于模式的个数很多，必定存在一定的数据冗余问题。

若将关系模式 SDC 分解为三个关系：S（SNO，SNAME，AGE，DEPT，DEAN）、D（SNO，DEPT，DEAN）和 SC（SNO，CNAME，SNAME，AGE，DEPT，SCORE）。很显然，其中模式中的属性的总数很多，也存在一定的数据冗余问题。

而将 SDC 分解为三个关系：S（SNO，SNAME，AGE，DEPT）、D（DEPT，DEAN）和 SC（SNO，CNAME，SCORE）。其中模式的个数和模式中的属性的总数均为最少，数据冗余度也很低。

规范化理论提供了一套完整的模式分解方法，按照这套算法可以做到：如果要求分解既具有无损联接性，又具有保持函数依赖性，则分解一定能够达到 3NF，但不一定能够达到 BCNF。

所以在 3NF 的规范化中，既要检查分解是否具有无损联接性，又要检查分解是否具有保持函数依赖性。

只有这两条都满足，才能保证分解的正确性和有效性，才既不会发生信息丢失，又保证关系中的数据满足完整性约束。

小　结

（1）由于关系模式中的属性之间存在着相互制约、相互依赖的关系，它们直接影响着关系模式的质量，而关系模式设计的质量决定是否引起数据库中的数据冗余和操作异常等问题，因此，在数据库的设计中进行关系的规范化是非常重要的一步。

（2）规范化的目的就是使关系模式的结构更加合理，消除操作中引起的一些异常，并且使数据的冗余度降低，便于数据库中的操作。完全和部分函数依赖、传递和直接的函数依赖、码的定义和确定方法，这些概念是规范化理论的依据和规范化程度的准则要素。在设计关系数据库中的关系模式时，需要遵循一定的规则。范式的定义就是给出了这样的一些规则。为了满足不同系统的实际要求，可选择不同的范式级别。

其中，1NF 解决了表中表问题；2NF 解决了非主属性与候选码之间的部分函数依赖问题；3NF 解决了非主属性与候选码之间的传递函数依赖问题；BCNF 解决了主属性与候选码之间的部分函数依赖和传递函数依赖问题。

（3）为了提高关系模式范式的等级，可对其进行投影分解。Armstrong 公理系统推理规则是关系模式分解算法的理论基础。属性集的闭包、最小函数依赖集的概念对关系模式的设计的质量有直接的关系。

一个好的模式设计方法应符合三条原则：表达性、分离性和最小冗余性。要求具有无损联接性和保持函数依赖性；模式需要达到 3NF 或 BCNF；分解后的模式个数最少且模式中属性总数最少。

习 题

一、选择题

1. 关系模式中数据依赖问题的存在，可能会导致库中数据删除异常，这是指（　　）。
   A. 该删除的数据不能实现删除　　　　　　B. 数据删除后导致数据库处于不一致状态
   C. 删除了不该删除的数据　　　　　　　　D. 以上都不对

2. 若属性 A 函数决定属性 B 时，则属性 A 与属性 B 之间具有（　　）的联系。
   A. 一对一　　　　B. 一对多　　　　　　C. 多对一　　　　　D. 多对多

3. 有关系模式 $R(V, W, X, Y, Z)$，其中，函数依赖集 $F=\{V \rightarrow W, (X, Y) \rightarrow V, (X, W) \rightarrow Y, (X, Z) \rightarrow Y\}$，关系模式 R 的候选码是（　　）。
   A. (X, Z)　　　　B. (X, W)　　　　C. (X, Y)　　　　D. V

4. 规范化的关系模式中，所有属性都必须是（　　）。
   A. 互不相关的　　　B. 相互关联的　　　C. 长度可变的　　　D. 不可分解的

5. 设关系模式 $R(A, B, C, D, E)$，其中，函数依赖集 $F=\{A \rightarrow C, B \rightarrow A, CD \rightarrow B, E \rightarrow D\}$，则不可导出的函数依赖是（　　）。
   A. AD→B　　　　B. CD→AE　　　　C. CE→U　　　　D. $B \rightarrow C$

6. 设关系模式 R 属于第 2 范式，若在 R 中消除了传递函数依赖，则 R 至少属于（　　）。
   A. 第 1 范式　　　B. 第 2 范式　　　　C. 第 3 范式　　　　D. 第 4 范式

7. 设关系模式 $R(U, F)$，其中，$U=\{P, S, T\}$，$F=\{PS \rightarrow T, ST \rightarrow P\}$，则 R 至多属于（　　）。
   A. 第 2 范式　　　B. 第 3 范式　　　　C. BC 范式　　　　D. 第 5 范式

8. 下列关于函数依赖的叙述中，（　　）是正确的。
   A. 由 $X \rightarrow Y$，$Y \rightarrow Z$，有 $X \rightarrow YZ$　　　B. 由 XY→Z，有 $X \rightarrow Z$ 或 $X \rightarrow Z$
   C. 由 $X \rightarrow Y$，WX→Z，有 WY→Z　　　D. 由 $X \rightarrow Y$ 及 $Z \subseteq X$，有 $Y \rightarrow Z$

9. 存在非主属性对候选码的部分函数依赖的关系模式属于（　　）。
   A. 第 1 范式　　　B. 第 2 范式　　　　C. 第 3 范式　　　　D. BC 范式

10. 已知 $R(U, F)$，$U=\{A, B, C\}$，$F=\{B \rightarrow A\}$，有分解 $\rho_1=\{AB, BC\}$，则 ρ_1（　　）。
    A. 具有无损联接，保持函数依赖　　　　B. 不具有无损联接，保持函数依赖
    C. 具有无损联接，不保持函数依赖　　　D. 不具有无损联接，不保持函数依赖

二、填空题

1. 一个不好的关系模式会存在_____和_____等问题。

2. 数据依赖分为_____依赖、_____依赖和联接依赖。

3. 设关系模式 $R(U)$，x、y 是 U 的子集，x' 是 x 的任意一个真子集，若_____并且_____，则称 y 部分函数依赖于 x。

4. 设关系模式 $R(U)$，x、y、z 是 U 的子集，若 $x \rightarrow y$，_____，且 $y \nrightarrow x$，但_____，则称 z 传递函数依赖于 x。

5. 设 K 为 $R(U)$ 中的属性或属性组，若_____，则 K 称为 R 的候选码（候选键或候

关系数据库的规范化设计

选关键字)。

6. 包含在任何一个候选码中的属性称为_____；包含关系模式中全部属性的候选码称为_____。

7. 一个较低范式的关系，可以通过关系的分解转换为若干个_____范式关系的集合，这一过程就叫作_____。

8. F 与它的最小函数依赖集是_____，每个函数依赖集 F_____只有一个最小函数依赖集。

9. 关系模式的分解是否与原关系等价需要进行_____或者_____的判断。

10. Armstrong 公理系统是_____的和_____的。

三、问答题

1. 设关系模式 R (U, F)，其中，$U=\{H, I, J, K, L, M\}$，$F=\{HI{\rightarrow}J$，$IJ{\rightarrow}K$，$IL{\rightarrow}J$，$JK{\rightarrow}I$，$JL{\rightarrow}HM$，$JM{\rightarrow}IK$，$J{\rightarrow}H$，$K{\rightarrow}LM\}$，求出 R 的所有候选码。

2. 设关系模式 R (U, F)，其中，$U=\{A, B, C, D, E, G\}$，$F=\{B{\rightarrow}G$，$E{\rightarrow}A$，$BE{\rightarrow}D$，$A{\rightarrow}C\}$，判断关系模式属于第几范式，若没达到 3NF，则将其分解至 3NF。

3. 关系模式 $R(U,F)$，$U=\{$COURSE, TEACHER, TIME, CLASSROOM, STUDENT$\}$，其中，COURSE 代表课程，TEACHER 代表老师，TIME 代表上课时间，CLASSROOM 代表教室，STUDENT 代表学生，$F=\{$COURSE${\rightarrow}$TEACHER，(TIME, CLASSROOM)${\rightarrow}$COURSE，(TIME, TEACHER)${\rightarrow}$CLASSROOM，(TIME, STUDENT)${\rightarrow}$CLASSROOM$\}$，确定关系模式属于第几范式。

4. 关系模式选课(学号，课程号，成绩)，函数依赖集 $F=\{$(学号，课程号)${\rightarrow}$成绩$\}$。试问，该关系模式是否为 BCNF，并证明结论。

5. 设关系模式 R (U, F)，其中，$U=\{A, B, C, D, E, G\}$，$F=\{AB{\rightarrow}C$，$BC{\rightarrow}D$，$BE{\rightarrow}C$，$C{\rightarrow}A$，$CD{\rightarrow}B$，$CE{\rightarrow}AG$，$CG{\rightarrow}BD$，$D{\rightarrow}EG\}$，求它的最小函数依赖集。

6. 设关系模式 R (U, F)，其中，$U=\{A, B, C, D, E\}$，$F=\{AB{\rightarrow}C$，$AC{\rightarrow}B$，$B{\rightarrow}D$，$C{\rightarrow}E$，$CE{\rightarrow}B\}$，求 $(AB)_F^+$、$(CE)_F^+$、$(D)_F^+$。

7. 设关系模式 R (A, B, C, D, E)，$F=\{B{\rightarrow}A$，$C{\rightarrow}B$，$D{\rightarrow}C\}$，将 R 分解为 $p=\{$AB，BDE，CD$\}$。判断 p 是否具有无损联接性和保持函数依赖性。

8. 设关系模式 $R\{B, O, I, S, Q, D\}$，$F=\{S{\rightarrow}D$，$Q{\rightarrow}S$，$Q{\rightarrow}B$，$OS{\rightarrow}I\}$，要求把 R 分解为 BCNF，并且具有无损联接性。

9. 某宾馆的收费管理系统中用关系模式"收费(宾客姓名，性别，年龄，身份证号，地址，客房号，住宿日期，退房日期，押金)"进行记录，语义为：宾客中可能存在同名的现象。一个客人可以有多次、不同时间到该宾馆住宿。

(1) 关系模式 R 最高已经达到第几范式？为什么？

(2) 如果 R 不属于 2NF，请将 R 分解成 2NF 模式集。

10. 现在要建立一个关于学科部、系、学生、班级、社团等信息的关系数据库。语义为：一个学科部有若干个系，一个系有若干个专业，每个专业每年可招多个班，每个班有若干名学生，一个系的学生住在同一个宿舍区，每个学生可参加多个社团，每个社团有若干名学生，学生参加某个社团有一个入会年份。

描述学科部的属性：学科部号、学科部名、部主任、部办地点、人数。

描述系的属性：系名、系号、系主任、系办地点、人数、学科部号、宿舍区。

描述学生的属性：学号、姓名、年龄、系号、班号。

描述班级的属性：班号、专业名、入校年份、系号、人数。

描述社团的属性：社团名、成立年份、办公地点、人数。

（1）请给出所有的关系模式，并写出每个关系模式的最小函数依赖集。

（2）指出各个关系模式的候选码、外码、全码，若有请指出。

第 6 章

E–R 模型的设计方法

P.P.Chen 于 1976 年首次提出了 E-R（实体-联系）模型，也称为 E-R 图。由于它提供了不受任何 DBMS 约束的、面向用户的表达方法，因此在数据库概念设计阶段常被用来进行数据建模。它从问世到现在，经历了许多次的修改和扩充，演变出了很多的形式。

E-R 模型在第 2 章中已经做过简单的介绍，本章主要介绍 E-R 模型的较普遍的知识和实用的方法，包括 E-R 模型的基本元素、属性和联系的设计，扩充 E-R 模型的表示方法和若干实例。

6.1 E-R 模型的基本元素

E-R（Entity-Relationship）模型提供了表示实体型、属性和联系的方法，是一种用来描述现实世界的概念模型。它的三个基本元素分别是实体、联系和属性。

1. 实体

实体（Entity）是指客观存在并且可以相互区别的事物，它可以是具体的人、物、事，也可以是抽象的概念或联系。例如，一名员工、一种商品、学生的一次选课等都是实体。

由于具有相同属性的实体拥有一些共同特征和性质，我们使用实体名及其属性名集合来抽象和刻画同类实体，称为实体型。例如，员工（员工号，姓名，年龄，性别，住址）、商品（商品号，商品名，产地，规格，价格）都是一个实体型。

同一类型的实体构成的集合称为实体集。例如，全体员工就是一个实体集，所有的商品也是一个实体集。

一般将实体、实体型和实体集概念统称为实体。在 E-R 模型中提到的实体通常是指实体集。

在 E-R 模型中，用矩形表示实体，内部写明实体的名称（用名词表示）。为了方便工作人员与用户之间的交流，在需求分析阶段通常使用中文表示实体名，在设计阶段再根据需要转换成相应的英文。英文实体名通常使用首字母大写且具有实际意义的英文表示。属性和联系的名称也采用类似的方法，下面就不再介绍。

2. 联系

联系（Relationship）是指不同实体之间、实体集内实体与实体间以及组成实体的各属性的关联。例如，"某学生选修某门课程"是实体"学生"与实体"课程"之间的联系；"参赛选手之间的出场排列"是实体"选手"之间的联系；"一个系别对应多名教师"是属性"系别"与属性"教师"之间的联系。

联系类型是指两个实体型之间联系的对应方式，有一对一（$1:1$）、一对多（$1:n$）和多对多（$m:n$）三种联系类型。例如，选手与选手之间的出场排列具有一对一的联系，系与教师之间的隶属具有一对多的联系，学生与课程之间选修具有多对多的联系。

联系集是指同一类型的联系构成的集合。例如，所有选手与选手的一对一联系就是一个联系集；所有系与教师的一对多联系也是一个联系集；所有学生与课程的多对多联系也是一个联系集。

一般将联系、联系类型和联系集概念统称为联系。在 E-R 模型中提到的联系通常是指联系集。

在 E-R 模型中，用菱形表示联系，内部写明联系的名称（用动词表示），并用无向线段分别将有关联的实体连接起来，同时在无向线段的旁边标明联系的类型（1∶1 或 1∶n 或 m∶n）。

3. 属性

属性（Attribute）是指实体或联系所具有的某一特性。通常，一个实体由若干个属性来描述，能够唯一标识实体的属性或属性集称为实体标识符（主码），而一个实体只有一个实体标识符。例如，员工号、姓名、年龄、性别等特性是员工实体的属性，其中，员工号为实体标识符；商品号、商品名、产地、规格、价格等特性是商品实体的属性，其中，商品号为实体标识符；学生与课程之间的选修联系具有成绩属性。

属性域是指属性的可能取值范围，也称为属性的值域。每个属性都有其取值范围，在同一实体集中，每个实体的属性及其域是相同的，但可能取不同的值。实体属性的一组特定值，确定了一个特定的实体。例如，在员工关系中，员工号为 "000001" ～ "999999" 的 6 位字符串；姓名为 8 位字符串；年龄为 0～100 的整数；性别只为 "男" "女" 两个字符值。"200806" "邹华" "35" "男" "06" "18970075178" 表示的是某名员工的基本特征。

在 E-R 模型中，用椭圆表示属性，内部写明属性的名称（用名词表示），其中，实体标识符加下画线，并用无向线段将其与相应的实体连接起来。

【例 6.1】 设有员工和部门两个实体，员工的属性有员工号、姓名、年龄、性别、住址；部门的属性有部门号、部门名、负责人、办公地点。员工与部门之间存在聘用联系，一名员工只受聘于一个部门，一个部门可以聘用多名员工，部门聘用某名员工会有一个聘期，用 E-R 模型对它们进行描述，如图 6.1 所示。

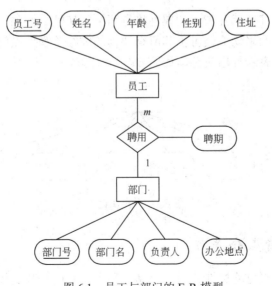

图 6.1　员工与部门的 E-R 模型

6.2 属性的基本分类

通过学习属性的类别、取值特点等相关知识，可以帮助我们在构建 E-R 模型时，准确地设计实体或联系的属性。

6.2.1 属性类别分类

根据属性的类别可将属性分为基本属性和复合属性。若某个属性可由其他属性得出，则称为导出属性（派生属性）。

1. 基本属性

基本属性是指不可再分的属性。例如，学号、姓名、性别、年龄和专业都是基本属性，如图 6.2 所示。

2. 复合属性

复合属性是指可以再进行分解的属性，即属性可以嵌套。例如，外国人的名字由名、中间名和姓构成，如果用户需要分别访问它们，那么把名字属性作为复合属性。如果不需要单独访问它们，就可以把它们综合起来作为基本属性。出生日期也可作为复合属性，由年、月和日构成，如图 6.3 所示。

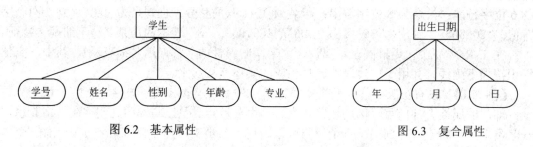

图 6.2 基本属性   图 6.3 复合属性

3. 导出属性

导出属性是指可由其他相互依赖的属性推导而来的属性。例如，员工的年龄可由其出生日期推导出来；学生的平均成绩可由其所有课程的成绩总和除以门数推导出来。在 E-R 模型中，用虚线的椭圆表示导出属性，如图 6.4 所示。

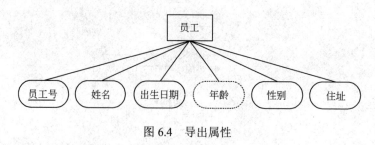

图 6.4 导出属性

6.2.2 属性取值特点分类

根据属性的取值特点可将属性分为单值属性和多值属性。若实体的某个属性没有值或未知时，应使用空值。

1．单值属性

单值属性是指同一实体的某个属性只能取一个值。例如，学生的性别只有一个值，因此年龄是一个单值属性；员工的年龄也只有一个值，它也是一个单值属性。

2．多值属性

多值属性是指同一实体的某个属性可以取多个值。例如，员工的学习经历可以有小学、中学、大学等，因此学习经历是一个多值属性；联系电话可以有移动电话、家庭电话和办公电话，联系电话也是一个多值属性。

在 E-R 模型中，用双椭圆表示多值属性，如图 6.5 所示。

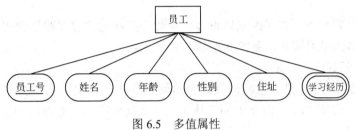

图 6.5　多值属性

当某个属性为多值属性时，在数据库的实施过程中，将会产生大量的冗余数据，造成操作异常等问题。下面通过实例介绍将其变换的常用方法。

① 去除"学习经历"属性，同时增加几个新属性，分别为小学、中学和大学。这样就不存在多值属性，皆为单值属性，如图 6.6 所示。

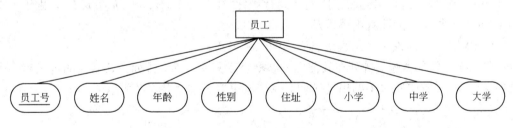

图 6.6　多值属性变换 1

② 将"学习经历"由属性变为实体，它具有"阶段"和"毕业院校"属性，与"员工"实体之间存在 1∶n 的"拥有"联系，如图 6.7 所示。

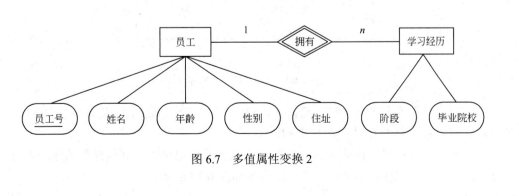

图 6.7　多值属性变换 2

E-R 模型的设计方法

3．空值

空值（NULL Value）表示无意义，或值存在但没有该信息，或不能确定值是否存在。在数据库中，空值是一个很难处理的数值，请读者谨慎使用。例如，在登记某位员工的配偶信息时，可以在配偶属性上使用 NULL 值填写，含义可以有以下三种情况。

（1）该员工还没有结婚。

（2）该员工已经结婚，但配偶信息尚不清楚。

（3）该员工是否结婚还不能确定。

6.3 联系的设计方法

在构建 E-R 模型时，为了准确地设计联系的类型和确定存在联系的实体，需要学习联系的元数、联系的连通词和联系的基数等相关知识。

1．联系的元数

联系的元数（度数）是指它所涉及的实体集的数目。同一实体集内部实体之间的联系，称为一元联系（递归联系）；两个不同实体集实体之间的联系，称为二元联系；三个不同实体集实体之间的联系，称为三元联系；以此类推。

例如，参赛选手与参赛选手之间的"出场排列"联系是一元联系；系与教师之间的"属于"联系是二元联系；药店使用供应商提供的药品之间的"供应"联系是三元联系。

2．联系的连通词

联系的连通词是指联系涉及的实体集间实体对应的方式，即联系的类型。通常，联系存在于两个实体之间，二元联系的连通词有 4 种：$1:1$、$1:n$、$m:n$ 和 $m:1$。由于 $m:1$ 和 $1:n$ 互为相反，因此就不再提及。

【例 6.2】 举例说明一元联系连通词的三种形式。

（1）若一名参赛选手排列在其前面的参赛选手只有一个，排列在其后面的也只有一个，则参赛选手之间存在 $1:1$ 的出场排列联系，其 E-R 模型如图 6.8 所示。

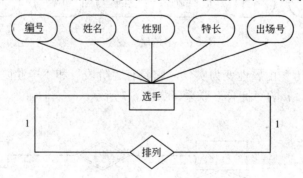

图 6.8 $1:1$ 的一元联系

（2）若一名职工有多名直接下级，一名职工只有一个直接上级，则职工之间存在 $1:n$ 的直接领导联系，其 E-R 模型如图 6.9 所示。

（3）若一种零件可以由多种零件组成，而某种零件也可以是其他零件的组成部分，则零件之间存在 $m:n$ 的组合联系，其 E-R 模型如图 6.10 所示。

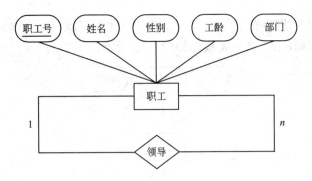

图 6.9　1∶n 的一元联系

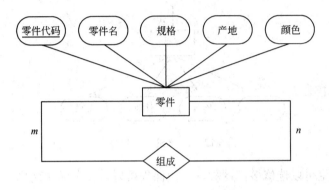

图 6.10　$m∶n$ 的一元联系

【例 6.3】　举例说明二元联系连通词的三种形式。

（1）若一个班级有一名班长，一名班长只属于一个班级，则班级与班长之间存在 1∶1 的属于联系，其 E-R 模型如图 6.11 所示。

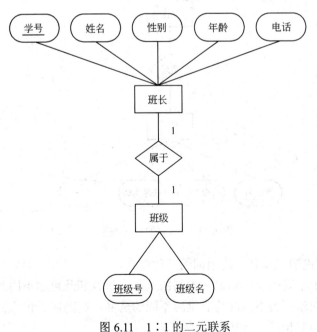

图 6.11　1∶1 的二元联系

第 6 章

E-R 模型的设计方法

（2）若每名班主任管理多名学生，但一名学生只由一名班主任管理，则班主任与学生之间存在 $1:n$ 的管理联系，其 E-R 模型如图 6.12 所示。

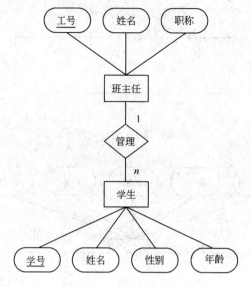

图 6.12　$1:n$ 的二元联系

（3）若一名学生可以选修多门课程，一门课程可以被多名学生选修，则学生与课程之间存在 $m:n$ 的选修联系，其 E-R 模型如图 6.13 所示。

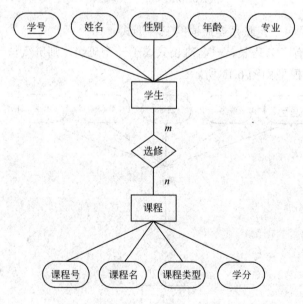

图 6.13　$m:n$ 的二元联系

【例 6.4】　举例说明三元联系连通词的三种形式。

若每个药店可由不同的供应商供应不同的药品，每种药品可由不同的供应商供应于不同的药店，每个供应商可为不同的药店供应不同的药品，则药店、供应商与药品之间存在 $m:n:p$ 的联系，其 E-R 模型如图 6.14 所示。

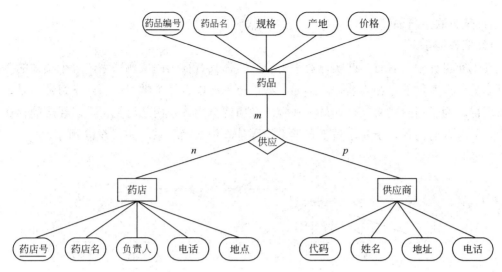

图 6.14 $m : n : p$ 的二元联系

3.联系的基数

由于通过连通词对实体间的联系方式进行描述过于简单,因此可以使用联系的基数,对实体间的联系进行更为详细的描述。

设 E_1、E_2 为两个实体集,E_1 中每个实体与 E_2 中有联系的实体数目的最小值记作 Min,最大值记作 Max,则(Min,Max)表示 E_1 的基数。

【例 6.5】 班主任与学生存在 $1 : n$ 的管理联系。每名学生只能由一名班主任管理;每名班主任至少管理 50 名学生,至多管理 200 名学生,则班主任的基数为(50,200),学生的基数为(1,1),如图 6.15 所示。

学生与课程之间存在 $m : n$ 的选修联系。每位学生某学期最多可以选修 20 门课,也可以休学;每门课程至少要有 50 名学生选修才开设,至多可有 100 名学生选修,则学生的基数为(0,20),课程的基数为(50,100),如图 6.16 所示。

图 6.15 $1 : n$ 联系的连通词和基数　　图 6.16 $m : n$ 联系的连通词和基数

6.4 E-R 模型的扩充

在许多实际应用中,使用实体、属性和联系已经可以建立相关的 E-R 模型。但有时对于一些特殊的语义,为了帮助读者更加准确、完善地对现实世界进行描述,本书将对 E-R 模型进行扩展介绍。

E-R 模型的设计方法

1. 依赖联系与弱实体

1) 依赖联系

在现实世界中，有时某些实体对于另一些实体具有很强的依赖联系，一个实体的存在必须以另一个实体的存在为前提。例如，一个员工可以有多个学习经历，学习经历是一个多值属性，为了消除冗余，设计员工和学习经历两个实体。由此可见，学习经历的存在是以员工的存在为前提，于是，员工和学习经历是一种依赖联系，如图 6.17 所示。

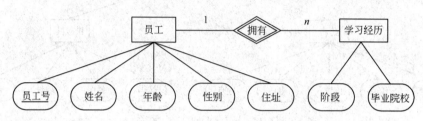

图 6.17 员工与学习经历之间的依赖联系

2) 弱实体

若一个实体对于另外一些实体具有很强的依赖联系，则称该实体为弱实体。

在 E-R 模型中，用双矩形表示弱实体，用双菱形表示与弱实体的联系。

【**例 6.6**】 在员工管理系统中，学习经历的存在是以员工的存在为前提，即学习经历对于员工具有依赖联系，因此学习经历是一个弱实体，如图 6.18 所示。

2. 子类与父类

子类和父类（超类）的概念最先出现在面向对象技术中，而在关系模型中要实现这两个概念还不行，不过在 E-R 模型设计中用了这两个概念。

在现实世界中，实体类型之间可能存在抽象和具体的联系。例如，在员工管理系统中有员工、行政人员、技术人员、程序员、工程师、开发工程师和技术工程师等实体类型，其中，员工是比行政人员和技术人员更为抽象的概念，而行政人员和技术人员是比员工更为具体的概念。

图 6.18 弱实体的举例

某个实体类型中所有实体同时也是另一个实体类型的实体，此时，称前一实体类型是后一实体类型的子类，后一实体类型称为父类。子类具有一个很重要的性质——继承性。它可继承父类上定义的全部属性，其本身还可包含其他的属性。这种继承性是通过子类实体和父类实体具有相同的实体标识符来实现的。

在 E-R 模型中，用两端双线的矩形表示父类，矩形表示子类，用中间加圈的无向线段分别将父类和子类连接起来。

【**例 6.7**】 若把员工看成一个实体，它可以分成多个子实体，如行政人员、技术人员等，这些子实体都具有员工的特性，因此，员工是它们的父类，而这些子实体则是员工的子类；同理，程序员和工程师是技术人员的子类，技术人员则是它们的父类；开发工程师和技术工程师是工程师的子类，开发工程师是它们的父类。这些实体之间的联系如图 6.19 所示。这个结构转换成的关系模式如下。

员工（<u>员工编号</u>，姓名，性别，工龄）

行政人员（<u>员工编号</u>，岗位）

技术人员（<u>员工编号</u>，专业）

程序员（<u>员工编号</u>，等级）

工程师（<u>员工编号</u>，级别）

开发工程师（<u>员工编号</u>，开发方向）

技术工程师（<u>员工编号</u>，技术方向）

其中，子类和父类转换成关系模式的主码相同。"行政人员"关系中的"员工编号"不仅是"行政人员"关系的主码，也是"行政人员"关系的外码。其他子类中的员工编号也是如此。

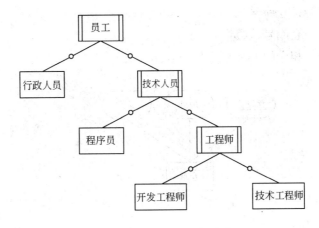

图 6.19　继承性的层次联系

虽然父类和子类的建模为数据模型添加了更多的信息，但是也使得模型更加复杂。

6.5　E-R 模型实例介绍

在数据库设计中，概念设计阶段的重要内容就是采用 E-R 模型描述现实世界的数据及其联系。

【例 6.8】　以某仓库管理系统为例设计其 E-R 模型。

假设在该系统中有仓库、管理员和商品三个实体集。一个仓库由若干名仓库管理员进行管理，一名管理员只管理一个仓库；仓库存放商品时应记录存放商品的数量，且规定一类商品只能存放在一个仓库中，一个仓库可以存放多件商品，仓库的属性有仓库号、地点和面积，管理员的属性有管理员号、姓名，商品的属性有商品号、商品名和价格。

（1）确定实体类型。

本系统有三个实体：仓库、管理员和商品。

（2）确定联系类型。

本系统有两个联系：仓库与管理员间的"管理"联系是 $1:n$；仓库与商品间的"存放"联系是 $1:n$。

（3）确定实体和联系属性。

"仓库"实体的属性：仓库号、地点、面积。主码：仓库号。

"管理员"实体的属性：管理员号、姓名。主码：管理员号。

"商品"实体的属性：商品号、商品名、价格。主码：商品号。

"存放"联系的属性：数量。

关系模式如下。

仓库（仓库号，地点，面积）

管理员（管理员号，姓名）

商品（商品号，商品名，价格）

管理（管理员号，仓库号）

存放（商品号，仓库号，数量）

根据上述分析，相应的 E-R 模型如图 6.20 所示。

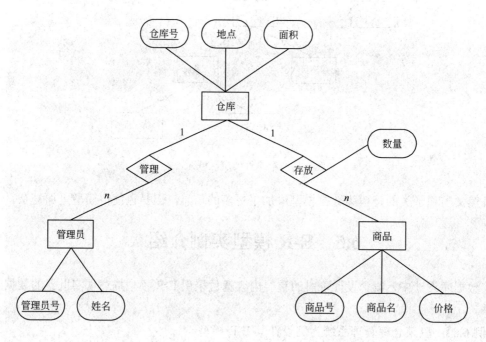

图 6.20　某仓库管理系统的 E-R 模型

【例 6.9】　以某工厂管理系统为例设计其 E-R 模型。

假设在该系统中有产品、零件、原材料和仓库 4 个实体集。工厂生产的产品由不同的零件组成，有的零件可用于不同的产品。这些零件由不同的原材料制成，不同的零件所用的材料可以相同。一个仓库存放多种产品，一种产品存放在一个仓库中。零件按所属的不同产品分别放在仓库中，原材料按照类别放在若干仓库中，不跨仓库存放。仓库存放产品、零件、原材料时应记录存放它们的数量。产品的属性有产品号、产品名、规格和数量，零件的属性有零件号、零件名、规格和数量，原材料的属性有原材料号、原材料名、类别、规格和数量，仓库的属性有仓库号、地点和面积。

（1）确定实体类型。

本系统有 4 个实体：产品、零件、原材料和仓库。

（2）确定联系类型。

本系统有 5 个联系：仓库与产品间的"存放"联系是 $1:n$；仓库与零件间的"存放"联系是 $m:n$；仓库与原材料间的"存放"联系是 $1:n$；产品与零件间的"组成"联系是 $m:n$；原材料与零件间的"制成"联系是 $m:n$。

（3）确定实体和联系属性。

"仓库"实体的属性：仓库号、地点、面积。主码：仓库号。

"产品"实体的属性：产品号、产品名、规格。主码：产品号。

"零件"实体的属性：零件号、零件名、规格。主码：零件号。

"原材料"实体的属性：原材料号、原材料名、类别、规格。主码：原材料号。

"存放 1"联系的属性：数量。

"存放 2"联系的属性：数量。

"存放 3"联系的属性：数量。

关系模式如下。

仓库（仓库号，地点，面积）

产品（产品号，产品名，规格）

零件（零件号，零件名，规格）

原材料（原材料号，原材料名，类别，规格）

存放 1（产品号，仓库号，数量）

存放 2（零件号，仓库号，数量）

存放 3（原材料号，仓库号，数量）

组成（产品号，零件号）

制成（零件号，原材料号）

注：存放 1 为仓库与产品的"存放"联系；存放 2 为仓库与零件的"存放"联系；存放 3 为仓库与原材料的"存放"联系。

根据上述分析，相应的 E-R 模型如图 6.21 所示。

在具体设计 E-R 模型时，可以采用下列方法中的一种来处理实体和联系的属性。

（1）只画出实体和联系，它们的属性都不标注，而在图外加以说明。

（2）画出实体和联系，只把联系的所有属性都标注上，实体的属性在图外加以说明。

（3）画出实体和联系，并且把实体和联系的所有属性都标注上。

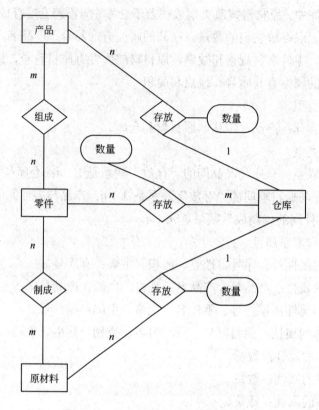

图 6.21　某工厂管理系统的 E-R 模型

小　　结

（1）E-R 模型即实体-联系模型直观地提供了表示实体型、属性和联系的方法，常用来设计数据库的概念模型，是数据库概念设计阶段广泛采用的方法。

（2）属性是实体或联系所具有的某一特性。根据属性的类别可将属性分为基本属性和复合属性；根据属性的取值特点可将属性分为单值属性和多值属性。准确定位属性的类型，可以帮助我们更好地构建 E-R 模型。

（3）联系是不同实体之间、实体集内实体与实体间以及组成实体的各属性的关联。通过联系的元数、联系的连通词和联系的基数的内容，描述现实世界中的数据以及数据间的联系，准确地定位联系的类型和确定存在联系的实体，丰富 E-R 模型的内容。

（4）E-R 模型应尽量充分地满足用户需求，但在许多实际应用中，对于一些特殊的语义，仅使用实体、属性和联系建立起来的 E-R 模型还不完善，我们引入依赖联系与弱实体、子类与父类的概念，以符合应用系统的设计要求。

（5）E-R 模型的设计过程，基本分为三步：第一步设计实体类型，确定属性和主码，不必涉及联系；第二步设计实体之间的联系类型，确定是否有联系的属性；第三步写出关系模式。

习　题

一、选择题

1. 下列（　　）不属于 E-R 模型的三个基本元素。

　　A. 实体　　　　　B. 联系　　　　　C. 属性　　　　　D. 关系

2. 在 E-R 模型中，用（　　）表示联系，内部写明联系的名称，并用无向线段分别将有关联的实体连接起来，同时在无向线段的旁边标明联系的类型。

　　A. 椭圆　　　　　B. 矩形　　　　　C. 菱形　　　　　D. 正方形

3. 在 E-R 模型中，实体标识符加（　　），并用无向线段将其与相应的实体连接起来。

　　A. 下画线　　　　B. 波浪线　　　　C. 括号　　　　　D. 着重号

4. （　　）是指不可再分的属性。

　　A. 复合属性　　　B. 基本属性　　　C. 多值属性　　　D. 单值属性

5. 当实体的某个属性没有值或未知时，应使用（　　）。

　　A. 零值　　　　　B. 无值　　　　　C. 空值　　　　　D. 没有值

6. 同学与同学之间的"朋友"联系是（　　）。

　　A. 一元联系　　　B. 二元联系　　　C. 三元联系　　　D. 多元联系

7. 在设备管理系统中，实验室是用来存放设备的，且规定一个实验室可以存放多件设备，同一类设备只能存放在一个实验室中，则设备与实验室之间的联系是（　　）。

　　A. 一对一　　　　B. 一对多　　　　C. 多对一　　　　D. 多对多

8. 在学生宿舍管理系统中，学生与宿舍之间存在住宿的联系。约定每个学生只能住在一个宿舍；每个宿舍至少有两名学生，至多有 6 名学生，则宿舍的基数为（　　）。

　　A.（1，1）　　　B.（1，6）　　　C.（2，2）　　　D.（2，6）

二、填空题

1. E-R 模型是一种用来描述现实世界的_____。

2. _____是指可以再进行分解的属性，即属性可以嵌套。

3. 在 E-R 模型中，用_____表示多值属性。

4. _____是指它所涉及的实体集的数目。

5. 二元联系的连通词有_____、_____和_____。

6. 设 E_1、E_2 为两个实体集，E_1 中每个实体与 E_2 中有联系的实体数目的最小值记作 Min，最大值记作 Max，则_____表示 E_1 的基数。

7. 在 E-R 模型中，用_____表示弱实体，用_____表示与弱实体的联系。

8. _____是子类具有的一个很重要的性质。

三、设计题

1. 某财务管理系统中，一名员工只能领取一份工资，一份工资只能由一名员工领取，领取工资时应记录月份。员工的属性有员工号、姓名、性别、职称和部门，工资的属性有工资编号、基本工资、加班工资和扣税。试画出相应的 E-R 模型。

2．某超市销售管理系统中，连锁有限公司拥有若干超市，每个超市有一名店长和若干名职工，每个职工只在一个超市工作；每个超市经营若干件商品，每种商品可在不同的超市经营；超市聘用职工，保存了聘期信息；职工销售商品，记录其每月的销售量。试画出相应的 E-R 模型。

3．某图书馆借阅管理中，图书馆有多名管理员，他们都可以对借阅人信息进行管理，对图书信息进行维护；对出版社信息进行设置；一个用户可以借阅多本书籍，而一本书籍也可以被多个不同的用户所借阅，借书和还书时，要登记相应的借书日期和还书日期；一个出版社可以出版多种书籍，同一本书仅为一个出版社所出版，出版社名具有唯一性。试画出相应的 E-R 模型。

第7章　关系数据库的设计方法

关系数据库设计方法的规范化是本教材的最终目的，也是核心内容。数据库设计方法是指对一个给定的实际应用环境，数据库设计开发人员如何利用数据库管理系统和计算机软、硬件环境，将用户的应用需求（信息要求和处理要求）转化成有效的数据库模式，并使该数据库模式适应用户新的数据需求的过程。由于数据库系统的复杂性以及它与环境联系的密切性，数据库设计成为一个困难、复杂和费时费力的过程。数据库的设计和实施涉及多学科的综合与交叉，是一项开发周期长、耗资大、失败风险高的工程。必须把软件工程开发思想应用到数据库应用系统开发过程中去。此外，数据库设计的好坏还直接影响整个数据库系统的效率和质量。

本章将根据软件工程开发思想，详细介绍设计一个数据库应用系统需要经历的 6 个步骤，即需求分析、概念设计、逻辑结构设计、物理结构设计、实施与运行维护。其中，重点是概念结构设计和逻辑结构设计，这也是数据库设计过程中最重要的两个环节。

7.1　数据库设计概述

数据库设计是指对于一个给定的应用环境，提供一个最优的数据模式与处埋模式的逻辑设计，以及一个确定数据库存储结构与存取方法的物理设计，建立起既能反映现实世界信息与信息联系，又能满足用户的信息要求和处理要求的数据库。也就是把现实世界中的数据，根据各种应用处理的要求，加以合理地组织，满足硬件和操作系统的特性，利用已有的 DBMS 来建立能够实现系统目标的数据库。数据库设计的好坏，将直接影响整个系统的效率和质量。因此，一个结构优化的数据库是对数据进行有效管理的前提和正确利用信息的保证。

7.1.1　数据库设计的内容

数据库设计包括数据库的结构设计和数据库的行为设计两方面内容。

1. 数据库的结构设计

数据库的结构设计是指根据给定的应用环境，进行数据库的模式或子模式的设计。它包括数据库的概念设计、逻辑设计和物理设计。数据库模式是各应用程序共享的结构，是静态的、稳定的，一经形成后通常情况下是不容易改变的，所以结构设计又称为静态模型设计。

2. 数据库的行为设计

数据库的行为设计是指确定数据库用户的行为和动作。在数据库系统中，用户的行为和动作指用户对数据库的操作，这些要通过应用程序来实现，所以数据库的行为设计就是应用程序的设计。用户的行为总是使数据库的内容发生变化，所以行为设计是动态的，行为设计又称为动态模型设计。

7.1.2 数据库设计的特点

早期的数据库设计致力于数据模型和建模方法的研究，着重结构特性的设计而忽视了对行为的设计，随着数据库设计方法学的成熟和结构化分析、设计方法的普遍使用，人们主张将两者做一体化的考虑，这样可以缩短数据库的设计周期，提高数据库的设计效率。

现代数据库设计的特点是强调结构设计与行为设计相结合，是一种"反复探寻，逐步求精"的过程。首先从数据模型开始设计，以数据模型为核心进行展开，数据库设计和应用系统设计相结合，建立一个完整、独立、共享、冗余小、安全有效的数据库系统。

7.1.3 数据库设计的方法简述

数据库的设计和实施涉及多学科的综合与交叉，是一项开发周期长、耗资大、失败风险高的工程。为了使数据库设计合理、高效，在相当长的一段时间内数据库设计主要采用直观设计法也称手工试凑法。这种方法与设计人员的经验和水平有直接关系，靠的是设计开发人员的经验，而不是强而有力的科学理论支持，设计质量难以得到保证，导致数据库运行一段时间后，会不同程度地出现问题，增加了维护系统的代价，不适合数据库设计发展的需要。后来又提出了各种数据库设计方法，这些方法运用了软件工程的思想和设计方法，提出了各种数据库设计规范，都属于规范设计法。

规范设计法中，比较著名的有新奥尔良（New Orleans）法。它将数据库设计分为 4 个阶段：需求分析（分析用户要求）、概念设计（信息分析和定义）、逻辑设计（数据库逻辑模式设计）和物理设计（物理数据库设计）。其后，S.B.Yao 等又将数据库设计分为 5 个步骤。

数据库设计方法目前可分为 4 类：直观设计法、规范设计法、计算机辅助设计法和自动化设计法。

直观设计法也叫手工试凑法，它是最早使用的数据库设计方法。这种方法依赖于设计者的经验和技巧，缺乏科学理论和工程原则的支持，设计的质量很难保证，常常是数据库运行一段时间后又发现各种问题，这样再重新进行修改，增加了系统维护的代价。因此这种方法越来越不适应信息管理发展的需要。

为了改变这种情况，1978 年 10 月，来自三十多个国家的数据库专家在美国新奥尔良市专门讨论了数据库设计问题，他们运用软件工程的思想和方法，提出了数据库设计的规范，这就是著名的新奥尔良法，它是目前公认的比较完整和权威的一种规范设计法。新奥尔良法将数据库设计分成需求分析（分析用户需求）、概念设计（信息分析和定义）、逻辑设计（设计实现）和物理设计（物理数据库设计）。目前，常用的规范设计方法大多起源于新奥尔良法，并在设计的每一阶段采用一些辅助方法来具体实现。

下面简单介绍几种常用的规范设计方法。

1. 基于 E-R 模型的数据库设计方法

基于 E-R 模型的数据库设计方法是由 P.P.S.Chen 于 1976 年提出的数据库设计方法，其基本思想是在需求分析的基础上，用 E-R（实体-联系）图构造一个反映现实世界实体之间联系的企业模式，然后再将此企业模式转换成基于某一特定的 DBMS 的概念模式。

2．基于 3NF 的数据库设计方法

基于 3NF 的数据库设计方法，是由 S.Atre 提出的结构化设计方法，其基本思想是在需求分析的基础上，确定数据库模式中的全部属性和属性间的依赖关系，将它们组织在一个单一的关系模式中，然后再分析模式中不符合 3NF 的约束条件，将其进行投影分解，规范成若干个 3NF 关系模式的集合。

其具体设计步骤分为以下 5 个阶段。

（1）设计企业模式，利用规范化得到的 3NF 关系模式，画出企业模式；

（2）设计数据库的概念模式，把企业模式转换成 DBMS 所能接受的概念模式，并根据概念模式导出各个应用的外模式；

（3）设计数据库的物理模式（存储模式）；

（4）对物理模式进行评价；

（5）实现数据库。

3．基于视图的数据库设计方法

此方法先从分析各个应用的数据着手，其基本思想是为每个应用建立自己的视图，然后再把这些视图汇总起来合并成整个数据库的概念模式。合并过程中要解决以下问题。

（1）消除命名冲突；

（2）消除冗余的实体和联系；

（3）进行模式重构，在消除了命名冲突和冗余后，需要对整个汇总模式进行调整，使其满足全部完整性约束条件。

除了以上三种方法外，规范化设计方法还有实体分析法、属性分析法和基于抽象语义的设计方法等，这里不再详细介绍。

规范设计法从本质上来说仍然是手工设计方法，其基本思想是过程迭代和逐步求精。

4．计算机辅助数据库设计方法

计算机辅助设计法是指在数据库设计的某些过程中模拟某一规范化设计的方法，并以人的知识或经验为主导，通过人机交互方式实现设计中的某些部分。

目前许多计算机辅助软件工程（Computer Aided Software Engineering，CASE）工具可以自动或辅助设计人员完成数据库设计过程中的很多任务。比如 sybase 公司的 PowerDesigner 和 Oracle 公司的 Design 2000。

7.1.4 数据库设计的步骤

按照规范化设计的方法，以及数据库应用系统的开发过程，数据库设计可分为以下 6 个阶段（如图 7.1 所示）：需求分析、概念结构设计、逻辑结构设计、物理结构设计、数据库实施、数据库运行和维护。

数据库设计开始之前，首先必须选定参加设计的人员，包括系统分析人员、数据库设计人员和程序员、用户和数据库管理员。系统分析和数据库设计人员是数据库设计的核心人员，他们将自始至终参与数据库设计，他们的水平决定了数据库系统的质量。用户和数据库管理员在数据库设计中也是举足轻重的，他们主要参加需求分析和数据库的运行维护，他们的积极参与不但能加速数据库设计，也是决定数据库设计质量的重要因素。程序员则在系统实施阶段参与进来，分别负责编制程序和准备软硬件环境。

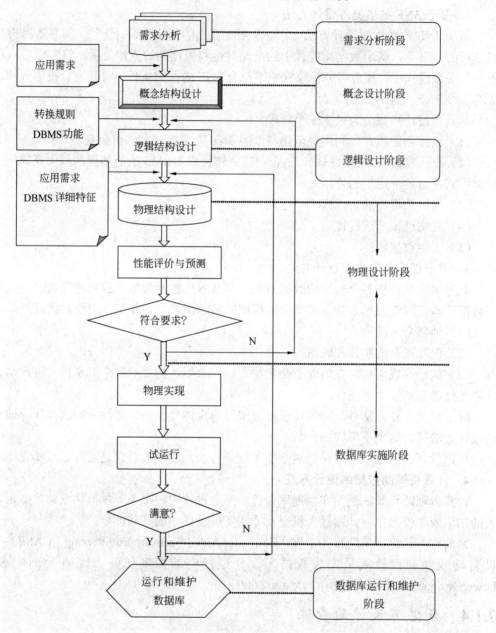

图 7.1　数据库设计步骤

如果所设计的数据库应用系统比较复杂，还应该考虑是否需要使用数据库设计工具和 CASE 工具以提高数据库设计质量并减少设计工作量，以及选用何种工具。

下面介绍 6 个步骤的具体内容。

1．需求分析阶段

数据库设计阶段，需求分析是指必须准确了解与分析用户需求，是整个设计过程的基础，是最困难、最费时的一步。需求分析做得好不好，决定了以后各步骤设计的质量与速度，需求分析做得不好，甚至会导致整个数据库设计返工重做。

2．概念结构设计阶段

概念结构设计是整个数据库设计的关键，它通过上一步对用户需求进行综合、归纳与抽象后，形成一个与计算机无关的独立于具体 DBMS 的概念模型。

3．逻辑结构设计阶段

逻辑结构设计是结合具体的计算机将概念结构转换为某个 DBMS 所支持的数据模型，并对其进行优化。

4．数据库物理结构设计阶段

数据库物理结构设计是为逻辑数据模型选取一个最适合应用环境的物理结构（包括存储结构和存取方法）。

5．数据库实施阶段

在数据库实施阶段，设计人员根据逻辑设计和物理设计的结果建立数据库，编制与调试应用程序，组织数据入库，并进行试运行。

6．数据库运行和维护阶段

数据库应用系统经过调试运行后，投入正式运行，在数据库系统运行过程中不断地对其进行评价、调整与修改。

可以看出，设计一个完善的数据库应用系统是不可能一蹴而就的，它往往是上述 6 个阶段的不断反复。

需要指出的是，这个设计步骤既是数据库设计的过程，也包括应用系统开发的过程。在设计过程中把数据库的设计和对数据库中数据处理的设计紧密结合起来，将这两个方面的需求分析、抽象、设计、实现在各个阶段同时进行，相互参照，相互补充，以完善数据和处理两个方面的设计。事实上，如果不了解应用环境数据的处理要求，或没有考虑如何去实现这些处理要求，是不可能设计一个良好的数据库结构的。按照这个原则，设计过程各个阶段的设计描述见表 7.1。

表 7.1　数据库各个设计阶段的描述

设计各阶段	设计描述	
	数据	处理
需求分析	数据字典、全系统中数据项、数据流、数据存储的描述	数据流图和判定表（或判定树）、数据字典中处理过程的描述
概念结构设计	概念模型（E-R 图）、数据字典	系统说明书。包括： （1）新系统要求、方案和概图 （2）反映新系统信息流的数据流图
逻辑结构设计	某种数据模型 关系模型	系统结构图 模块结构图
物理结构设计	存储安排 存取方法选择 存取路径建立	模块设计 IPO 表
数据库实施	编写模式 装入数据 数据库试运行	程序编码 编译连接 测试
数据库运行和维护	性能测试、转储/恢复、数据库重组和重构	新旧系统转换、运行、维护（修正性、适应性、改善性维护）

关系数据库的设计方法

表 7.1 中有关处理特性的设计描述中，其设计原理、采用的设计方法、工具等在软件工程和信息系统设计的课程中有详细介绍，这里不再讨论。这里主要讨论关于数据特性的描述以及如何在整个设计过程中参照处理特性的设计来完善数据模型设计等问题。

按照这样的设计过程，数据库结构设计的不同阶段形成数据库的各级模式，如图 7.2 所示。需求分析阶段，综合各个用户的应用需求；在概念设计阶段，形成独立于机器的特点，独立于各个 DBMS 产品的概念模式，在本篇中就是 E-R 图；在逻辑设计阶段，将 E-R 图转换成具体的数据库产品支持的数据模型，如关系模型，形成数据库逻辑模型；然后根据用户处理的要求、安全性的考虑，在基本表的基础上再建立必要的视图，形成数据的外模式；在物理设计阶段，根据 DBMS 特点和处理的需要，进行物理存储安排，建立索引，形成数据库内模型。

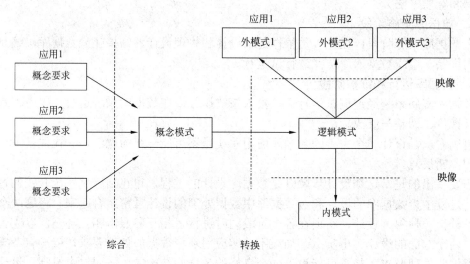

图 7.2　数据库的各级模式

下面就以图 7.1 的设计过程为主线，讨论数据库设计各个阶段的设计内容、设计方法和工具。

7.1.5　数据库应用系统生命周期

在大中型企业中，数据库的应用有着严格的阶段划分，也称为生命周期。通过这个生命周期，数据库专家们可以为企业规划出合理的蓝图。数据库应用系统生命周期分为以下几个阶段。

（1）信息收集阶段：必须了解企业中数据的组成，确定所需的数据是已经存在还是需要新建。

（2）分析和设计过程：需要根据基本的数据需求从概念和逻辑上建立数据模型；然后在开始部署之前，将逻辑的数据库转换为 SQL Server 可以使用的物理数据库设计。

（3）部署和试运行阶段：数据库专家需要预估数据库系统的工作量，确定系统的安全性，预期系统的存储和内存需求；然后将新的数据库从测试环境迁移到生产环境中试运行。

（4）维持可用性阶段：系统开始运行之后，仍需要保证系统的可用性，进行性能的监视、性能调优、数据备份和恢复，同时进行权限的管理。

（5）系统维护阶段：当环境变化时，需要对系统进行维护，数据库专家需要根据收集到的信息再次重复整个生命周期的流程。

7.2 数据库系统的需求分析

需求分析，简单地说就是分析用户的要求。需求分析是设计数据库的起点，需求分析的结果是否准确地反映了用户的实际要求，将直接影响到后面各个阶段的设计，并影响到设计结果是否合理和实用。如果这步没有做好，获取的信息和数据就会有误，必定将影响后面其他设计步骤。因此，要认真学习掌握如何根据用户实际需求来完成需求分析这个任务。

7.2.1 需求分析的任务

需求分析的任务是通过详细调查现实世界处理的对象（组织、部门、企业等），通过对原系统（手工系统或计算机系统）的工作概况充分了解，明确用户的各种需求，然后在此基础上确定新系统的功能。新系统必须充分考虑今后可能的扩充和变化，不能仅按当前应用需求来设计数据库及其功能。

需求分析阶段的主要任务是调查"信息要求"和"处理要求"两个方面的要求。

（1）信息要求：指用户需要从数据库中获得信息的内容与性质。由信息要求可以导出各种数据要求，即在数据库中需要存储哪些数据。

（2）处理要求：指用户要完成什么处理功能（如响应时间、处理方式等）。

（3）安全性与完整性要求：确定用户的最终需求是一件很困难的事，这是因为一方面用户缺少计算机知识，开始时无法确定计算机究竟能为自己做什么、不能做什么，因此往往不能准确地表达自己的需求，所提出的需求往往不断地变化。另一方面，设计人员缺少用户的专业知识，不易理解用户的真正需求，甚至误解用户的需求。因此设计人员必须不断深入地与用户交流，才能逐步确定用户的实际需求。

7.2.2 需求分析的方法

1．需求分析的调查步骤

进行需求分析首先是调查清楚用户的实际要求，与用户达成共识，然后分析与表达这些需求。

调查用户需求的具体步骤是如下。

（1）调查组织机构情况。包括了解该组织的部门组成情况、各部门的职责等，为分析信息流程做准备。

（2）调查各部门的业务活动情况。包括了解各部门输入和使用什么数据，如何加工处理这些数据，输出什么数据，输出到什么部门，输出结果的格式是什么,这是调查的重点。

（3）在熟悉了业务活动的基础上，协助用户明确对新系统的各种要求，如信息要求、处理要求、安全性与完整性要求，这是调查的又一个重点。

（4）确定新系统的边界。对前面调查的结果进行初步分析，确定哪些功能由计算机完

关系数据库的设计方法

成或将来准备让计算机完成,哪些活动由人工完成。由计算机完成的功能就是新系统应该实现的功能。

2. 需求分析的调查方法

在调查过程中,可以根据不同的问题和条件,使用不同的调查方法。常用的调查方法有以下几种。

(1)跟班作业。通过亲身参加业务工作了解业务活动的情况。这种方法可以比较准确地理解用户的需求,但比较消耗时间。

(2)开调查会。通过与用户座谈来了解业务活动情况及用户需求。座谈时,参加者之间可以相互启发。

(3)请专人介绍。

(4)询问。对某些调查中的问题,可以找专人询问。

(5)设计调查表请用户填写。如果调查表设计得合理,这种方法是很有效的,也易于为用户接受。

(6)查阅记录。查阅与原系统有关的数据记录。

做需求调查时,往往需要同时采用上述多种方法。但无论使用何种调查方法,都必须有用户的积极参与和配合。

3. 需求分析的分析方法

调查了解了用户的需求以后,还需要进一步分析和表达用户的需求。在众多的分析方法中,结构化分析法(Structured Analysis,SA)是一种简单实用的方法。SA 方法从最上层的系统组织机构入手,采用自顶向下、逐层分解的方式分解系统。SA 方法把任何一个系统都抽象为如图 7.3 所示的形式。

图 7.3 给出的只是最高层次抽象的系统概貌,要反映更详细的系统内容,可将处理功能分解为若干子功能,每个子功能还可以继续分解,直到把系统过程表示清楚为止,在处理功能逐步分解的同时,它们所用的数据也逐步分解,形成若干层次的数据流图。

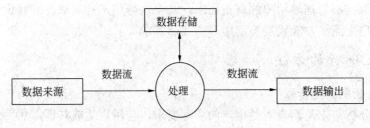

图 7.3 系统高层抽象图

数据流图表达了数据和处理过程的关系,在 SA 方法中,处理过程的处理逻辑常借助判定表和判定树来描述。系统中的数据则借助数据字典(Data Dictionary,DD)来描述。

对用户需求进行分析和表达后,写成需求分析说明书。需求分析说明书必须提交给用户,征得用户的认可。

7.2.3 数据字典

数据流图表达了数据和处理的关系,数据字典(Data Dictionary,DD)则是系统中各类数据描述的集合，是进行详细数据收集和数据分析所获得的主要成果。数据字典通常包括数据项、数据结构、数据流、数据存储和处理过程 5 个部分。它与数据流图互为解释，贯穿需求分析到数据库运行的全过程。

1. 数据项

数据项是不可再分的数据单位。

数据项描述＝｛数据项名，数据项含义说明，别名，数据类型，长度，取值范围，取值含义，与其他数据项的逻辑关系｝

其中，取值范围与其他数据项的逻辑关系定义了数据的完整性约束条件。

2. 数据结构

数据结构反映了数据之间的组合关系。一个数据结构可以由若干个数据项组成，也可以由若干个数据结构组成，或由若干个数据项和数据结构混合组成。对数据结构的描述通常包括以下内容。

数据结构描述＝｛数据结构名，含义说明，组成：｛数据项或数据结构｝｝

3. 数据流

数据流是数据结构在系统内传输的路径。

数据流描述＝｛数据流名，说明，数据流来源，数据流去向，组成：｛数据结构｝，平均流量，高峰期流量｝

其中，数据流来源是说明该数据流来自哪个过程；数据流去向是说明该数据流将到哪个过程去；平均流量是指在单位时间（每天、每周、每月等）里的传输次数；高峰期流量则是指在高峰时期的数据流量。

4. 数据存储

数据存储是数据结构停留或保存的地方，也是数据流的来源和去向之一。

数据存储描述＝｛数据存储名，说明，编号，流入的数据流，流出的数据流，组成：｛数据结构｝，数据量，存取方式｝

其中，流入的数据流要指出其来源，流出的数据流要指出其去向。数据量是指每次存取多少数据，每天（或每小时、每周等）存取几次等信息。存取方法包括是批处理还是联机处理，是检索还是更新，是顺序检索还是随机检索等。

5. 处理过程

处理过程的具体处理逻辑一般用判定表或判定树来描述。数据字典中只需要描述处理过程的说明性信息。

处理过程描述＝｛处理过程名,说明,输入：｛数据流｝，输出：｛数据流｝，处理：｛简要说明｝｝

其中，｛简要说明｝中主要说明该处理过程的功能及处理要求。功能是指该处理过程用来做什么，处理要求包括处理频度要求（单位时间里处理多少事务、多少数据量、响应时间要求等）。这些处理要求是后面物理设计的输入及性能评价的标准。

7.2.4 数据流图

数据流图（Data Flow Diagram，DFD）就是采用图形方式来表达系统的逻辑功能、数据在系统内部的逻辑流向和逻辑变换过程，是结构化系统分析方法的主要表达工具及用于表示软件模型的一种图示方法。

DFD 有 4 个基本成分：数据流（用箭头表示），加工或处理（用圆圈表示），文件（用双线段表示）和外部实体（数据流的源点或终点，用方框表示）。图 7.4 是一个简单的 DFD。

最后，要强调以下两点。

（1）需求分析阶段的一个重要而困难的任务是收集将来应用所涉及的数据，设计人员应充分考虑到可能的扩充和改变，使设计易于更改，系统易于扩充，这是第一点。

（2）必须强调用户的参与，这是数据库应用系统设计的特点。数据库应用系统和广泛的用户有密切的联系，许多人要使用数据库。数据库的设计和建设又可能对更多人的工作环境产生重要影响。因此用户的参与是数据库设计不可分割的一部分。在数据分析阶段，任何调查研究没有用户的积极参加都是寸步难行的。设计人员应该和用户使用共同的语言，帮助不熟悉计算机的用户建立数据库环境下的共同概念，并对设计工作的最后结果承担共同的责任。

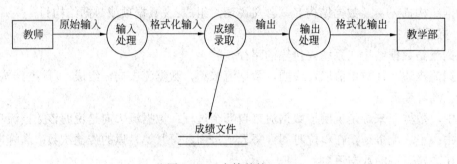

图 7.4　一个简单的 DFD

7.3　概念结构设计

将需求分析得到的用户需求抽象为信息结构即概念模型的过程就是概念结构设计。它是整个数据库设计的关键。概念结构设计以用户能理解的形式表达信息为目标，这种表达与数据库系统的具体细节无关，它所涉及的数据独立于 DBMS 和计算机硬件，因此，概念结构设计的结果，可以在任何 DBMS 和计算机硬件系统中实现。

7.3.1　概念结构设计的特点

在需求分析阶段所得到的应用需求应该首先抽象为信息世界的结构，才能更好地、更准确地用某一 DBMS 实现这些需求。

概念结构的主要特点如下。

（1）能真实、充分地反映现实世界，包括事物和事物之间的联系，能满足用户对数据的处理要求，是对现实世界的一个真实模拟。

（2）易于理解，从而可以用它和不熟悉计算机的用户交换意见，用户的积极参与是数据库设计成功的关键。

（3）易于更改，当应用环境和应用要求改变时，容易对概念模型修改和扩充。

（4）易于向关系、网状、层次等各种数据模型转换。

目前，描述概念模型最有力的工具是 E-R 模型。它是由 P.P.S.Chen 于 1976 年提出的实体-联系模型（Entity-Relationship Approach），简称 E-R 模型，下面将用 E-R 模型来描述概念结构。

7.3.2 概念结构设计的方法与步骤

1. 设计概念结构的 E-R 模型的 4 种方法

（1）自顶向下。首先定义全局概念结构的框架，然后逐步细化，如图 7.5 所示。

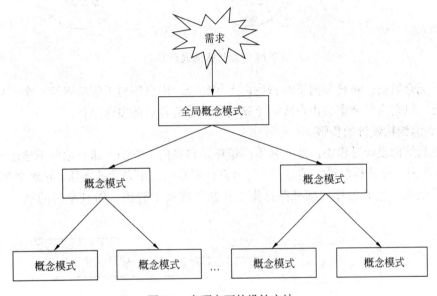

图 7.5 自顶向下的设计方法

（2）自底向上。首先定义各局部应用的子概念结构，然后将它们集成起来，得到全局概念结构，如图 7.6 所示。

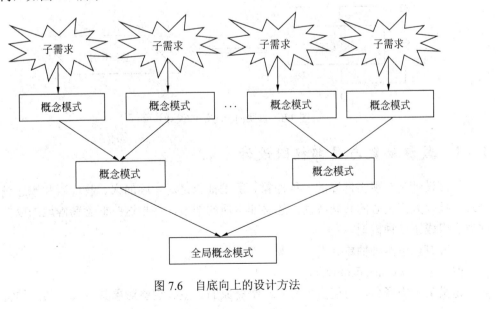

图 7.6 自底向上的设计方法

关系数据库的设计方法

（3）逐步扩张。首先定义最重要的核心概念结构，然后向外扩充，以滚雪球的方式逐步生成其他概念结构，直至完成总体概念结构，如图 7.7 所示。

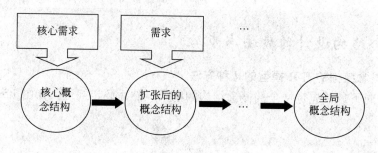

图 7.7　逐步扩张的设计方法

（4）混合策略。将自顶向下和自底向上相结合，用自顶向下策略设计一个全局概念结构的框架，以它为骨架集成由自底向上策略所设计的各局部概念结构。

2．概念结构设计的步骤

在概念结构设计过程中，经常采用的策略是自底向上方法。即自顶向下地进行需求分析，再自底向上设计概念结构的方法。这里只介绍自底向上设计的方法。它通常分为两步：第一步是抽象数据并设计局部视图；第二步是集成局部视图，得到全局的概念结构，如图 7.8 所示。

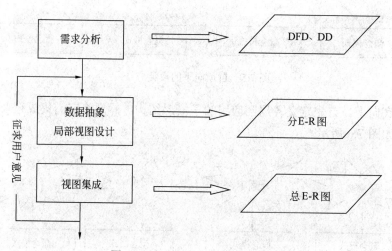

图 7.8　自底向上方法的设计步骤

7.3.3　数据抽象与局部视图设计

概念设计是对现实世界的一种抽象。所谓抽象是对实际的人、物、事和概念进行人为处理，抽取人们关心的共同特性，忽略非本质的细节，并把这些概念精确地加以描述，这些概念组成了某种模型。

一般有以下两种抽象。

（1）分类（Classification）。

定义某一类概念作为现实世界中一组对象的类型。这些对象具有某些共同的特性和行为。对象和类型之间是 "is member of" 的语义。在 E-R 模型中，实体型就是这种抽象。例如，"张三"是学生中的一员（is member of 学生），具有学生们共同的特性和行为：在哪个班学习，学习哪个专业等。

（2）聚集（Aggregation）。

定义某一类型的组成成分。它抽象了对象内部类型和成分之间 "is part of" 的语义。在 E-R 模型中若干属性的聚集组成实体型，就是这种抽象，如学号、姓名、专业等都可以抽象为学生实体的属性。

概念结构设计的第一步就是利用上面介绍的抽象机制对需求分析阶段收集到的数据进行分类、聚集，形成实体、实体的属性、标识实体的码，确定实体之间的联系类型（$1:1$，$1:n$，$m:n$），设计成分 E-R 图。具体做法如下。

1. 选择局部应用

在需求分析阶段，通过对应用环境和要求进行详尽的调查分析，用多层数据流图和数据字典描述了整个系统。设计分 E-R 图的第一步，就是要根据系统的具体情况，在多层的数据流图中选择一个适当层次的数据流图，让这组图中的每一部分对应一个局部应用，然后即可以这一层次的数据流图为出发点，设计成分 E-R 图。

2. 逐一设计分 E-R 图

选择好局部应用之后，就要对每个局部应用逐一设计分 E-R 图，也称局部 E-R 图。每个局部应用都对应了一组数据流图，局部应用涉及的数据都已经收集在数据字典中了。现在就是要将这些数据从数据字典中抽取出来，参照数据流图，标定局部应用中的实体、实体的属性、标识实体的码，确定实体之间的联系及其类型（$1:1$、$1:n$、$m:n$）。

符合什么条件的事物可以作为属性对待呢？本来，实体与属性之间并没有形式上可以截然划分的界限，但可以给出以下两条准则。

（1）属性不能再具有需要描述的性质。即属性必须是不可分的数据项。

（2）属性不能与其他实体具有联系。联系只发生在实体之间。

凡满足上述两条准则的事物，一般均可作为属性对待。

例如，教师是一个实体，教师工号、姓名、年龄是教师的属性，根据上述准则（1），"教师"只能作为实体，不能作为属性。

再如，在学校，职称一般作为教师实体的属性，如果涉及工资问题，由于工资与职称有关，也就是说职称与工资实体是有联系的，根据上述准则（2），职称应该作为实体来对待，但一般把职称作为属性看待，可能与其联系的工资作为另一属性看待。

下面举例说明局部 E-R 模型设计。

【例 7.1】 现为某部门设计车队管理系统，对车辆、司机、保险等信息和业务活动进行管理。现实语义为：一个部门有多个车队；一个车队只属于一个部门；每个车队可以聘用多个司机，一个司机只能在一个车队工作；一个保险公司可以为多个司机、多辆车保险，但每个司机、每辆车只能在一个保险公司保险。其中，部门号、部门名、负责人等属性描述部门；车队名、地址、电话等属性描述车队；车牌号、车型、颜色、载重等属性描述车辆；保险公司号、名称、地址等属性描述保险公司。

根据上述约定，可以得到车队局部 E-R 图和司机局部 E-R 图，分别如图 7.9 和图 7.10 所示。

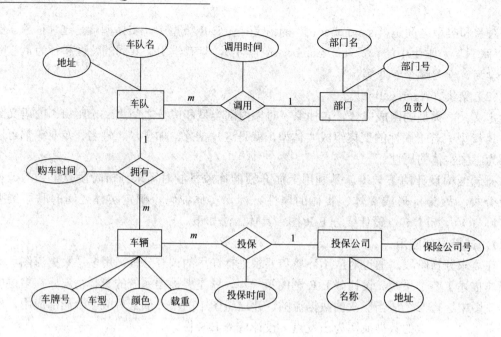

图 7.9   车队局部 E-R 图

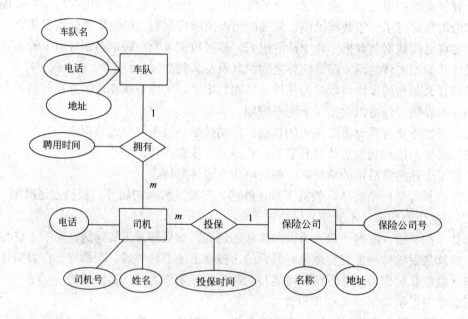

图 7.10   司机局部 E-R 图

7.3.4   全局 E-R 模型设计

1. 全局 E-R 图集成方法

各局部 E-R 图设计好以后,下一步就是要将所有的局部 E-R 图综合成一个全局 E-R 图。一般说来,全局 E-R 图集成可以有以下两种方式。

（1）一次集成多个分 E-R 图，如图 7.11 所示。

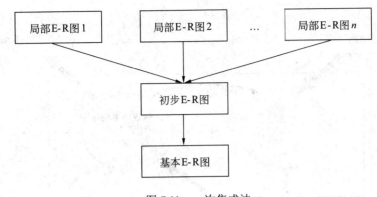

图 7.11　一次集成法

（2）逐步集成，用累加的方式一次集成两个分 E-R 图，如图 7.12 所示。

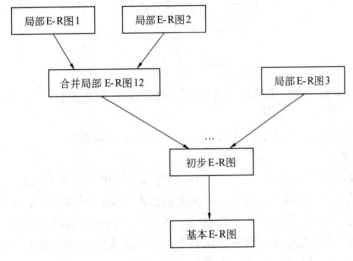

图 7.12　逐步集成法

2．全局 E-R 图集成步骤

无论采用哪种方式，每次集成局部 E-R 图时都需要分两步走。

（1）合并。解决各分 E-R 图之间的冲突，将各分 E-R 图合并起来生成初步 E-R 图。

（2）修改和重构。消除不必要的冗余，生成基本 E-R 图，如图 7.13 所示。

3．消除合并 E-R 图时可能出现的冲突现象

各个局部应用所面向的问题不同，且通常由不同的设计人员进行设计，这就导致各个分 E-R 图之间必定会存在许多不一致的地方，称为冲突。因此合并分 E-R 图时并不能简单地将各个分 E-R 图画到一起，而是必须着力消除各个分 E-R 图中的不一致，以形成一个能为全系统中所有用户共同理解和接受的统一的概念模型。合理消除各分 E-R 图的冲突是合并分 E-R 图的主要工作与关键所在。

E-R 图中的冲突主要有三类：属性冲突，命名冲突和结构冲突。

（1）属性冲突。

① 属性域冲突。属性值的类型、取值范围或取值集合不同。例如职工号，有的部门

关系数据库的设计方法

把它定义为整数，有的部门把它定义为字符。不同的部门对职工号的编码也不同。

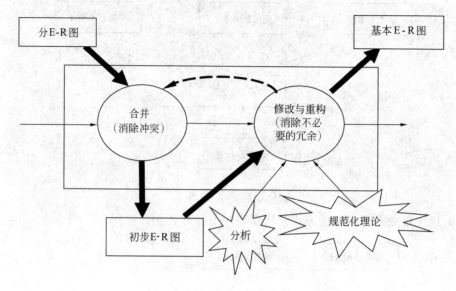

图 7.13　视图的集成

② 属性取值单位冲突。例如工作的时间，有的以小时为单位，有的以月为单位，有的以年为单位。

解决属性冲突需要通过各部门集体讨论和协商等手段来解决。

（2）命名冲突。

① 同名异义，即不同意义的对象在不同的局部应用中具有相同的名字。

② 异名同义（一义多名），即同一意义的对象在不同的局部应用中具有不同的名字。同样对于学生宿舍，学工处会将其称为寝室，后勤管理处会将其称为房间。

命名冲突可能发生在实体、属性、联系上，也可能发生在同一级上。解决命名冲突也像处理属性冲突一样，通过讨论、协商等手段加以解决。

（3）结构冲突。

① 同一对象在不同应用中具有不同的抽象。例如，教室在某一局部应用中被当作实体，而在另一局部应用中则被当作属性。

解决方法通常是把属性变换为实体或把实体变换为属性，使同一对象具有相同的抽象。但变换时仍要遵循 7.3.4 节中讲述的两个准则。

② 同一实体在不同分 E-R 图中所包含的属性个数不完全相同，或属性排列次序不完全相同。

解决方法是使该实体的属性取各分 E-R 图中属性的并集，再适当调整属性的次序。

③ 实体间的联系在不同的分 E-R 图中呈现出不同的类型，如在分 E-R 图中实体 X_1 与 X_2 是一个多对多联系，在另一个分 E-R 图中是一对多联系；又如在一个分 E-R 图中 X_1 与 X_2 发生联系，而在另一个分 E-R 图中 X_1，X_2，X_3 三者之间有联系。

解决方法是根据应用的语义对实体联系的类型进行综合或调整。

【例 7.2】 把例 7.1 的车队局部 E-R 图和司机局部 E-R 图转换成初步 E-R 图。

首先，这两个局部 E-R 图中存在着命名冲突。车队局部 E-R 图中的实体"投保公司"和司机局部 E-R 图中的实体"保险公司"都是指保险公司，即所谓异名同义，合并后统一改为"保险公司"。

其次，还存在着结构冲突。实体"车队"在两个局部 E-R 图中的属性组成不同，合并后这两个实体的属性组成为各局部 E-R 图中的同名实体属性的并集。解决上述冲突后，合并两个局部 E-R 图，能生成初步 E-R 图，由于合并，使得车队与车辆、车队与司机关系变成多对多的关系，如图 7.14 所示。

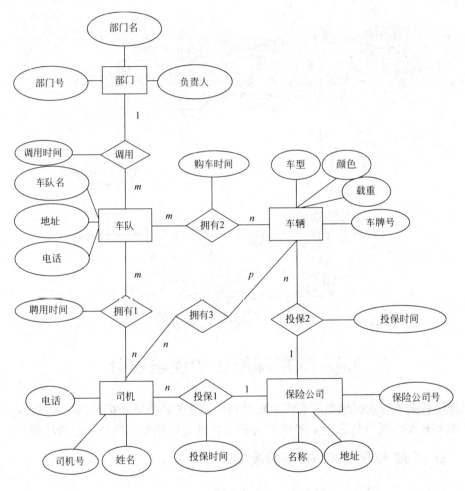

图 7.14　初步的全局 E-R 图

4．消除不必要的冗余，设计基本 E-R 图

在初步 E-R 图中，可能存在冗余的数据和实体间冗余的联系。冗余的数据是指可由基本数据导出的数据，冗余的联系是指可由其他联系导出的联系。冗余数据和冗余联系容易破坏数据库的完整性，给数据库的维护增加困难，但并不是所有的冗余数据和冗余联系都必须加以消除，有时为了提高效率，不得不以冗余信息作为代价。消除不必要冗余后的初步 E-R 图称为基本 E-R 图。消除冗余主要采用分析的方法，以数据字典和数据流图为依据，根据数据字典中关于数据项之间逻辑关系的说明来消除冗余。

图 7.9 和图 7.10 在形成初步 E-R 图后，其中"拥有 3"属于冗余联系，因为该联系可以通过"车队"和"司机"之间的"拥有 1"联系与"保险公司"和"司机"之间的"投保 1"联系推导出来，最后便可得到基本的 E-R 模型，如图 7.15 所示。

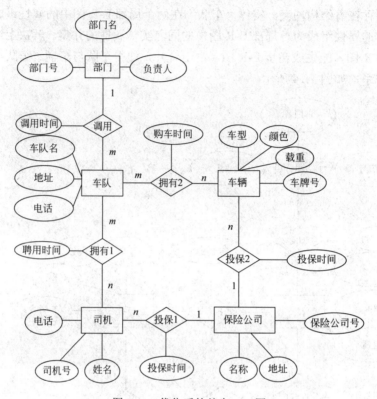

图 7.15　优化后的基本 E-R 图

7.4　数据库系统的逻辑设计

概念结构是各种数据模型的基础。逻辑结构设计的任务就是把概念结构设计阶段设计好的基本 E-R 图转换为与选用 DBMS 产品所支持的数据模型相符合的逻辑结构。

7.4.1　逻辑结构设计的任务和步骤

逻辑结构设计一般要分三步进行，如图 7.16 所示。

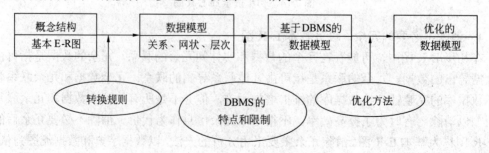

图 7.16　逻辑结构设计三步骤

（1）将概念结构转换为一般的关系、网状、层次模型；

（2）将转换来的关系、网状、层次模型向特定 DBMS 支持下的数据模型转换；

（3）对数据模型进行优化。

目前，数据库应用系统普遍采用支持关系数据模型的 RDBMS，所以这里只介绍 E-R 图向关系数据模型的转换原则与方法。

7.4.2 E-R 图向关系模型的转换

E-R 图向关系模型的转换要解决的问题是如何将实体和实体间的联系转换为关系模式，如何确定这些关系模式的属性和码。

1．E-R 图向关系模型转换的原则

关系模型的逻辑结构是一组关系模式的集合。E-R 图则是由实体、实体的属性和实体之间的联系三个要素组成的。所以将 E-R 图转换为关系模型实际上就是要将实体、实体的属性和实体之间的联系转换为关系模式，这种转换一般遵循如下原则。

（1）一个实体型转换为一个关系模式。

关系的属性：实体的属性。

关系的码：实体的码。

对于实体间的联系则有以下不同的情况。

（2）一个 1:1 联系可以转换为一个关系模式。

关系的属性：与该联系相连的各实体的码以及联系本身的属性。

关系的码：各实体的码。

说明：一个 1:1 联系也可以与任意一端对应的关系模式合并，这时需要把任一端实体的码及联系本身的属性都加入到另一端实体对应的关系模式中。

（3）一个 1:n 联系可以转换为一个关系模式。

关系的属性：与该联系相连的各实体的码以及联系本身的属性。

关系的码：n 端实体的码。

说明：一个 1:n 联系也可以与 n 端对应的关系模式合并，这时需要把 1 端实体的码及联系本身的属性都加入到 n 端实体对应的关系模式中。

（4）一个 $m:n$ 联系转换为一个关系模式。

关系的属性：与该联系相连的各实体的码以及联系本身的属性。

关系的码：各实体码的组合。

（5）三个或三个以上实体间的一个多元联系可以转换为一个关系模式。

关系的属性：与该联系相连的各实体的码以及联系本身的属性。

关系的码：各实体码的组合。

2．E-R 图向关系模型转换的具体做法

（1）把一个实体转换为一个关系。先分析该实体的属性，从中确定主键，然后再将其转换为关系模式。

【例 7.3】 以图 7.15 为例，将 5 个实体分别转换为关系模式（带下画线的为主键）。

部门（<u>部门号</u>，部门名，负责人）

车队（<u>车队名</u>，地址，电话）

司机（<u>司机号</u>，姓名，电话）

车辆（<u>车牌号</u>，车型，颜色，载重）

保险公司（<u>保险公司号</u>，名称，地址）

（2）把每个联系转换成关系模式。

【例 7.4】 以图 7.15 为例，将 5 个联系分别转换为关系模式。

拥有 1（<u>司机号</u>，车队名）

拥有 2（<u>车牌号</u>，车队名）

投保 1（<u>司机号</u>，保险公司号）

投保 2（<u>车牌号</u>，保险公司号）

调用（<u>车队名</u>，部门号）

7.4.3 数据模型的优化

数据库逻辑设计的结果不是唯一的。为了进一步提高数据库应用系统的性能，还应该根据应用需要适当地修改、调整数据模型的结构，这就是数据模型的优化。关系数据模型的优化通常以规范化理论为指导，方法如下。

（1）确定数据依赖。按需求分析阶段所得到的语义，分别写出每个关系模式内部各属性之间的数据依赖以及不同关系模式属性之间的数据依赖。

（2）对于各个关系模式之间的数据依赖进行极小化处理，消除冗余的联系。

（3）按照数据依赖的理论对关系模式逐一进行分析，考察是否存在部分函数依赖、传递函数依赖、多值依赖等，确定各关系模式分别属于第几范式。

（4）按照需求分析阶段得到的处理要求，分析这些模式对于这样的应用环境是否适合，确定是否要对某些模式进行合并或分解。

必须注意的是，并不是规范化程度越高的关系就越优。例如，当查询经常涉及两个或多个关系模式的属性时，系统经常进行联接运算。联接运算的代价是相当高的，关系模型低效的主要原因就是联接运算引起的。这时可以考虑将这几个关系合并为一个关系。因此在这种情况下，第 2 范式甚至第 1 范式也许是合适的。

又如，非 BCNF 的关系模式虽然从理论上分析会存在不同程度的更新异常，但如果在实际应用中对此关系模式只是查询，并不执行更新操作，则不会产生实际影响。所以对于一个具体应用来说，到底规范化到什么程度，需要权衡响应时间和潜在问题两者的利弊决定。

7.5 数据库的物理设计

数据库的物理结构是指数据库在物理设备上的存储结构与存取方法，它依赖于给定的计算机系统。为上一阶段得到的逻辑数据模型选取一个最适合应用要求的物理结构的过程，就是数据库的物理设计。

数据库的物理设计通常分为以下两步。

（1）确定数据库的物理结构；

（2）对物理结构进行评价。

如果评价结果满足原设计要求，则可进入到物理实施阶段，否则，就需要重新设计或修改物理结构，有时甚至要返回逻辑设计阶段修改数据模型。

7.5.1 确定物理结构

数据库系统是多用户共享的系统，对同一关系要建立多条存取路径才能满足多用户的多种应用要求。物理设计的任务之一就是要确定选择哪些存取方法，即建立哪些存取路径。

存取方法是快速存取数据库中的技术。数据库管理系统一般都提供多种存取方法。常用的存取方法有三类，第一类是 B$^+$树索引方法，第二类是聚簇（Cluster）方法，第三类是 HASH 方法。B$^+$树索引方法是数据库中经典的存取方法，使用最广泛。

1. 索引存取方法的选择

所谓选择索引存取方法实际上就是根据应用要求确定对关系的哪些属性列建立索引、哪些属性列建立组合索引、哪些索引要求设计为唯一索引等。一般来说：

（1）如果一个（或一组）属性经常在查询条件中出现，则考虑在这个（或者组）属性上建立索引（或索引组合）；

（2）如果一个属性经常作为最大值和最小值等聚集函数的参数，则考虑在这个属性上建立索引；

（3）如果一个（或一组）属性经常在联接操作的联接条件中出现，则考虑在这个（或这组）属性上建立索引。

关系上定义的索引树并不是越多越好，系统为维护索引要付出代价，查找索引也要付出代价。

2. 聚簇存取方法的选择

为了提高某个属性（或属性组）的查询速度，把这个或这些属性（称为聚簇码）上具有相同值的元组集中存放在连续的物理块称为聚簇。

聚簇功能可以大大提高按聚簇码进行查询的效率。例如，要查询电子系的所有学生名单，设电子系有 400 名学生，在极端情况下，这 400 名学生所对应的数据元组分布在 400 个不同的物理块上。尽管对学生关系已按所在系建有索引，由索引很快找到了电子系学生的元组标志，避免了全表扫描，然而再由元组标志去访问数据块时就要索取 400 个物理块，执行 400 次 I/O 操作。如果将同一系的学生元组集中存放，则每读一个物理块可得到多个满足查询条件的元组，从而显著地减少了访问磁盘的次数。

必须强调的是，聚簇只能提高某些应用的性能，而且建立与维护聚簇的开销相当大，对已有关系建立聚簇，将导致关系中元组移动其物理存储位置，并使此关系上原有的索引无效，必须重建，当一个元组的聚簇码值改变时，该元组的存储位置也要做相应移动，聚簇码值要相对稳定，以减少修改聚簇码值所引起的维护开销。

3. HASH 存取方法的选择

有些数据库管理系统提供了 HASH 存取方法，选择 HASH 存取方法的规则如下：如果一个关系的属性主要出现在等值联接条件中或出现在相等比较选择条件中，而且满足下列两个条件之一，则此关系可以选择 HASH 存取方法。

（1）如果一个关系的大小可预知，而且不变；或该关系的大小动态改变但所选用的DBMS 提供了动态 HASH 存取方法。

关系数据库的设计方法

（2）该关系的属性主要出现在等值联接条件中或主要出现在相等比较选择条件中。

7.5.2 确定数据库的存储结构

确定数据库物理结构主要指确定数据库的存放位置和存储结构，包括确定关系、索引、日志、备份等的存储安排和存储结构，确定系统配置等。

确定数据的存放位置和存储结构要综合考虑存取时间、存储空间利用率和维护代价三方面的因素。这三个方面常常是互相矛盾的，因此需要进行权衡，选择一种折中方案。

1. 确定数据的存放位置

为了提高系统性能，应该根据应用情况将数据的易变部分与稳定部分、经常存取部分和存取频率较低部分分开存放。

2. 确定系统配置

DBMS 产品一般都提供了一些系统配置变量、存储分配参数，供设计人员和 DBA 对数据库进行物理优化。初始情况下，系统都为这些变量赋予了合理的默认值。但是这些值不一定适合每一种应用环境，在进行物理设计时，需要重新对这些变量赋值，以改善系统的性能。

在物理设计时对系统配置变量的调整只是初步的，在系统运行时还要根据系统实际运行情况做进一步调整，以期待切实改进系统性能。

7.5.3 评价物理结构

数据库物理设计过程中需要对时间效率、空间效率、维护代价和各种用户要求进行权衡，其结果可以产生多种方案，数据库人员必须对这些方案进行细致的评价，从中选择一个较优的方案作为数据库的物理结构。

实际上，一个数据库的物理设计结构都是由选定的 DBMS 自动决定的，其中大部分具体内容并不需要用户去自己做出规定。

7.6 数据库的实现

数据库实现是指完成数据库的物理设计之后，设计人员根据逻辑设计和物理设计的结果，用 RDBMS 提供的 DDL 定义数据库结构，组织数据入库，编制与调试应用程序，数据库试运行的阶段。

7.6.1 建立实际数据库结构

确定了数据库的逻辑结构与物理结构后，就可以用所选用的 DBMS 提供的 DDL 来严格描述数据库结构。

7.6.2 数据的载入和应用程序的调试

数据库结构建立好后，就可以向数据库中载入数据了。组织数据入库是数据库实现阶段最主要的工作。

（1）对于数据量不是很大的小型系统，可以用人工方法完成数据的入库，其步骤如下。

① 筛选数据。需要装入数据库中的数据通常都分散在各个部门的数据文件或原始凭证中，所以首先必须把需要入库的数据筛选出来。

② 转换数据格式。筛选出来的需要入库的数据，其格式往往不符合数据库要求，还需要进行转换。这种转换有时可能很复杂。

③ 输入数据。将转换好的数据输入计算机中。

④ 校验数据。检查输入的数据是否有误。

（2）对于数据量稍大的大中型系统，由于数据量极大，用人工方式把数据入库会耗费大量人力物力，而且很难保证数据的正确性，由计算机辅助数据的入库工作。

① 筛选数据。

② 输入数据。由录入员将原始数据直接输入计算机中。数据输入子系统应提供输入界面。

③ 校验数据。数据输入子系统采用多种检验技术检查输入数据的正确性。

④ 转换数据。数据输入子系统根据数据库系统的要求，从录入的数据中抽取有用成分，对其进行分类，然后转换数据格式。抽取、分类和转换数据是数据输入子系统的主要工作，也是数据输入子系统的复杂性所在。

⑤ 综合数据。数据输入子系统对转换好的数据根据系统的要求进一步综合成最终数据。

7.6.3 编制与调试应用程序

数据库应用程序的设计应该与数据库设计同时进行，因此在组织数据入库时还应调试应用程序。应用程序的设计、编码和调试的方法、步骤在软件工程等课程中有详细讲解，这里就不阐述了。

7.6.4 数据库的试运行

在原有系统的数据有一小部分已输入数据库后，就可以开始对数据库系统进行联合调试，这又称为数据库的试运行。

这一阶段要实际运行数据库应用程序，执行对数据库的各种操作，测试应用程序的功能是否满足设计要求。如果不满足，对应用程序部分则要修改、调整，直到达到设计要求为止。

在数据库运行时，还要测试系统的性能指标，分析其是否达到设计目标。在对数据库进行物理设计时已初步确定了系统的物理参数值，但一般的情况下，设计时的考虑在许多方面只是估计，和实际系统运行总有一定的差距，因此必须在试运行阶段实际测量和评估系统性能指标。事实上，有些参数的最佳值往往是经过运行调试后找到的。如果测试的结果与设计目标不符，则要返回物理设计阶段，重新调整物理结构，修改系统参数，某些情况下甚至要返回逻辑设计阶段，修改逻辑结构。

这里特别要强调两点，第一，上面已经讲到组织数据入库是十分费时费力的事，如果试运行后还要修改数据库的设计，还要重新组织数据入库。因此应分期分批地组织数据入库；先输入小批量数据做调试用，待试运行基本合格后，再大批量输入数据，逐步增加数据量，逐步完成运行评价。

关系数据库的设计方法

第二,在数据库试运行阶段,由于系统还不稳定,硬、软件故障随时都可能发生。而系统的操作人员对新系统还不熟悉,误操作也不可避免,因此应首先调试运行 DBMS 的恢复功能,做好数据库的转储和恢复工作。一旦故障发生,能使数据库尽快恢复,尽量减少对数据库的破坏。

7.7 数据系统的运行和维护

数据库试运行合格后,即可投入正式运行了。但这并不意味着设计过程的结束,由于应用环境在不断变化,数据库运行过程中物理存储也会不断变化,对数据库设计进行评价、调整、修改等维护工作是一个长期的任务,也是设计工作的继续和提高。

在数据库运行阶段,对数据库经常性的维护工作主要是由 DBA 完成的。

1. 数据库的转储和恢复

数据库的转储和恢复是系统正式运行后最重要的维护工作之一。DBA 要针对不同的应用要求制订不同的转储计划,定期对数据库和日志文件进行备份,以保证一旦发生故障能尽快将数据库恢复到某种一致的状态,并尽可能减少对数据库的破坏。

2. 数据库的安全性、完整性的控制

在数据库运行过程中,由于应用环境的变化,对安全性的要求也会发生变化,例如,有的数据原来是秘密的,现在是可以公开查询的了,而新要加入的数据有可能是秘密的了。系统中用户的密级也会改变,这些都需要 DBA 根据实际情况修改原有的安全性控制。同样,由于应用环境的变化,数据库的完整性约束条件也会变化,也需要不断修正,满足用户需求。

3. 数据库性能的监督,分析和改造

在数据库运行过程中,监督系统运行,对监测数据进行分析,找出改进系统性能的方法是 DBA 的又一重要任务。目前,有些 DBMS 产品提供了监测系统性能参数的工具,以利用这些工具方便地得到系统运行过程中的一系列性能参数的值。DBA 应仔细分析这些数据,判断当前系统运行状况是否是最佳,应当做哪些改进。

4. 数据库的重组织与重构造

数据库运行一段时间后,由于记录不断增、删、改,会使数据库的物理存储情况变坏,降低了数据库存储空间的利用率和数据的存取效率,使数据库性能下降,这时 DBA 就要对数据库进行重组织,或部分重组织(只对频繁增、删的表进行重组织)。一般都提供数据重组织的应用程序。在重组织的过程中,按原设计要求重新安排存储位置,回收垃圾,减少指针链等,提高系统性能。

数据库的重组织,并不修改原来设计的逻辑结构和物理结构,而数据库的重构造则不同,它是指部分修改数据库的模式和内模式。

由于数据库应用环境发生变化,增加了新的应用或新的实体,取消了某些应用,有的实体与实体间的联系发生了变化等,使原有的数据库设计不能满足新的需要,需要调整数据库的模式和内模式。例如,在表中增加或删除某些数据项,改变数据项的类型,增加或删除某个表,改变数据库的容量,增加或删除某些索引等。当然数据库的重构也是有限的,只能做部分修改。如果应用变化太大,重构也无济于事,说明此数据库应用系统的生命周

期已经结束，应该设计新的数据库应用系统了。

小　结

（1）学习本章，要努力掌握书中讨论的基本方法和开发设计步骤，其中，需求分析要准确了解与分析用户需求，它是整个设计过程的基础，是最困难、最费时的一步。需求分析做得好不好，决定了以后各步骤设计的质量与速度，甚至会导致整个数据库设计返工重做。

（2）概念结构设计是整个数据库设计的关键，这一步对需求分析过程得到的用户需求进行综合、归纳与抽象后，形成一个与计算机无关的独立于具体 DBMS 的概念模型。

（3）逻辑结构设计是结合具体的计算机，将概念结构转换为某个 DBMS 所支持的数据模型，并对其进行优化。在这个环节中，将学会如何构建局部 E-R 图，并且将局部 E-R 图合并成全局 E-R 图。但是，在合并的过程中会出现冲突现象，需要结合逻辑结构设计阶段所介绍消除冲突的方法，消除合并 E-R 图时可能出现的冲突现象。

（4）数据库物理设计是为逻辑数据模型选取一个最适合应用环境的物理结构（包括存储结构和存取方法）。这一步骤一般都是由 DBMS 来控制的。

（5）在数据库实施阶段，设计人员根据逻辑设计和物理设计的结果建立数据库，编制与调试应用程序，组织数据入库，并进行试运行。

（6）数据库应用系统经过调试试运行后，投入正式运行，在数据库系统运行过程中不断地对其进行评价、调整与修改。特别要能在实际的应用系统开发中运用这些思想，设计符合应用要求的数据库应用系统。

（7）总的来说，本章主要讨论数据库设计的方法和步骤，列举了较多的实例，详细介绍了数据库设计的 6 个阶段：需求分析、概念结构设计、逻辑结构设计、物理结构设计、数据库实现、数据库运行和维护。其中的重点是概念结构设计和逻辑结构设计，这也是数据库设计过程中最重要的两个环节。

习　题

一、选择题

1. 数据库设计中，将 E-R 图转换成关系模式的过程属于（　　）。
   A．需求分析阶段　　　　　　　　B．逻辑设计阶段
   C．概念设计阶段　　　　　　　　D．物理设计阶段

2. 将一个 $M:N$ 的联系型转换成关系模式时，下列说法正确的是（　　）。
   A．转换为一个独立的关系模式
   B．与 M 端的实体型所对应的关系模式合并
   C．与 N 端的实体型所对应的关系模式合并
   D．以上都可以

3. 数据库设计是指（　　）。
   A．设计 DBMS　　　　　　　　　　B．设计数据库应用系统

C. 设计磁盘结构　　　　　　　　　D. 设计应用程序

4. 数据字典不包括（　　　）。

A. 数据结构　　　B. 数据流　　　C. 数据存储　　　D. 加工细节

5. 关系模型中，候选码（　　　）。

A. 可由多个任意属性组成

B. 至多由一个属性组成

C. 可由一个或多个其值能唯一标识该关系模式中任何元组的属性组成

D. 以上都不是

6. 数据字典产生于数据库设计步骤的（　　　）。

A. 需求分析阶段　　　　　　　　　B. 概念设计阶段

C. 逻辑设计阶段　　　　　　　　　D. 物理设计阶段

7. 概念结构设计的目标是产生 DB 的概念模型，该模型主要反映（　　　）。

A. DBA 的管理信息需求　　　　　　B. 企业组织的信息需求

C. 应用程序员的编程需求　　　　　D. DB 的维护需求

8. 下面（　　　）是数据库物理设计的内容。

A. 选取存取方法　　　　　　　　　B. E-R 图

C. 数据流图　　　　　　　　　　　D. 都不是

9. 下列有关 E-R 模型向关系模型转换的叙述中，不正确的是（　　　）。

A. 一个实体模型转换为一个关系模式

B. 一个 $1:1$ 联系可以转换为一个独立的关系模式，也可以与联系的任意一端实体所对应的关系模式合并

C. 一个 $1:n$ 联系可以转换为一个独立的关系模式，也可以与联系的任意一端实体所对应的关系模式合并

D. 一个 $m:n$ 联系转换为一个关系模式

10. 下列不属于数据库物理结构设计阶段任务的是（　　　）。

A. 初步确定系统配置　　　　　　　B. 确定数据的存放位置

C. 确定数据的存取方法　　　　　　D. 确定选用的 DBMS

二、填空题

1. 数据字典通常包括数据项、_____、_____、_____和数据存储等 5 个部分。

2. 数据库设计包括：需求分析、_____、_____、物理结构设计、数据库实施、数据库运行和维护。

3. 数据库的物理设计主要考虑三方面的问题：_____、分配存储空间、实现存取路径。

4. 在设计全局 E-R 图中，由于各个分 E-R 图所面向的问题不同，在合并时会产生冲突，这些冲突主要包括_____、_____和_____三类。

5. 若在两个局部 E-R 图中都有实体"商品"的"价格"属性，而所用价格单位分别为元和万元，则称这两个 E-R 图存在_____冲突。

6. 在需求分析阶段，常用_____描述用户单位的业务流程。

7. 数据库物理结构设计阶段的任务是_____。

8. 两个实体间的联系类型有_____联系、_____联系和_____联系。

9. 逻辑结构设计阶段的任务是_____。

三、简答题

1. 数据库设计的步骤是什么?每个步骤的主要工作是什么?

2. 试述概念模式在数据库结构中的重要地位。

3. 进行数据库系统需求分析时,数据字典的内容和作用是什么?

4. 简述数据库设计的特点。

5. 简述 E-R 图的基本概念。构成 E-R 图的基本要素是什么?

6. 在局部 E-R 图合并成全局 E-R 图时,要解决哪几类冲突?怎么解决?

7. 简述需求分析阶段的设计要求。主要用来解决哪几个方面的问题?

四、综合设计题

1. 设某百货公司数据库中有三个实体集,一是"商店"实体集,属性有商店编号、商店名、地址等;二是商品实体集,属性有商品号、商品名、规格、单价等;三是职工实体集,属性有职工编号、姓名、性别、业绩等。每个商店有多名职工,商店与商品间存在"销售"联系,每个商店可销售多种商品,每种商品也可放在多个商店销售,每个商店销售商品,有月销售量,商店与职工间存在着"聘用"联系,每个职工只能在一个商店工作,商店聘用职工有聘用期与月薪。

（1）试画出 E-R 图,并在图上注明属性、联系类型。

（2）将 E-R 图转换成关系模型（至少为 3NF）,并注明主键（用下画线）和外键（用下画波浪线）。

2. 工厂有若干仓库,每个仓库有若干职工在其中工作,每个仓库存放若干种零件,每种零件可以存放在不同的仓库中。仓库有仓库号、仓库地址、仓库容量;职工有职工号、职工名、工种;零件有零件号、零件名、零件重量。要求:

（1）试画出 E-R 图,并在图上注明属性、联系类型（注:联系若有属性,也应注明）。

（2）将 E-R 图转换成关系模型（满足 3NF）,并注明主键和外键。

3. 假设某连锁超市公司要设计一个数据库系统来管理该公司的业务信息。该超市公司的业务管理规则如下。

（1）该超市公司有若干仓库,若干连锁商店,供应若干商品。

（2）每个商店有一个经理和若干收银员,每个收银员只在一个商店工作。

（3）每个商店销售多种商品,每种商品可在不同的商店销售。

（4）每个商品编号只有一个商品名称,但不同的商品编号可以有相同的商品名称。每种商品可以有多种销售价格。

（5）超市公司的业务员负责商品的进货业务。

试按上述规则设计 E-R 模型。

关系数据库的设计方法

第 8 章　数据库管理

数据库管理系统要保证数据库及整个系统的正常运转，确保数据的安全性、完整性、并在多用户同时使用数据库时进行并发控制，以及当数据库受到破坏后能及时恢复正常，这就是数据库管理系统要履行的职责。本章首先介绍事务的概念及其特性，然后讲述安全性控制、完整性控制、并发性控制和数据库恢复技术 4 个方面，介绍数据库管理系统的功能及实现这些功能的方法。

8.1　数据库中事务的概念

事务是一系列的数据库操作，是数据库应用程序的基本逻辑单元。事务处理技术主要包括数据库恢复技术和并发控制技术。数据库恢复机制和并发控制机制是数据库管理系统的重要组成部分。在讨论数据恢复技术和并发控制技术之前先讲解事务的基本概念和事务的性质。

1．事务的概念

事务是用户定义的一个数据操作序列，这些操作要么全做，要么全不做，是一个不可分割的工作单位。

一个事务可以是一条 SQL 语句、一组 SQL 语句或整个程序，一个程序中可以包含多个事务。事务的开始与结束可以由用户显式控制。如果用户没有显式地定义事务，则由 DBMS 按默认规定自动划分事务。

在 SQL 中，定义事务的语句有三条：①BEGIN TRANSACTION；②COMMIT；③ROLLBACK。事务通常是以 BEGIN TRANSACTION 开始；以 COMMIT 表示事务的提交，即表示提交事务的所有操作，将事务中所有对数据库的更新写回到磁盘上的物理数据库中去，事务正常结束；ROLLBACK 表示事务的回滚，即在事务运行的过程中发生了故障，事务不能继续执行，系统将事务中对数据库的所有已完成的操作全部撤销，回滚到事务开始时的状态。

2．事务的特性

事务具有 4 个特性：原子性（Atomicity）、一致性（Consistency）、隔离性（Isolation）和持续性（Durability）。这 4 个特性也简称为 ACID 特性。

（1）原子性（Atomicity）：一个事务是一个不可分割的工作单位，事务中包括的操作要么都做，要么都不做，即不允许事务部分完成。

（2）一致性（Consistency）：事务对数据库的操作必须使数据库从一个一致性状态变成另一个一致性状态。因此，只有当事务成功提交结果时，才说数据库处于一致性状态。如果数据库系统运行中发生故障，有些事务还没有完成就被迫中断，这些没有完成的事务对数据库所做的修改有一部分已写入物理数据库，这时数据库就处于一种不一致的状态。

（3）隔离性（Isolation）：一个事务的执行不能被其他事务干扰。即一个事务内部的操作及使用的数据对并发的其他事务是隔离的。

（4）持续性（Durability）：指一个事务一旦提交，它对数据库中数据的改变就应该是永久性的。即使数据库因其他操作或故障而受到破坏，都不应对结果有任何影响。

事务上述 4 个性质的英文第一个字母分别为 A、C、I、D，因此，这 4 个性质也称为事务的 ACID 准则。下面是一个银行转账事务，这个事务把一笔金额从一个账户甲转给另一个账户乙。

```
BEGIN TRANSACTION
READ BALANCE；（账户甲）
BALANCE=BALANCE-AMOUNT；（AMOUNT为转账金额）
IF（BALANCE<0）THEN
    DISPLAY"BALANCE余额不足"
    ROLLBACK
ELSE
    BALANCE1=BALANCE1+AMOUNT    （账户乙）
    DISPLAY"BALANCE余额不足"
    COMMIT
END
```

8.2　数据库的恢复

尽管数据库系统中已采取各种各样的措施来防止数据库的安全性和完整性不被破坏，但是数据库中的数据仍然无法保证绝对不遭到破坏，比如计算机系统中硬件的故障、软件的错误、操作员的失误、恶意的破坏等都不可避免，一旦数据库损坏，将会带来巨大的损失，所以数据库恢复越来越重要，因此，数据库管理系统必须能够把数据库从错误状态恢复到某一已知的正确状态，这就是数据库的恢复。

8.2.1　事务的故障

在讲恢复实现技术之前，首先来了解一下在数据库系统中都有哪些故障。

数据库系统在运行过程中可能发生各种各样的故障，大致可以分为以下 4 类。

1.事务故障

事务故障表示非预期的、不能由事务程序本身发现的故障，如输入数据错误、运算溢出、违反某些完整性限制、并行事务发生死锁等。

发生事务故障时，事务没有达到预期的终点（COMMIT 或是显式的 ROLLBACK），被迫中断的事务可能已对数据库进行了修改，为了消除对数据库的影响，应强行回滚（ROLLBACK）该事务，将数据库恢复到修改前的初始状态，使得事务像没有启动一样。

2.系统故障

系统故障是指由于某种原因造成整个系统的正常运行突然停止，致使所有正在运行的事务都以非正常方式终止，系统要重新启动。引起系统故障的原因可能有：硬件错误（CPU故障）、操作系统故障、DBMS代码错误、突然断电等。这时，数据库缓冲区的内容丢失，存储在外部存储设备上的数据库并未被破坏，但内容不可靠了。系统故障发生后，对数据库的影响有以下两种情况。

一种情况是一些未完成事务的结果已写入数据库，这样在系统重新启动后，要强行撤销（UNDO）所有未完成事务，清除这些事务对数据库所做的修改。

另一种情况是有些已提交的事务对数据库的更新结果还保留在缓冲区中，尚未写到磁盘上的物理数据库中，这也使数据库处于不一致状态，因此应将这些事务已提交的结果重新写入数据库。所以系统重新启动后，恢复子系统除需要撤销所有未完成事务外，还需要重做（REDO）所有已提交的事务，以将数据库真正恢复到一致状态。

3．介质故障

介质故障是指系统在运行过程中，由于外存储器受到破坏，使存储在外存储器中的数据部分丢失或全部丢失。这类故障发生的可能性要小，但破坏性很大。

4．计算机病毒

计算机病毒是一种人为的故障或破坏，是一种带有对计算机产生破坏的程序。

通过以上对4类故障的分析可以看出，故障发生后对数据库的影响有两种可能性。

一是数据库本身被破坏；二是数据库没有破坏，但数据可能不正确，这是因为事务的运行被非正常终止造成的。

接下来将介绍如何通过数据库恢复技术来解决这些事务故障，使数据库回到一致性的状态。恢复的基本原理十分简单，就是用冗余技术。数据库中任何一部分被破坏的或不正确的数据可以根据存储在系统别处的冗余数据来重建。尽管恢复的基本原理很简单，但实现技术的细节相当复杂，下面介绍数据恢复的实现技术。

8.2.2　数据库恢复的基本原理及实现技术

数据库恢复技术的基本原理十分简单，就是如何利用数据的冗余。数据库中任何一部分被破坏的或不正确的数据都可以根据存储在系统别处的冗余数据来重建。恢复技术应该解决二个问题就可以做到数据的恢复：一是如何建立冗余数据，即对可能发生的故障做某些准备；另一个是如何利用这些冗余数据实施数据库恢复。

建立冗余数据最常用的技术是数据转储和登记日志文件，通常在一个数据库系统中，这两种方法结合起来一起使用。

1．数据转储

数据转储是指数据库管理员定期地将整个数据库复制到磁盘或其他磁盘上保存起来的过程，它是数据库恢复中采用的基本方法。这些转存数据称为后备副本或后援副本，当数据库遭到破坏后就可利用后援副本。

转储是十分耗费时间和资源的，不能频繁地进行，数据库管理员应该根据数据库实际使用情况来确定一个适当的转储周期。

按照转储方式转储可以分为海量转储和增量转储。海量转储是指每次转储全部数据库；增量转储每次只转储上一次转储后被更新过的数据。利用海量转储得到的后备副本进行恢复的话，一般说来会更方便，但是如果数据库内容多，事务处理又十分频繁，则增量转储方式更实用。

按照转储状态，转储又可以分为静态转储和动态转储。静态转储期间不允许对数据库进行存取、修改活动，因而必须等待当前用户正在进行的事务结束后进行，新用户事务又必须在转储结束之后才能进行，这就降低了数据库的可用性。动态转储则不同，它允许在转储期间对数据库进行存取或修改，可以克服静态转储的缺点，但产生的后援副本不能保证正确有效。为了尽量避免数据的不正确性，可以把转储期间各事务对数据库的修改活动登记下来，建立日志文件。因此，备用副本加上日志文件就能把数据库恢复到某一时刻的正确状态。

2．登记日志文件

日志文件（Logging）是用来记录事务对数据库更新操作的文件。日志文件在数据库恢复中起着非常重要的作用，可以用它来对事务故障和系统故障进行恢复，并协助后援副本进行介质故障的恢复。不同数据库采用的日志文件格式并不完全一样。

对于以记录为单位的日志文件，日志文件需要登记的内容如下。

（1）各个事务的开始；

（2）各个事务的结束；

（3）各个事务的所有更新操作。

这里每个事务的开始标记、每个事务的结束标记和每个更新操作均作为日志文件中的一个日志记录。

典型的日志记录主要包含以下内容。

（1）事务标识（标明是哪个事务）；

（2）操作的类型（插入、删除或修改）；

（3）操作对象（记录内部标识）；

（4）更新前数据的旧值（对于插入操作而言，此项为空值）；

（5）更新后数据的新值（对于删除操作而言，此项为空值）。

为保证数据库是可恢复的，登记日志文件必须遵循以下两条原则。

（1）登记的次序严格按并发事务执行的时间次序。

（2）必须先写日志文件，后写数据库。

为什么一定要遵循这两条原则呢？因为对数据的修改写入数据库中和把修改的日志记录写到日志文件中是两个不同的操作。如果先进行日志记录的修改，一旦出现故障，之前只对日志文件中登记了所做的修改，但没有修改数据库，这样在系统重新启动进行恢复时，只是撤销或重新做因发生事故而没有做过的修改，并不会影响数据库的正确性。而如果先写了数据库修改，而在运行记录中没有登记这个修改，则以后就无法恢复这个修改了。所以为了安全，一定要先写日志文件，后写数据库的修改。

在大型的数据库管理系统当中，如 SQL Server 2012，就含有日志备份功能。SQL Server 2012 的备份和还原组件使用户得以创建数据的副本。可将此副本存储在某个位置，以便一旦运行 SQL Server 实例的服务出现故障时使用。如果运行 SQL Server 实例的服务器出现故障，或者数据库遭到某种程度的损坏，可以用备份副本重新创建或还原数据库。

SQL Server 2012 提供以下完善的备份和还原功能。

（1）完整数据库备份是数据库的完整副本；

（2）事务日志备份供复制事务日志；

（3）差异备份仅复制自上一次完整数据库备份之后修改过的数据库页；

（4）文件或文件组还原仅允许恢复数据库中位于故障磁盘上的那部分数据。

这些选项允许根据数据库中数据的重要程度调整备份和还原进程。

8.2.3　故障恢复策略

1．事务故障的恢复

事务故障是指事务在运行至正常结束前被终止，这时恢复子系统应利用日志文件撤销此事务已对数据库进行的修改。这类恢复操作称为事务撤销（UNDO），具体恢复步骤如下。

（1）反向扫描日志文件，查找该事务的更新操作。

（2）对该事务的更新操作执行反向操作，即对已经插入的新记录进行删除操作，对已经删除的记录进行插入操作，对修改的数据恢复旧值，这样由后向前逐个扫描该事务做完所有更新操作，并做同样处理，直到扫描到此事务的开始标记，事务故障恢复完毕。

2．系统故障的恢复

前面已经介绍过，系统故障造成数据库不一致状态的原因有两个，一是未完成事务对数据库的更新可能已写入数据库，二是已提交事务对数据库的更新可能还留在缓冲区没有写入数据库。因此系统故障的恢复既要撤销所有未完成的事务，还需要重做所有已提交的事务，这样才能将数据库真正恢复到一致的状态。具体做法如下。

（1）正向扫描日志文件，查找已经提交的事务，将其事务标识记入重做（REDO）队列；同时查找尚未提交的事务，将其事务标识记入撤销（UNDO）队列。

（2）对撤销队列中的各个事务进行撤销（UNDO）处理，对该事务的更新操作执行反向操作，即对已经插入的新记录进行删除操作，对已经删除的记录进行插入操作，对修改的数据恢复旧值，这样由后向前逐个扫描该事务，做完所有更新操作，并做同样处理，直到扫描到此事务的开始标记。

（3）对重做队列中的各个事务进行重做（REDO）处理，进行 REDO 处理的方法是：正向扫描日志文件，对每个 REDO 事务重新执行日志文件登记的操作。

3．介质故障的恢复

发生介质故障后，磁盘上的所有数据都会被破坏，这是最严重的一种故障，破坏性很大，恢复方法是装入发生介质故障前最新的后备副本，然后利用日志文件重做已完成的事务。具体方法如下。

（1）装入最新的数据库后备副本，使数据库恢复到最近一次转储时的一致性状态。

（2）装入最新的日志文件后备副本，根据日志文件中的内容重做已完成的事务。首先扫描日志文件，找出故障发生时已提交的事务，将其记入重做队列。然后正向扫描日志文件，对每个重做队列中的所有事务进行重做处理，即将日志记录中"更新后的值"写入数据库。这样就可以将数据库恢复至故障前某一时刻的一致状态。

8.3　数据库的并发控制

数据库最大的特点就是资源的共享，可以供多个用户使用。例如，火车订票系统、银行数据库系统等都是多用户数据库系统。在这样的系统中，在同一时刻并行运行的事务可达数百个。如果对并发操作不加控制的话，可能会产生操作冲突，破坏数据的完整性，即发生丢失、修改、污读、不可重复读等问题。数据库的并发控制机制能解决这类问题，以保持数据库中数据在多用户并发操作时的一致性、正确性。

8.3.1 并发控制概述

前面介绍到，事务是并发控制的基本单位，保证事务 ACID 特性是事务处理的重要任务，而事务的 ACID 特性可能受到破坏的原因之一是多个事务对数据库的并发操作造成的。为了保证数据库的一致性，DBMS 必须对并发操作进行调度。这就是数据库管理系统中并发控制的责任。

下面先来看个例子，说明并发操作带来的数据的不一致性问题。

【例 8.1】 并发售票操作。

（1）甲售票点（甲事务）读出某一客运班线的车票余额 R，设 $R=30$。

（2）乙售票点（乙事务）读出同一客运班线的车票余额 R，也为 $R=30$。

（3）甲售票点卖出一张车票，修改余额 $R=R-1=29$，把 $R=29$ 写回数据库。

（4）乙售票点卖出一张车票，修改余额 $R=R-1=29$，把 $R=29$ 写回数据库。

结果两个事务共售出两张票，但是数据库中的车票只减少一张。这种错误情况是由数据库的并发操作所引起的，数据库的并发操作导致数据库不一致性有以下三种情况。

1. 丢失修改

当两个或多个事务选择同一数据，并且基于最初选定的值更新该数据时，会发生丢失修改问题。每个事务都不知道其他事务的存在。最后的更新将重写由其他事务所做的更新，这将导致数据丢失。上面预订车票的例子就属于这种并发问题。事务 1 与事务 2 先后读入同一数据 $R=30$，事务 1 执行 $R-1$，并将结果 $R=29$ 写回，事务 2 执行 $R-1$，并将结果 $R=29$ 写回。事务 2 提交的结果覆盖了事务 1 对数据库的修改，从而使事务 1 对数据库的修改丢失了，具体如表 8.1 所示。

表 8.1 丢失修改问题

时　　间	事务 1	R 的值	事务 2
T0		30	
T1	FIND R		
T2			FIND R
T3	$R=R-1$		
T4			$R=R-1$
T5	UPDATE R		
T6		29	UPDATE R
T7		29	

2. 污读

一个事务读取了另一个未提交的并行事务写的数据。当第二个事务选择其他事务正在更新的时候，会发生未确认的相关性问题。第二个事务正在读取的数据还没有确认并且可能由更新此行的事务所更改。换句话说，当事务 1 修改某一数据，并将其写回磁盘，事务 2 读取同一数据后，事务 1 由于某种原因被撤销，这时事务 1 已修改过的数据恢复原值，事务 2 读到的数据就与数据库中的数据不一致，是不正确的数据，称为污读，具体如表 8.2 所示。

表 8.2　污读问题

时　　间	事务 1	R 的值	事务 2
T0		30	
T1	FIND R		
T2	$R=R-1$		
T3	UPDATE R		
T4		29	FIND R
T5	ROLLBACK		
T6		30	

3．不可重复读

一个事务重新读取前面读取过的数据，发现该数据已经被另一个已提交的事务修改过。即事务 1 读取某一数据后，事务 2 对其做了修改，当事务 1 再次读数据时，得到与第一次不同的值，具体如表 8.3 所示。

表 8.3　不可重复读问题

时　　间	事务 1	R 的值	事务 2
T0		30	
T1	FIND R	30	
T2			FIND R
T3			$R=R-1$
T4		29	UPDATE R
T5	FIND R	29	

产生上述三类数据不一致的主要原因就是并发操作破坏了事务的隔离性。并发控制就是要求 DBMS 提供并发控制功能以正确的方式高度并发事务，避免并发事务之间的相互干扰造成数据的不一致性，保证数据库的完整性。

8.3.2　封锁及其解决问题的办法

封锁是事务并发控制的一个非常重要的技术。所谓封锁就是事务 T 在对某个数据对象操作之前，先向系统发出请求，对其加锁。加锁后事务 T 就对数据库对象有了一定的控制，在事务 T 释放它的锁之前，其他事务不能更新此数据对象。

1．封锁类型

DBMS 通常提供多种数据类型的封锁。一个事务对某个数据对象加锁后究竟拥有什么样的控制是由封锁类型决定的。基本的封锁类型有两种：排他锁（Exclusive Lock，简记为 X 锁）和共享锁（Share Lock，简记为 S 锁）。

排他锁又称为写锁。若事务 T 对数据对象 R 加上 X 锁，则只允许 T 读取和修改 R，其他任何事务都不能再对 R 加任何类型的锁，直到 T 释放 R 上的锁。这就保证了其他事务在 T 释放 R 上的锁之前不能再读取和修改 R。

共享锁又称为读锁。若事务 T 对数据对象 R 加上 S 锁，则其他事务只能再对 R 加 S 锁，而不能加 X 锁，直到 T 释放 R 上的锁。这就保证了其他事务可以读 R，但在 T 释放 R 上的 S 锁之前不能对 R 做任何修改。

2. 封锁协议

封锁的目的是为了保证能够正确地调度并发操作。为此，在运用 X 锁和 S 锁这两种基本封锁，对一定粒度的数据对象加锁时，还需要约定一些规则，例如，应何时申请 X 锁或 S 锁、持锁时间、何时释放等，这些规则称为封锁协议。对封锁方式规定不同的规则，就形成了各种不同的封锁协议，它们分别在不同的程度上为并发操作的正确调度提供一定的保证。本节介绍保证数据一致性的三级封锁协议。

对并发操作的不正确调度可能会带来三种数据不一致性：丢失修改，污读，不可重复读。三级封锁协议分别在不同程度上解决了这一问题。

1）一级封锁协议

一级封锁协议的内容是：事务 T 在修改数据 R 之前必须先对其加 X 锁，直到事务结束才释放。事务结束包括正常结束（COMMIT）和非正常结束（ROLLBACK）。

一级封锁协议可以防止丢失或覆盖更新，并保证事务 T 是可以恢复的。例如，表 8.4 使用一级封锁协议解决了订车票例子的丢失修改问题。

表 8.4 无丢失修改问题

时 间	事务 1	R 的值	事务 2
T0	XLOCK R	30	
T1	FIND R		
T2			XLOCK R
T3	$R=R-1$		WAIT
T4	UPDATE R		WAIT
T5	UNLOCK R	29	WAIT
T6			XLOCK R
T7			$R=R-1$
T8			UPDATE R
T9		28	UNLOCK R

表 8-4 中，事务 1 在读 R 进行修改之前先对 R 加 X 锁，当事务 2 再请求对 R 加 X 锁时被拒绝，只能等事务 1 释放 R 上的锁。事务 1 修改值 $R=29$ 写回磁盘，并提交，释放 R 上的 X 锁后，事务 2 获得对 R 的 X 锁，这时读到的 R 已经是事务 1 更新过的值 29，再按此新的 R 值进行运算，并将结果值 $R=28$ 写回到磁盘。这样就避免了丢失事务 1 的更新。

在一级封锁协议中，如果仅读数据不对其进行修改，是不需要加锁的，所以它不能保证可重复读和脏读。

2）二级封锁协议

二级封锁协议的内容是：在一级封锁协议的基础上，另外加上事务 T 在读取数据 R 之前必须先对其加 S 锁，读完后即可释放 S 锁。

二级封锁协议除防止了丢失问题，还可进一步防止污读。例如，表 8.5 使用二级封锁协议解决了污读的问题。

表 8.5　无污读问题

时　间	事务 1	*R* 的值	事务 2
T0	XLOCK *R*	30	
T1	FIND *R*		
T2			
T3	*R=R*-1		
T4	UPDATE *R*		
T5		29	SLOCK *R*
T6	ROLLBACK		WAIT
T7	UNLOCK *R*	30	SLOCK *R*
T8		30	FIND *R*
T9			UNLOCK S

　　事务 1 在对 *R* 进行修改之前，先对 *R* 加 X 锁，修改其值后写回磁盘。这时事务 2 请求 *R* 加上 S 锁，因事务 1 已在 *R* 上加了 X 锁，事务 2 只能等待事务 1 释放它。之后事务 1 因某种原因被撤销，*R* 恢复为原值 30，并释放 *R* 上的 X 锁。事务 2 获得 *R* 上的 S 锁，读 *R*=30。这就避免了事务 2 污读数据。

　　在二级封锁协议中，由于读完数据后即可释放 S 锁，所以它不能保证可重复读。

　　3）三级封锁协议

　　三级封锁协议的内容是：一级封锁协议加上事务 *T* 在读取数据之前必须先对其加 S 锁，直到事务结束才释放。

　　三级封锁协议除防止丢失或覆盖更新和不污读数据外，还进一步防止了不可重复读，如表 8.6 所示，使用三级封锁协议解决了可重复读问题。

表 8.6　可重复读问题

时　间	事务 1	*R* 的值	事务 2
T0		30	
T1	SLOCK *R*		
T2	FIND *R*	30	
T3			XLOCK *R*
T4	FIND *R*	30	WAIT
T5	COMMIT		WAIT
T6	UNLOCK S		WAIT
T7			XLOCK *R*
T8		30	FIND
T9			*R=R*-1
T10		29	UPDATE *R*
T11			UNLOCK X

3．封锁粒度

　　X 锁和 S 锁都是加在某一个数据对象上的。封锁的对象可以是逻辑单元，也可以是物理单元。例如，在关系数据库中，封锁对象可以是属性值、属性值集合、元组、关系、索引项、整个索引、整个数据库等逻辑单元；也可以是页（数据页或索引页）、块等物理单元。封锁对象可以很大，比如对整个数据库加锁，也可以很小，比如只对某个属性值加锁。封锁对象的大小称为封锁的粒度。

封锁粒度与系统的并发度和并发控制的开销密切相关。封锁的粒度越大，系统中能够被封锁的对象就越小，并发度也就越小，但同时系统开销也越小；相反，封锁的粒度越小，并发度越高，但系统开销也就越大。

因此，如果在一个系统中同时存在不同大小的封锁单元供不同的事务选择使用是比较理想的。而选择封锁粒度时必须同时考虑封锁机构和并发度两个因素，对系统开销与并发度进行权衡，以求得最优的效果。一般说来，需要处理大量元组的用户事务可以以关系为封锁单元；需要处理多个关系的大量元组的用户事务可以以数据库为封锁单位；而对于一个处理少量元组的用户事务，可以以元组为封锁单位以提高并发度。

4．死锁和活锁

前面介绍的封锁技术有效地解决了并行操作引起的数据不一致性问题，但也产生新的问题，即可能产生活锁和死锁问题。

1）活锁

如果事务 T_1 在对数据 R 封锁后，事务 T_2 又请求封锁 R，于是 T_2 等待。T_3 也请求封锁 R。当 T_1 释放了 R 上的封锁后，系统首先批准了 T_3 的请求，T_2 继续等待。然后又有 T_4 请求封锁 R，T_3 释放了 R 上的封锁后，系统又批准了 T_4 的请求，以此类推，T_2 可能永远处于等待状态，从而发生了活锁，如表 8.7 所示。

表 8.7　活锁

时　　间	事务 T_1	事务 T_2	事务 T_3	事务 T_4
T0	LOCK R	—	—	—
T1	…	LOCK R	—	—
T2	…	WAIT	LOCK R	—
T3	UNLOCK	WAIT	WAIT	LOCK R
T4	…	WAIT	LOCK R	WAIT
T5		WAIT	—	WAIT
T6		WAIT	UNLOCK	WAIT
T7		WAIT	—	LOCK R
T8		WAIT	—	—

避免活锁的简单方法是采用先来先服务的策略。当多个事务请求封锁同一数据对象时，封锁子系统按请求封锁的先后次序对事务排队，数据对象上的锁一旦释放就批准申请队列中第一个事务获得锁。

2）死锁

如果事务 T_1 在对数据 R_1 封锁后，又要求对数据 R_2 封锁，而事务 T_2 已获得对数据 R_2 的封锁，又要求对数据 R_1 封锁，这样就出现了 T_1 在等待 T_2，而 T_2 又在等待 T_1 的局面，T_1 和 T_2 两个事务永远不能结束，形成死锁，如表 8.8 所示。

表 8.8 死锁

时　间	事务 T_1	事务 T_2
T0	LOCK R_1	—
T1	—	LOCK R_2
T2	—	—
T3	LOCK R_2	—
T4	WAIT	—
T5	WAIT	LOCK R_1
T6	WAIT	WAIT
T7	WAIT	WAIT

3）死锁的预防

在数据库中，产生死锁的原因是两个或多个事务都已经封锁了一些数据对象，然后又都请求对已为其他事务封锁的数据对象加锁，从而出现死等待。防止死锁的发生其实就是要破坏产生死锁的条件。死锁的预防有以下两种方法。

（1）一次加锁法

一次加锁法是要求每个事务必须将所有要使用的数据对象依次全部加锁，否则就不能继续执行。如事务 T_1 启动后，立即对数据 R_1 和 R_2 依次加锁，加锁成功后，执行 T_1，而事务 T_2 等待。直到 T_1 执行完后释放 R_1 和 R_2 上的锁，T_2 继续执行。这样就不会发生死锁。

一次加锁虽然可以有效地预防死锁的发生，但也存在一些问题。

第一，对某一事务所要使用的全部数据一次性加锁，扩大了封锁的范围，从而降低了系统的并发度。第二，数据库中的数据是不断变化的，原来不要求封锁的数据，在执行过程中可能会变成封锁对象，所以很难事先精确地确定每个事务所要封锁的对象，这样只能在开始扩大封锁范围，将可能要封锁的数据全部加锁，这就进一步降低了并发度。

（2）顺序加锁法

顺序加锁法是预先对数据对象规定一个加锁顺序，每个事务都需要按此顺序加锁。如 T_1 先封锁 R_1，再封锁 R_2。当 T_2 再请求封锁 R_1 时，因为 T_1 已对 R_1 加锁，T_2 只能等待。待 T_1 释放 R_1 后，T_2 再封锁 R_1，则不会发生死锁。

顺序加锁法虽然有效防止了死锁，但也存在一些问题。首先，数据库系统中封锁的对象极多，并且在运行过程中不断变化，要维护这样一种封锁顺序比较困难，成本很高。其次，随着事务的执行而动态地决定，所以很难事先确定封锁对象，因此也就很难按规定的顺序去施加封锁。

4）死锁的诊断与解除

数据库系统中诊断死锁的方法与操作系统类似。一般采用超时法或事务等待图法来诊断系统中是否存在死锁。

（1）超时法

如果一个事务的等待时间超过了规定的时限，就认为发生了死锁。超时法实现简单，但是有其不足之处。一是有可能误判死锁，因为事务等待时间超过时限，系统会误认为发生了死锁。二是时限若设置得太长，死锁发生后不能及时发现。

（2）等待图法

事务 T_1 需要数据 R_1，但 R_1 已被事务 T_2 封锁，那么从 T_1 到 T_2 画一个箭头，事务 T_2 需要数据 R_2，但 R_2 已被事务 T_1 封锁，那么从 T_2 到 T_1 画一个箭头。如果事务依赖图中沿着箭头方向存在一个循环，那么死锁的条件就形成了，系统就会出现死锁。

在解除死锁的过程中，抽取牺牲事务的标准是根据系统状态及其实际情况来确定的，通常采用的方法之一是选择一个处理死锁代价最小的事务，将其撤销。

SQL Server 2012 使用加锁技术确保事务完整性和数据库一致性。锁定可以防止用户读取正在由其他用户更改的数据，并可以防止多个用户同时更改相同数据。

8.4　数据库的完整性

数据库的完整性是指保护数据库中数据的正确性和相容性。数据库完整性由各种各样的完整性约束来保证，因此可以说数据库完整性设计就是数据库完整性约束的设计。数据库完整性约束可以通过 DBMS 或应用程序来实现。

8.4.1　数据库完整性约束条件的分类

完整性约束条件作用的对象可以是关系、元组、列。其中，列约束主要是指列的数据类型、取值范围、精度、是否为空等；元组约束是指元组之间列的约束关系；关系约束是指关系中元组之间以及关系和关系之间的约束。

完整性约束从约束对象的状态可分为静态约束和动态约束。

1．静态约束

静态约束从约束条件使用的对象来分，可以分为值的约束和结构约束。

（1）值的约束

值的约束是对一个列的取值域的说明，这是最常用也最容易实现的一类完整性约束。

① 对数据类型的约束，包括数据的类型、长度、单位、精度等。

例如，姓名类型为字符型，长度为 8；货物重量单位为千克，类型为数值型，长度为 24 位，精度为小数点后 4 位。

② 对数据格式的约束。

例如：出生日期的格式为"YYYY-MM-DD"。学生学号共 8 位，前两位为入学年份，中间两位是院系编号，后面四位是顺序编号。

③ 对取值范围或取值集合的约束。

例如，学生成绩的取值范围为 0～100，性别的取值集合为[男,女]。

④ 对空值的约束。

空值表示未定义或未知的值，与零值和空格不同，可以设置列不能为空值。

例如，学生学号不能为空值，而学生成绩可以为空值。

（2）结构约束。

在一个关系的各个元组之间或者若干关系之间常常存在各种联系或约束。常见的结构约束有以下 5 种。

① 实体完整性约束。

② 参照完整性约束。

③ 用户自定义完整性约束。

④ 函数依赖约束。大部分函数依赖约束都在关系模式中定义。

⑤ 统计约束。即字段值与关系中多个元组的统计值之间的约束关系。

2. 动态约束

动态约束是指数据库在关系变化前后状态上的限制条件，新、旧值之间所应满足的约束条件。

例如，工人工龄在更改时只能增长。

8.4.2 数据库完整性控制

为了实现完整性控制，数据库管理员应向 DBMS 提出一整套完整性规则，来检查数据库中的数据，看其是否满足完整性约束。

具体地说，完整性控制机制主要有以下三个功能。

（1）定义功能：提供定义完整性约束条件的机制。

（2）检查功能：检查用户发出的操作请求是否违背了完整性约束条件。

（3）保护功能：如果发现用户的操作请求使数据违背了完整性约束条件，则采取一定的动作来保证数据的完整性。

完整性控制机制根据检查用户操作请求，可以分为立即执行约束和延迟执行约束。

立即执行约束（Immediate Constraints）是指在执行用户事务过程中，某一条语句执行完成后，系统立即对此数据进行完整性约束条件检查；延迟执行约束（Deferred Constraints）是指在整个事务执行结束后，再对约束条件进行完整性检查，结果正确才能提交。

例如，银行数据库中"借贷总金额应平衡"的约束条件就应该属于延迟执行约束，从账号 A 转一笔钱到账号 B 为一个事务，从账号 A 转出钱后，账就不平了，必须等转入账号 B 后，账才能重新平衡，这时才能进行完整性检查。

如果发现用户操作请求违背了完整性约束，系统可以拒绝该操作，以保护数据的完整性；但对于延迟执行的约束，系统将拒绝整个事务，把数据库恢复到该事务执行前的状态。

一条完整性规则可以用一个五元组（D、O、A、C、P）来形式化地表示。

① D（Data）：代表约束作用的数据对象。

② O（Operation）：代表触发完整性检查的数据库操作，即当用户发出什么操作请求时需要检查该完整性规则。

③ A（Assertion）：代表数据对象必须满足的语义约束，这是规则的主体。

④ C（Condition）：代表选择 A 作用的数据对象值的谓值。

⑤ P（Procedure）：代表违反完整性规则时触发执行的操作过程。

例如，对于"高级工程师工资不能低于 800 元"的约束中：D 代表约束作用的数据对象为工资属性；O 代表当用户插入或修改技术人员元组时；A 代表工人工资不能小于 800 元；C 职称='高级工程师'；P 代表拒绝执行用户请求。

目前，许多关系数据库都提供了定义和检查实体完整性、参照完整性和用户自定义完整性功能，其中最重要的是实体完整性和参照完整性，其他完整性约束条件则可以归入用户定义的完整性。对于违反实体完整性和用户自定义完整性规则的操作一般都是采用拒绝执行的方式进行处理。而对于违反参照完整性的操作，并不都是简单地拒绝执行，一般在接受这个操作的同时，执行一些附加操作，以保证数据库的状态仍然是正确的。

8.5 数据库的安全性

数据库的安全性是指保护数据库，以防止非法使用造成数据的泄漏、更改或破坏。影响数据库安全性的因素很多，不仅有软硬件因素，还有环境和人的因素；不仅涉及技术问题，还涉及管理问题、政策法律问题等。概括起来，计算机系统的安全性问题可分为三大类，即技术安全类、管理安全类和政策法律类。

这里主要讨论的是数据库本身的安全性问题，即主要考虑安全保护的策略，尤其是控制访问的策略。

在一般的计算机系统中，安全措施是一级一级层层设置的。其安全模型如图8.1所示。

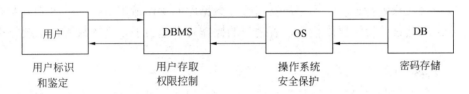

图8.1 安全控制模型

在如图8.1所示的安全模型中，用户要求进入计算机系统时，系统首先会根据输入的用户标识进行用户身份鉴定，只有合法的用户才能进入计算机系统中。如果用户合法进入系统后，DBMS将进行存取控制，只允许用户执行合法的操作。操作系统应能保证数据库中的数据必须由DBMS访问，而不允许用户越过DBMS，直接通过操作系统或其他方式访问。数据最后还可以以密码形式存储到数据中。

这里只讨论和数据库有关的用户标识和鉴定、用户存取权限控制、视图机制、审计和数据加密等5类安全性技术。

1. 用户标识和鉴定

用户标识和鉴定是系统提供的最外层的安全保护措施，其方法是由系统提供一定的方式让用户标识自己的名字或身份，系统内部记录着所有合法用户的标识，每次用户要求进入系统时，由系统进行核实，通过鉴定后才提供机器的使用权。

用户标识和鉴定的方法有多种，为了获得更强的安全性，往往是多种方法并举，常用的方法有以下三种。

（1）用一个用户名或用户标识号来标明用户的身份，系统以此来鉴定用户的合法性。如果正确，则可进入下一步的核实，否则不能使用系统。

（2）用户名是用户公开的标识，它不能成为鉴定用户身份的主要凭证。为了进一步核实用户身份，常采用用户名与口令（Password）相结合的方法，系统通过核对口令判别用户身份的真伪。

（3）通过用户名和口令来鉴定用户的方法简单易行，但由于用户名和口令的产生和使用比较简单，容易被窃取，因此还可采用更复杂的方法。例如，每个用户都可以事先预设好一个计算过程或一个函数，鉴定用户身份时，系统随机提供一个数字，用户根据自己设定好的计算过程或函数，系统根据用户提供的答案和事先预设的结果是不是一样，决定该用户是否是真实的用户。

2. 用户存取权限控制

数据库安全性关心的主要是 DBMS 的存取控制机制。用户存取权限指的是不同的用户对于不同的数据对象允许执行的操作权限。在数据库系统中，每个用户只能访问他有权存取的数据并执行有权使用的操作。因此，必须预先定义用户的存取权限。对于合法的用户，系统根据其存取权限的定义对其各种操作请求进行控制，确保合法操作。

存取控制机制主要包括以下两部分。

（1）用户权限定义。用户权限是指不同的用户对于不同的数据对象允许执行的操作权限，系统必须提供适当的语言定义用户权限，这些定义经过编译后存放在数据字典中，被称作安全规则。

（2）合法权限检查。每当用户发出存取数据库的操作请求后，DBMS 查找数据字典，根据安全规则进行合法权限检查，若用户的操作请求超出了定义的权限，系统将拒绝执行此操作。

3. 视图机制

通过视图机制可以为不同的用户定义不同的视图，可以限制每个用户的访问范围。通过视图用户只能查询和修改他们所能见到的数据。数据库中的其他数据则既看不见也取不到。数据库授权命令可以使每个用户对数据库的检索限制到特定的数据库对象上，但不能授权到数据库特定行和特定列上。通过视图，用户可以被限制在数据的不同子集上。

4. 审计

前面介绍的用户标识与鉴定、存取控制仅是安全性保障的一个重要措施，但实际上任何系统的安全性措施都不是绝对可靠的，窃密者总有办法打开这些控制。对于某些高度敏感的保密数据，必须以审计（audit）作为预防手段。审计功能是一种监视措施，跟踪记录有关数据的访问活动。

审计追踪把用户对数据库的所有操作自动记录下来，存放在一个特殊文件中，即审计日志（audit log）中。利用这些信息，可以重现导致数据库现有状况的已发生的一系列事件，以进一步找出非法存储数据的人、时间和内容等。

使用审计功能会大大增加系统的开销，所以 DBMS 往往将其作为可选特征，提供相应的操作语句可灵活地打开或关闭审计功能。审计功能一般用于对安全性要求较高的部门。

5. 数据加密

数据加密是防止数据库中的数据在存储或传输过程中被窃取的有效手段。例如，偷取数据的磁盘，或者在通信线路上窃取数据。为了防止这些窃密活动，比较好的办法是对数据加密。加密的基本思想是根据一定的算法将原始数据（明文，plain text）加密成为不可直接识别的格式（密文，cipher text），从而使窃取的人在没有密码的情况下无法读取数据。

加密方法有两种：一种为替换方法，该方法使用密匙将明文中的每一个字符转换为密文中的一个字符；另一种是置换方法，该方法将明文中的字符按不同的顺序重新排列。如果单独使用，不够安全，但是将这两种方法结合起来用，就可以达到相当高的安全程度。

例如，美国 1977 年制定的官方加密标准——数据加密（Data Encryption Standard，DES）就是使用这种方法的例子。

目前不少数据库产品提供了数据加密例行程序，可根据用户要求自动进行加密处理，还有一些未提供加密程序的产品也提供了相应的接口，允许用户用其他厂商的加密程序对数据加密。

用密码存储数据，在存储时需要加密与解密，加密与解密程序会占用比较多的系统资源，降低了数据库的性能。因此数据加密功能通常允许用户自行选择，只对那些保密级别高的数据，才进行数据加密。

小　　结

（1）数据库管理系统提供多用户共享数据，数据库管理系统要保证数据库及整个系统的正常运转，确保数据的安全性、完整性，并在多用户同时使用数据库时进行并发控制，以及当数据库受到破坏后能及时恢复正常，这就是数据库管理系统要履行的职责。

数据库的安全性是指保护数据库，以防止非法使用所造成数据的泄漏、更改或破坏。影响数据库安全性的因素很多，不仅有软硬件因素，还有环境和人的因素；不仅涉及技术问题，还涉及管理问题、政策法律问题等。

（2）数据库的完整性是指保护数据库中数据的正确性和相容性。数据库完整性由各种各样的完整性约束来保证，因此可以说数据库完整性设计就是数据库完整性约束的设计。数据库完整性约束可以通过 DBMS 或应用程序来实现。

（3）并发控制是为了防止多个用户同时存取同一数据，造成数据库的不一致性。事务是数据库的逻辑工作单位，并发操作中只有保证系统中一切事务的原子性、一致性、隔离性和持久性，才能保证数据处于一致状态。并发操作导致的数据库不一致性主要有丢失修改、污读和不可重读三种。实现并发控制的方法主要是封锁技术，基本的封锁类型有排他锁和共享锁两种，三个级别的封锁协议可以有效解决并发操作的一致性问题。对数据对象施加封锁，会带来活锁和死锁问题，并发控制机制可以通过采取一次加锁法或顺序加锁法预防死锁的产生。

（4）数据库的恢复是指系统发生故障后，把数据从错误状态中恢复到某一正确状态的功能。对于事务故障、系统故障和介质故障三种不同类型的故障，DBMS 有不同的恢复方法。登记日志文件和数据转储是恢复中常用的技术，恢复的基本原理是利用存储在日志文件和数据库后备副本中的冗余数据来重建数据库。

习　　题

一、选择题

1. 事务有多个性质，其中不包括（　　）。

    A. 一致性　　　　B. 唯一性　　　　C. 原子性　　　　D. 隔离性

2．若事务 T 获得了数据对象 A 的 S 锁控制权，则 T 对 A（　　）。

    A．既能读也能写　　　　　　　　B．不能读但能写

    C．不能读也不能写　　　　　　　D．只能读不能写

3．DBMS 中实现事务持久性的子系统是（　　）。

    A．安全性管理子系统　　　　　　B．完整性管理子系统

    C．并发控制子系统　　　　　　　D．恢复管理子系统

4．并发操作带来的数据不一致性不包括（　　）。

    A．不可重复读　　　　　　　　　B．丢失修改

    C．不可重复写　　　　　　　　　D．读"脏"数据

5．一个事务内部的操作及使用的数据不能受其他事务操作的影响，这是指事务的（　　）。

    A．原子性　　　　B．永久性　　　　C．隔离性　　　　D．一致性

6．保护数据库，防止未经授权或不合法使用造成的数据泄漏和破坏，这是指（　　）。

    A．安全性　　　B．完整性　　　C．并发控制　　　D．恢复技术

7．一个事务中所有对 DB 的操作是一个不可分割的操作序列，这个性质称为事务的（　　）。

    A．孤立性　　　B．独立性　　　C．原子性　　　D．隔离性

8．数据库中的封锁机制是（　　）的主要方法。

    A．完整性　　　B．安全性　　　C．并发控制　　　D．恢复

9．实现数据库并发控制的重要技术是（　　）。

    A．触发器　　　　　　　　　　　B．数据库的后备副本

    C．封锁　　　　　　　　　　　　D．访问权限控制

10．事务日志用于保存（　　）。

    A．程序运行过程　　　　　　　　B．数据操作

    C．程序的执行结果　　　　　　　D．对数据的更新操作

二、填空题

1．DB 并发操作通常会带来三类问题，它们是丢失更新、_____和读脏数据。

2．事务必须具有的 4 个性质是：原子性、一致性、_____和持久性。

3．封锁可以避免数据的_____，但有可能引起死锁问题

4．锁的粒度越大则并发度越_____，系统开销越_____。

5．DBS 中预防死锁常用的方法是_____和_____。

6．SQL 中，用于事务回滚的语句是_____。

7．锁可以分为两种类型：共享锁和_____。

8．DBMS 利用事务日志保存所有数据库事务的_____操作。

9．数据库完整性的静态约束条件分为：值的约束和_____。

10．数据库运行过程中可能发生的故障有事务故障、_____和_____三类。

三、简答题

1．数据库的并发操作常带来哪些问题？

2．试解释 DB 恢复中的 UNDO 操作和 REDO 操作。

3．数据库安全性与完整性有什么区别？

4．什么是数据库安全性？数据库系统为保证数据安全采用了哪些措施？

5．事务具有哪些特性？请简述各自的特点。

6．死锁发生是坏事还是好事?试说明理由。如何解除死锁状态？

7．什么是日志文件？登记日志文件时为什么必须要先写日志文件，后写数据库？

8．什么是封锁？封锁的基本类型有哪几种？

9．简述常见的死锁检测方法。

10．在数据库操作中不加控制的并发操作会带来什么样的后果？如何解决？

11．数据库运行过程中可能产生的故障有哪几类？各类故障如何恢复？

第9章 SQL Server 2012 数据库管理系统介绍

SQL Server 2012 是一个大型的关系数据库系统，也是目前世界上使用最广泛的数据库系统之一，它在数据库应用系统的研制和开发中，起到了十分重要的作用。对 SQL Server 2012 系统的认识和理解，直接关系到其他章节和知识的学习，特别是对数据库的实际操作部分。本章的重点主要是介绍 SQL Server 2012 系统中各组件的基本操作，以及如何使用 SQL Server 2012 对象资源管理器操作数据库对象。

9.1 SQL Server 2012 概述

Microsoft SQL Server 2012 是微软发布的新一代数据平台产品，全面支持云技术与平台，并且能够快速构建相应的解决方案实现私有云与公有云之间数据的扩展与应用的迁移。

SQL Server 2012 包含企业版（Enterprise）、标准版（Standard），另外新增了商业智能版（Business Intelligence）。

9.1.1 什么是 SQL Server 2012

SQL Server 是由 Microsoft 公司开发和推广的高性能的关系数据库管理系统，最初由 Microsoft、Sybase 和 Ashton-Tate 三家公司共同开发。1988 年，在关系数据库 Sybase 的基础上生产出了在 OS/2 操作系统上使用的 SQL Server 1.0；1990 年，Ashton-Tate 公司退出开发；1992 年之后，随着微软推出的 Windows NT 操作系统在市场上取得成功，同期推出的 SQL Server For Windows NT 3.1 也成为畅销产品；1994 年，微软与 Sybase 的合作终止。

从 1992 年到 1998 年，Microsoft 公司相继开发了 SQL Server 的基于 Windows NT 平台的 SQL Server 版本、Windows NT 3.1 平台的 SQL Server 4.2 版本、SQL Server 6.0 版本、SQL Server 6.5 版本、SQL Server 7.0 版本。2000 年，Microsoft 公司发行了 SQL Server 2000 企业级数据库系统，此款产品对数据库性能、数据可靠性、易用性方面做了重大改进。

2012 年年底，Microsoft 公司正式发行了 SQL Server 2012。SQL Server 2012 历时 5 年才完成，对微软是具有里程碑意义的企业级数据库产品。相对于之前的版本，SQL Server 2012 是一个全面的数据库平台，该款新产品在企业级支持、商业智能应用、管理开发效率等方面有了显著增强。它提供集成的数据管理和分析平台，可以帮助组织更可靠地管理来自关键业务的信息、更有效地运行复杂的商业应用；另外，通过集成的报告和数据分析工具，企业可以从信息中获得更出色的商业表现力和洞察力。这些功能将有助于在以下三个主要方面提高业务。

1. 企业数据管理

SQL Server 2012 针对行业和分析应用程序提供了一种更安全可靠和更高效的数据平

台。SQL Server 的最新版本不仅是迄今为止 SQL Server 的最大发行版本，而且是最为可靠安全的版本。

2．开发人员生产效率

SQL Server 2012 提供了一种端对端的开发环境，其中涵盖了多种新技术，可帮助开发人员大幅度提高生产效率。

3．商业智能

SQL Server 2012 的综合分析、集成和数据迁移功能使各个企业无论采用何种基础平台都可以扩展其现有应用程序的价值。构建于 SQL Server 2012 的 BI 解决方案使所有员工可以及时获得关键信息，从而在更短的时间内制定更好的决策。

9.1.2　SQL Server 2012 的版本

SQL Server 2012 的版本分为三大类:主要版本、专业版本和扩展版本。这三大类又可细分为 6 个具体的版本，其中主要版本有：企业版（SQL Server 2012 Enterprise）、商业智能版（SQL Server 2012 Business Intelligence）和标准版（SQL Server 2012 Standard）；专业版本有：专业版（SQL Server 2012 Web）；扩展版本有：开发版（SQL Server 2012 Developer）和精简版（SQL Server 2012 Express）。

1．SQL Server 2012 Enterprise

作为高级版本，SQL Server 2012 Enterprise 版提供了全面的高端数据中心功能，性能极为快捷，虚拟化不受限制，还具有端到端的商业智能，可为关键任务工作负荷提供较高服务级别，支持最终用户访问深层数据。

2．SQL Server 2012 Business Intelligence

SQL Server 2012 Business Intelligence 版提供了综合性平台，可支持组织构建和部署安全、可扩展且易于管理的 BI 解决方案。它提供基于浏览器的数据浏览与可见性等卓越功能、功能强大的数据集成功能，以及增强的集成管理功能。

3．SQL Server 2012 Standard

SQL Server 2012 Standard 版提供了基本数据管理和商业智能数据库，使部门和小型组织能够顺利运行其应用程序并支持将常用开发工具用于内部部署和云部署，有助于以最少的 IT 资源获得高效的数据库管理。

4．SQL Server 2012 Web

对于为从小规模至大规模 Web 资产提供可伸缩性、经济性和可管理性功能的 Web 宿主和 Web VAP 来说，SQL Server 2012 Web 版本是一项总拥有成本较低的选择。

5．SQL Server 2012 Developer

SQL Server 2012 Developer 版支持开发人员基于 SQL Server 构建任意类型的应用程序。它包括 Enterprise 版的所有功能，但有许可限制，只能用作开发和测试系统，而不能用作生产服务器。它是构建和测试应用程序人员的理想之选。

6．SQL Server 2012 Express

SQL Server 2012 Express 是入门级的免费数据库，是学习和构建桌面及小型服务器数据驱动应用程序的理想选择。它是独立软件供应商、开发人员和热衷于构建客户端应用程序人员的最佳选择。如果需要使用更高级的数据库功能，则可以将 SQL Server Express 无缝升级到其他更高端的 SQL Server 版本。SQL Server 2012 中新增了 SQL Server Express LocalDB，这是 Express 的一种轻型版本，该版本具备所有可编程性功能，但在用户模式下运行，并且具有快速的零配置安装和必备组件要求较少的特点。

9.1.3 SQL Server 2012 的主要组件与实用程序

1. SQL Server Management Studio 管理器的使用

Microsoft SQL Server Management Studio（SQL Server 集成管理器）是 Microsoft SQL Server 2012 提供的一种新集成环境，用于访问、配置、控制、管理和开发 SQL Server 的所有组件。SQL Server Management Studio 将早期版本的 SQL Server 中所包含的企业管理器、查询分析器和 Analysis Manager 功能整合到单一的环境中。此外，SQL Server Management Studio 提供了用于数据管理和图形工具的功能丰富的开发环境。

SQL Server Management Studio 是一个功能强大且灵活的工具。但是，初次使用的用户有时无法以最快的方式访问所需的功能。下面介绍 Management Studio 的基本使用方法。

（1）启动 SQL Server Management Studio。

单击"开始"→"所有程序"→Microsoft SQL Server 2012→SQL Server Management Studio 菜单命令，启动 SQL Server Management Studio 工具，出现如图 9.1 所示的欢迎界面。

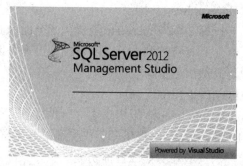

图 9.1　SQL Server 2012 欢迎界面

如果是第一次启动 SQL Server Management Studio，需要登录账户，现在以默认的计算机名登录服务，如图 9.2 所示。也可以选择"服务器名称"下拉菜单中的"浏览更多"选项，选择合适的服务器，如图 9.3 所示。

图 9.2　登录界面

图 9.3 "查找服务器"界面

在"连接到服务器"的登录界面上,采用默认设置(Windows 身份验证),再单击"连接"按钮,如图 9.4 所示。

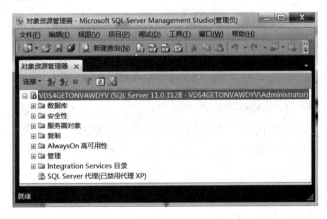

图 9.4 SQL Server Management Studio 工作窗口

(2) SQL Server Management Studio 查询窗口。

SQL Server Management Studio 查询窗口是一个提供了图形界面的查询管理工具,用于提交 Transact-SQL(事务处理的 SQL),然后发送给服务器,并返回执行结果,该工具支持基于任何服务器的任何数据库连接。在开发和维护应用系统时,SQL Server Management Studio 查询窗口是最常用的管理工具之一。其具体启动有以下两种方法。

方法一:在启动的 SQL Server Management Studio 窗口的常用属性工具上,单击"新建查询"图标(如图 9.5 所示属性工具栏),系统弹出"新建查询"窗口。

图 9.5 属性工具栏

方法二:在已注册的服务器中,右键单击服务器名,选择"连接",再单击"新建查

SQL Server 2012 数据库管理系统介绍

询"。在这种情况下，查询编辑器将使用已注册的服务器的连接信息，如图 9.6 所示。

图 9.6　显示查询窗口

在查询窗口中输入 Transact-SQL 查询语句，执行后，可以将查询结果以三种不同的方式显示。右击编辑窗口的空白处，在弹出的快捷菜单中选择"将结果保存到"中的三个显示方式：以文本格式显示结果、以网格显示结果、将结果保存到文件，如图 9.7 所示。

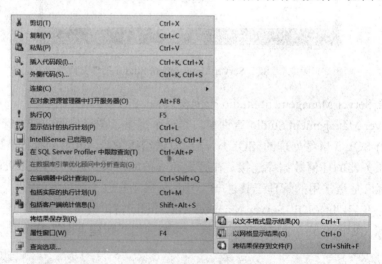

图 9.7　"将结果保存到"的三种显示方式

2．服务器的注册与连接

SQL Server 2012 可以管理多个服务器，这些服务器必须通过客户端进行注册才能使用。注册成功之后的 SQL Server 2012 服务器连接信息会驻留在 SQL Server Management Studio 的对象资源管理器中，当再次连接时只需要输入管理员的用户名和密码，就能够对远程的 SQL Server 服务进行管理，而不需要再次注册服务器。

（1）注册服务器。

注册服务器的操作如下。

在 SQL Server Management Studio 工作窗口中，打开"已注册的服务器"属性面板，右击"数据库引擎"，弹出快捷菜单，选择"注册"→"新建服务器注册"命令，如图 9.8 所示。

在弹出的对话框中输入服务器名称，或者通过浏览查找其他的服务器确定服务器名称，选择身份验证方式，单击"保存"按钮完成服务器注册，如图 9.9 所示。

图 9.8　注册服务器

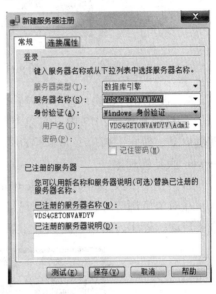

图 9.9　"新建服务器注册"对话框

（2）与对象资源管理器连接。

与已注册的服务器类似，对象资源管理器也可以连接到数据库引擎。在对象资源管理器的工具栏中，单击"连接"显示可用连接类型列表，再选择"数据库引擎"，如图 9.10 所示。

图 9.10　对象资源管理器的连接类型

SQL Server 2012 数据库管理系统介绍

在弹出的"连接到服务器"对话框中的"服务器名称"文本框中，输入 SQL Server 实例的名称。若要连接到服务器，请单击"连接"按钮。如果已经连接，则将直接返回到对象资源管理器，并将该服务器设置为焦点，如图 9.11 所示。

图 9.11 "连接到服务器"对话框

3．服务器的启动、暂停和停止

在 SQL Server 2012 中，可以使用 SQL Server Management Studio、SQL Server 配置管理器启动、停止、暂停、重新启动以及配置服务。SQL Server 配置管理器可以代替 SQL Server 服务管理器。

（1）使用 SQL Server Management Studio 启动、停止、暂停服务。

在对象资源管理器中，右击已经存在的服务器名称，在弹出的快捷菜单中，可以找到服务启动、停止、暂停、继续、重新启动命令，如图 9.12 所示。

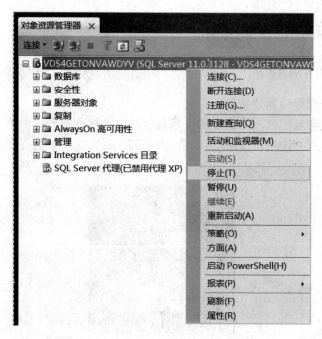

图 9.12 在对象资源管理器中管理服务

（2）使用 SQL Server Configuration Manager 启动、停止、暂停服务。

SQL Server 配置管理器（SQL Server Configuration Manager）综合了 SQL Server 2000 中的服务管理器、服务器网络实用工具和客户端网络实用工具，可以对 SQL Server 的服务、网络、协议等进行配置，通过配置后客户端才能够顺利地连接、使用 SQL Server。

单击"开始"→Microsoft SQL Server 2012→"配置工具"→"SQL Server 配置管理器"命令，出现如图 9.13 所示界面。

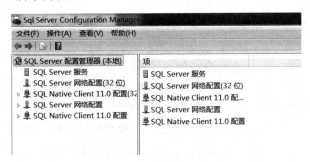

图 9.13　SQL Server 配置管理器

单击图 9.13 中"SQL Server 服务"节点，出现如图 9.14 所示界面。

图 9.14　SQL Server 2012 服务

图 9.14 中所有的服务都可以通过这个 SQL Server 配置管理进行启动或停止。右键单击任意服务节点，弹出快捷菜单，选择"停止"或者"启动"命令来启动或者停止该服务，如图 9.15 所示。

图 9.15　SQL Server 2012 服务的启动、停止操作

SQL Server 2012 数据库管理系统介绍

4. SQL Server 联机丛书

联机丛书是 SQL Server 2012 提供的一个帮助窗体。启动方法：选择"开始"→"所有程序"→Microsoft SQL Server 2012→"文档和社区"→"SQL Server 文档"。运行界面如图 9.16 所示。

图 9.16 "SQL Server 文档"的运行界面

该窗口分为左右两个部分。左边是树状目录，能展开子目录，右边是帮助文档信息，另外还会有主题链接来帮助用户提高查找效率。在微软的官方网站上用户可以免费下载最新版本的联机丛书。

9.2 数据库的创建及其管理

对 SQL Server 的管理，实际上就是对 SQL Server 数据库的管理，数据库是 SQL Server 2012 最基本的操作对象之一，数据库的创建、查看、修改、删除是 SQL Server 2012 最基本的操作，是进行数据库管理与开发的基础。本节要求了解 SQL Server 系统数据库，掌握数据库的基本结构，熟练掌握利用 SQL Server Management Studio 对象资源管理器创建、查看、修改及删除数据库。

9.2.1 系统数据库

SQL Server 2012 系统有 4 个系统数据库，分别是 master 数据库、model 数据库、tempdb 数据库、msdb 数据库。

1. master 数据库

master 数据库记录 SQL Server 系统的所有系统级信息，包括用户元数据（例如登录账户）、端点、连接服务器和系统配置设置。master 数据库还记录所有其他数据库是否存在以及这些数据库文件的位置。另外，master 还记录 SQL Server 的初始化信息。因此，如果 master 数据库不可用，则 SQL Server 无法启动。在 SQL Server 2012 中，系统对象不再存储在 master 数据库中，而是存储在 Resource 数据库中。

2. tempdb 数据库

tempdb 系统数据库保存所有临时表和临时存储过程。另外，它还用来满足所有其他临时存储要求，例如，存储 SQL Server 生成的工作表。

每次启动 SQL Server 时，都要重新创建 tempdb，以便系统启动时，该数据库总是空的。在断开连接时会自动删除临时表和存储过程，并且在系统关闭后没有活动连接。由于在 tempdb 数据库中所做的存储不会被日志记录，因而在 tempdb 数据库中的表上进行数据操作比在其他数据库中要快得多。

3．model 数据库

model 数据库用作在 SQL Server 实例上创建的所有数据库的模板。当发出 CREATE DATABASE 语句时，将通过复制 model 数据库中的内容来创建数据库的第一部分，然后用空页填充新数据库的剩余部分。因为每次启动 SQL Server 时都会创建 tempdb，所以 model 数据库必须始终存在于 SQL Server 系统中。如果修改 model 数据库，之后创建的所有数据库都将继承这些修改。

4．msdb 数据库

SQL Server 代理使用 msdb 数据库来计划警报和安排作业，代理程序中的操作均会返回并存储到此数据库。

9.2.2 使用 SQL Server Management Studio 创建数据库

创建 SQL Server 2012 数据库，最简单的方法是使用图形化的 SQL Server Management Studio 对象资源管理器来建立数据库，并完成数据库属性的设置。操作如下。

（1）单击"开始"→"所有程序"→Microsoft SQL Server 2012→SQL Server Management Studio 菜单命令，启动 SQL Server Management Studio 工具。

（2）登录到 SQL Server Management Studio 后，展开"对象资源管理器"，右键单击"数据库"节点，弹出快捷菜单，选择"新建数据库"命令，如图 9.17 所示。

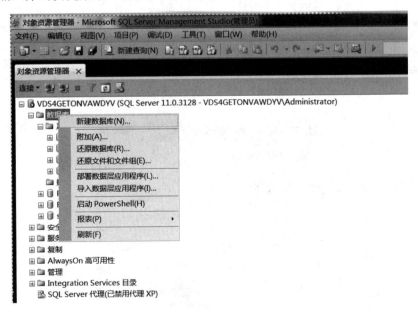

图 9.17　新建数据库

（3）系统弹出"新建数据库"窗口后，打开"常规"选项卡，如图 9.18 所示。

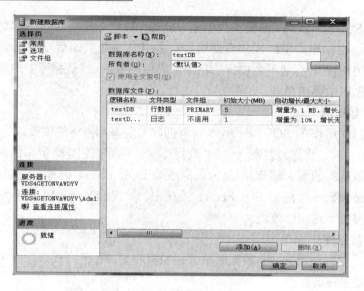

图 9.18 "新建数据库"窗口

在"数据库名称"文本框中，输入数据库的名称，所有其他选项默认即可。一般情况下，数据库名称要求简洁明了。本例中数据库名称设为"testDB"。系统会自动为该数据库建立两个数据库文件 testDB.mdf、testDB_log.ldf，默认存储在 C:\Program Files\Microsoft SQL Server\MSSQL11.MSSQLSERVER\MSSQL\DATA 目录下。

（4）用户还可以修改"数据库文件"中的"初始大小"选项，事实上，其他如文件的自动增长方式、文件增长大小、数据文件的路径都是可以重新设置的，如图 9.19 和图 9.20 所示。

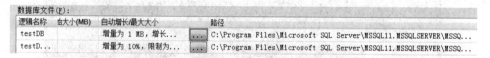

图 9.19 修改文件的初始大小

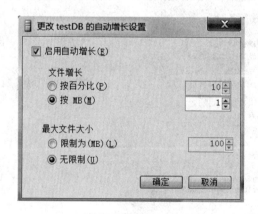

图 9.20 文件自动增长方式

（5）单击"确定"按钮，SQL Server 创建数据库。在"对象资源管理器"中，展开"数据库"节点，可以看到 testDB 数据库，如图 9.21 所示。

图 9.21　创建好的 testDB 数据库

9.2.3　使用 SQL Server Management Studio 查看数据库信息

　　数据库创建好后，就可以通过 SQL Server Management Studio 窗口的对象资源管理器查看数据库信息。操作如下。

　　登录到 SQL Server Management Studio 后，打开"对象资源管理器"面板，展开"数据库"节点，找到要查看的数据库 testDB，右击弹出快捷菜单，选择"属性"命令，如图 9.22 和图 9.23 所示。

图 9.22　查看数据库属性

SQL Server 2012 数据库管理系统介绍

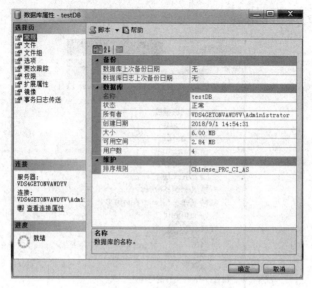

图 9.23 "数据库属性"窗口

在"数据库属性"窗口的"常规"选项卡中,列出了数据库状态、所有者、创建日期、大小以及数据库的备份与维护信息。

9.2.4 使用 SQL Server Management Studio 修改数据库

用户数据库创建成功之后,在使用过程中一些信息会发生变化,例如,数据库的名称、容量大小、存储路径、数据库的自动或手动收缩、数据库属性参数的修改等。这时要根据实际需要进行操作。

1. 数据库重命名

打开 SQL Server Management Studio 中的对象资源管理器面板,右击 testDB 数据库,在快捷菜单中选中"重命名"命令,如图 9.24 所示,可以直接修改数据库名。

图 9.24 数据库的重命名

注意：在 SQL Server 中，如果要重命名的数据库正在被其他用户使用，重命名操作会出错，如图 9.25 所示。必须保证变更数据库名称的操作在单用户模式下进行，可以在重命名前修改数据库属性选项。打开"数据库属性"窗口，选择"选项"选项卡，找到数据库状态的"限制访问"下拉列表，将访问模式改为"单用户"模式，然后更改数据库名称就不会出错了，如图 9.26 所示。

图 9.25　重命名出错信息

允许带引号的标识符	False
允许快照隔离	False
状态	
数据库为只读	False
数据库状态	NORMAL
限制访问	SINGLE_USER
已启用加密	False
自动	
自动创建统计信息	True
自动更新统计信息	True
自动关闭	False
自动收缩	False
自动异步更新统计信息	False
限制访问	

图 9.26　设置"限制访问"属性为"单用户"模式

2．增加、收缩数据库容量

新建数据库时，指定了数据库的容量大小，随着数据的增长要超过它的使用空间时，必须加大数据库的容量。如果在最初建库时，指派给某数据库过多的空间，可以通过收缩数据库容量来减少空间的浪费。下面介绍增加和收缩数据库的操作方法。

1）增加数据库容量

在 SQL Server Management Studio 中的对象资源管理器中，展开"数据库"节点，右键单击要扩展的数据库，再单击"属性"。在"数据库属性"窗口中，选择"文件"选项卡。若要增加现有文件的大小，请增加文件的"初始大小（MB）"列中的值。数据库的大小必须至少增加 1MB。若要通过添加新文件增加数据库的大小，请单击"添加"按钮，然后输入新文件的值，如图 9.27 所示。

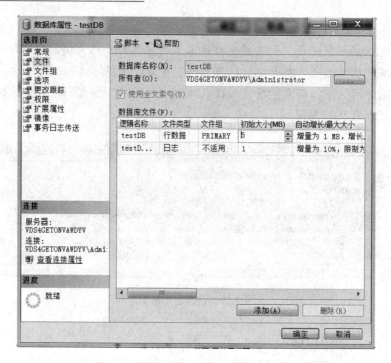

图 9.27　增加数据库容量

2）手动/自动收缩数据库

（1）手动收缩数据库

在 SQL Server Management Studio 的对象资源管理器中，展开"数据库"，再右键单击要收缩的数据库。在弹出的快捷菜单中，依次单击"任务""收缩""数据库"。根据需要，可以选中"在释放未使用的空间前重新组织文件……"复选框。如果选中该复选框，必须为"收缩后文件中的最大可用空间"指定值，如图 9.28 和图 9.29 所示。

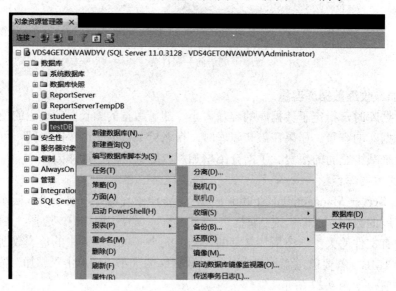

图 9.28　收缩选中的数据库

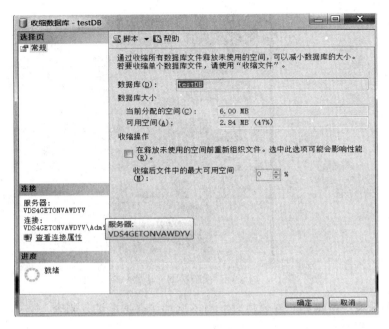

图 9.29 "收缩数据库"窗口

注意：只有在启用了"在释放未使用的空间前重新组织文件……"复选框，"收缩后文件中的最大可用空间"这个复选框才可用。

（2）自动收缩数据库

在指定数据库属性窗口的"常规"选项卡中，找到"自动收缩"选项，将值设置为 True，数据库引擎会定期检查每个数据库的空间使用情况，并自动收缩有可用空间的数据库，如图 9.30 所示。

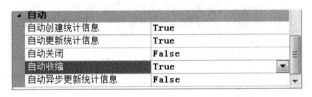

图 9.30 "自动收缩"选项的设置

9.2.5 使用 SQL Server Management Studio 删除数据库

当不再需要用户定义的数据库，或者已将其移到其他数据库或服务器上时，即可删除该数据库。数据库删除之后，文件及其数据都从服务器上的磁盘中删除。一旦删除数据库，它即被永久删除。

删除数据库的具体操作如下。

在 SQL Server Management Studio 对象资源管理器中，连接并展开服务器，展开"数据库"节点，右键单击要删除的数据库，再单击"删除"。确认选择了正确的数据库，再单击"确定"按钮，如图 9.31 所示。

SQL Server 2012 数据库管理系统介绍

图 9.31　删除数据库操作

注意：如果某个数据库正在使用时，则不能对该数据库进行删除。

9.2.6　使用 SQL Server Management Studio 分离数据库

在 SQL Server 运行时，在 Windows 中不能直接复制 SQL Server 数据库文件，如果想复制 SQL Server 数据库文件，就要将数据库文件从 SQL Server 服务器中分离出去。下面介绍使用企业管理器分离数据库的操作方法。

展开 SQL Server 数据库，在所要分离的数据库（如 testDB 数据库）上单击鼠标右键，依次在弹出式菜单中选择"任务"→"分离"命令，将弹出如图 9.32 所示的"分离数据库"对话框。

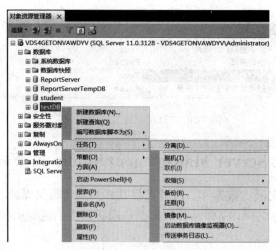

图 9.32　分离数据库操作

9.2.7　使用 SQL Server Management Studio 附加数据库

附加数据库的工作是分离数据库的逆操作，通过附加数据库，可以将没有加入 SQL

Server 服务器的数据库文件加到服务器中，下面介绍如何附加数据库。

（1）在 SQL Server 对象资源管理器中，在"数据库"图标上单击鼠标右键，依次在弹出菜单中选择"任务"→"附加"命令，如图 9.33 所示。

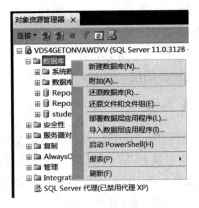

图 9.33　附加数据库操作

（2）在如图 9.34 所示的窗口中，单击"添加"→"定位数据库文件"，单击"确定"按钮，即可完成附加数据库的工作。

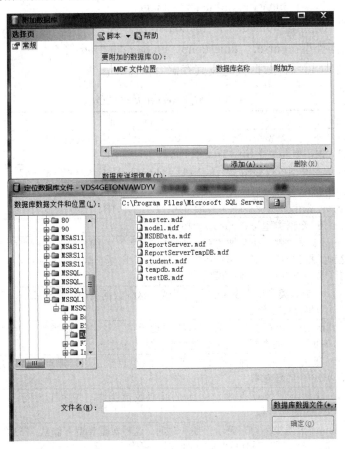

图 9.34　附加 testDB 数据库操作

SQL Server 2012 数据库管理系统介绍

9.3   数据表的创建及其管理

表是关系型数据库的核心内容，在 SQL Server 2012 中数据表是最基本的操作对象，它在数据库中存储数据，对数据的访问、验证、关联性连接、完整性维护等都是通过表的操作实现的，所以掌握数据表的操作就显得非常重要了。本节将介绍如何使用 SQL Server Management Studio 对象资源管理器创建、查看、修改和删除数据表。

9.3.1   SQL Server 数据类型

数据类型决定了数据存储的空间和格式，理解数据类型有助于用户正确、有效地存储数据，并为数据库设计和管理奠定良好基础。此外，数据类型的选择，也会影响数据存储、查询等的方式和效率。在 SQL Server 2012 中有以下几种数据类型。

（1）精确数字类型：int、tinyint、smallint、bit。

（2）近似数字类型：float、real。

（3）字符串类型：char、varchar、text。

（4）Unicode 字符串：nchar、nvarcher、ntext。

（5）二进制字符串：binary、varbinary、image。

（6）日期和时间类型：datetime、smalldatetime。

（7）其他数据类型：cursor、timestamp、uniqueidentifier 等。

表 9.1 将详细介绍每种数据类型及其存储容量。

表 9.1   SQL Server 数据类型

数 据 类 型	描　　述
bit	bit 数据类型是整型，其值只能是 0、1 或空值。这种数据类型用于存储只有两种可能值的数据，如 Yes 或 No、True 或 False、On 或 Off
int	int 数据类型可以存储-2^{31}（-2 147 483 648）$\sim 2^{31}$（2 147 483 647）的整数。占用 4B
smallint	smallint 数据类型可以存储从-2^{15}（-32 768）$\sim 2^{15}$（32 767）的整数。占用 2B
tinyint	tinyint 数据类型能存储 0～255 的整数。占用 1B
numeric	numeric 数据类型与 decimal 型相同
decimal	decimal 数据类型能用来存储$-10^{38}+1 \sim 10^{38}-1$ 的固定精度和范围的数值型数据。使用这种数据类型时，必须指定范围和精度。范围是小数点左右所能存储的数字的总位数。精度是小数点右边存储的数字的位数
money	money 数据类型用来表示钱和货币值。这种数据类型能存储$-2^{63} \sim 2^{63}-1$ 的数据，精确到货币单位的万分之一
smallmoney	smallmoney 数据类型用来表示钱和货币值。这种数据类型能存储-214 748.3648～214 748.3647 的数据，精确到货币单位的万分之一
float	float 数据类型是一种近似数值类型，供浮点数使用。浮点数可以是从-1.79E+308～1.79E+308 的任意数
real	real 数据类型像浮点数一样，是近似数值类型。它可以表示数值在-3.40E+38～3.40E+38 的浮点数
datetime	datetime 数据类型用来表示日期和时间。这种数据类型存储从 1753 年 1 月 1 日到 9999 年 12 月 31 日所有的日期和时间数据，精确到三百分之一秒或 3.33 毫秒

数 据 类 型	描 述
smalldatetime	smalldatetime 数据类型用来表示从 1900 年 1 月 1 日到 2079 年 6 月 6 日的日期和时间，精确到 1 分钟
cursor	cursor 数据类型是一种特殊的数据类型，它包含一个对游标的引用。这种数据类型用在存储过程中，而且创建表时不能用
timestamp	timestamp 数据类型是一种特殊的数据类型，用来创建一个数据库范围内的唯一数码。一个表中只能有一个 timestamp 列。在一个数据库里，timestamp 值是唯一的
Unique identifier	Uniqueidentifier 数据类型用来存储一个全局唯一标识符，即 GUID。可以使用 NEWID 函数或转换一个字符串为唯一标识符来初始化具有唯一标识符的列
char	char 数据类型用来存储指定长度的定长非统一编码型的数据。当定义一列为此类型时，必须指定列长。此数据类型的列宽最大为 8000 个字符
varchar	varchar 数据类型同 char 类型一样，用来存储非统一编码型字符数据，此数据类型为变长。当定义一列为该数据类型时，要指定该列的最大长度。它与 char 数据类型最大的区别是，存储的长度不是列长，而是数据的长度
text	text 数据类型用来存储大量的非统一编码型字符数据。这种数据类型最多可以有 $2^{31}-1$ 或 20 亿个字符
nchar	nchar 数据类型用来存储定长统一编码字符型数据。统一编码用双字节结构来存储每个字符，而不是用单字节（普通文本中的情况）。它允许大量的扩展字符。此数据类型能存储 4000 种字符，使用的字节空间上增加了一倍
nvarchar	nvarchar 数据类型用作变长的统一编码字符型数据。此数据类型能存储 4000 种字符，使用的字节空间增加了一倍
ntext	ntext 数据类型用来存储大量的统一编码字符型数据。这种数据类型能存储 $2^{30}-1$ 或将近十亿个字符，且使用的字节空间增加了一倍
binary	binary 数据类型用来存储可达 8000B 长的定长的二进制数据。当输入表的内容接近相同的长度时，应该使用这种数据类型
varbinary	varbinary 数据类型用来存储可达 8000B 长的变长的二进制数据。当输入表的内容大小可变时，应该使用这种数据类型
image	image 数据类型用来存储变长的二进制数据，最大可达 $2^{31}-1$ 或大约二十亿字节

9.3.2 使用 SQL Server Management Studio 创建数据表

设计完数据库后就可以在数据库中创建数据表。数据通常存储于永久表中，不过也可以创建临时表。SQL Server 2012 中表的逻辑结构与其他数据库的逻辑结构是相同的，与现实生活中使用的表是一样的，是有行有列的。下面介绍使用 SQL Server 图形化工具来创建表。

（1）单击"开始"→"所有程序"→Microsoft SQL Server 2012→SQL Server Management Studio 菜单命令，启动 SQL Server Management Studio 工具。

（2）在对象资源管理器中，右键单击数据库的"表"节点，在弹出的快捷菜单中选择"新建表"命令，如图 9.35 所示。

（3）输入列名，选择数据类型，并选择各个列是否允许空值，如图 9.36 所示。

（4）在"文件"菜单中，选择"保存表名"。

（5）在"输入表名称"对话框中，为该表输入一个名称，再单击"确定"按钮，如图 9.37 所示。

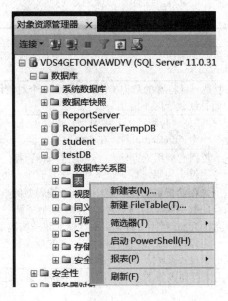

图 9.35   创建表操作

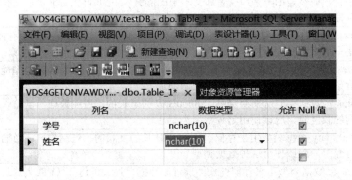

图 9.36   设计表结构

图 9.37   为表取名并保存

9.3.3   使用 SQL Server Management Studio 查看数据表

1. 查看表的属性

用户可以在"对象资源管理器"的数据库下的"表"目录中，查看到刚刚建立的数据表，从中可以查看到大部分属性信息。操作如下。

（1）在"对象资源管理器"中，展开"数据库"节点，然后选择并展开数据库，再展开"表"节点，右击要查看的表，选择"属性"菜单命令。这样会显示如图 9.38 所示的"表属性"窗口。

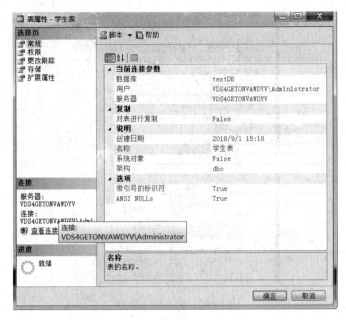

图 9.38 "表属性"对话框

（2）在"常规"选项卡中，"存储"节点下的条目提供有关空间使用的详情。如"数据空间"显示表在磁盘上所使用的空间数量；"索引空间"显示表索引空间在磁盘上的大小；"行计数"显示表中行的数目。

（3）用户也可以在"权限"选项卡中对数据表的访问权限进行设置。

（4）单击"确定"按钮完成查看。

2．查看数据表中的数据

如果要查看表中的数据，在"对象资源管理器"中，展开"数据库"节点，然后选择并展开数据库，再展开"表"节点，右击要查看的表，选择"编辑前 200 行"菜单命令。这样会显示如图 9.39 所示的表数据。

图 9.39 查看表数据

9.3.4 使用 SQL Server Management Studio 修改数据表

数据库管理员根据需要，有可能修改数据表。如果对数据表的属性进行修改，主要包括修改列属性、添加和删除列、修改约束等选项。修改数据表可以在"表设计器"中进行。

在"对象资源管理器"中，展开数据库的"表"目录，选择要修改的数据表，右击该表选择"设计"菜单命令，文档窗口中将显示"表设计器"，如图 9.40 和图 9.41 所示。

图 9.40　数据库表修改

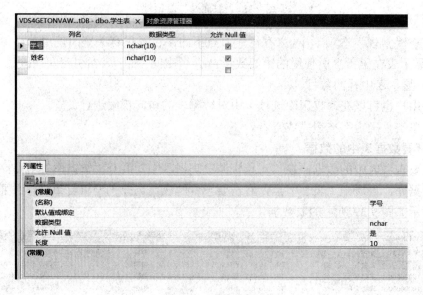

图 9.41　表设计器

1. 修改已有列的属性

用户可以在表设计器中，对数据表已有列的列名、数据类型、长度以及是否允许为空值等属性进行修改。修改完成后，单击工具栏上的"保存"按钮。

注意：在表中已经有记录的情况下，修改列的数据类型或者长度可能会造成数据丢失。例如，某列原来的数据类型是字符串类型，长度为 6，将其长度修改成 4，那么原来记录中不满 4 个字节的数据不受影响，但超过 4 个字节的数据将会截断，造成数据丢失。

2．增加列

在 SQL Server 2012 中，可以将列添加到现有表中。将新列添加到表时，SQL Server 2012 在该列为表中的每个现有数据行插入一个值。因此，如果新列没有 DEFAULT 定义，则必须指定该列允许空值。数据库引擎将空值插入该列，如果新列不允许空值，则返回错误。关于 DEFAULT 的定义会在 9.5 节里介绍。

下面介绍在"学生"表中增加"电话"列的操作方法。

在"对象资源管理器"中，展开数据库的"表"目录，选择"学生"表，右击该表选择"修改"菜单命令，显示"表设计器"窗口，如图 9.42 所示。然后在"表设计器"面板中选中空白一行，输入列名"电话"，数据类型选择 char（11），并选择"允许 Null"复选框，如图 9.42 所示。保存好修改之后，可以查看对象资源管理器中"学生"表的列节点，新列已经加上去了，如图 9.43 所示。

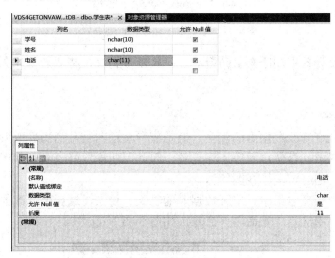

图 9.42　在"表设计器"中增加新列

图 9.43　查看"学生"表的所有列

3．删除列

删除刚才建立的"电话"列。操作如下。

在"对象资源管理器"中，展开数据库的"表"目录，选择"学生"表，右击该表选择"修改"菜单命令,显示"表设计器"窗口,在"表设计器"面板中右击"电话"这一列,在弹出的快捷菜单中选择"删除列"命令,如图 9.44 所示。

图 9.44　在"表设计器"中删除列

注意:在表设计器中删除表中的列后,一旦保存更改,将从数据库中删除该列及其包含的所有数据。

4. 表的重命名

SQL Server 允许修改数据库的名字,但是值得注意的是,当表名改变后,与表相关联的某些对象(如视图、存储过程等)将无效,因此,建议取好表名之后,一般不要随便更改,特别是在其上已经定义了视图等对象。

在"对象资源管理器"中,展开数据库的"表"目录,选择要修改的数据表,右击后在弹出的快捷菜单中选择"重命名"命令,如图 9.45 所示。

图 9.45　表的重命名

9.3.5　使用 SQL Server Management Studio 删除数据表

用户在有些情况下必须删除数据表，例如，要在数据库中实现一个新的设计或释放空间时。删除表后，该表的结构定义、数据、全文索引、约束和索引都从数据库中永久删除；原来存储表及其索引的空间可用来存储其他表。删除表的操作方法如下。

（1）在对象资源管理器中选择要删除的表，右键单击该表，再从快捷菜单中选择"删除"命令，弹出"删除对象"对话框。

（2）单击"确定"按钮。

注意：删除一个表将自动移除与该表之间的所有关系。

9.4　数据的添加、修改、删除和查询

数据表创建好之后，下面的任务就是向表中添加数据了。存储的数据还要经常维护，比如修改、删除、查询数据等操作，这都是 SQL Server 用户要掌握的基本操作。本章主要介绍使用 SQL Server Management Studio 添加、修改、删除和查询的基本操作。

9.4.1　使用 SQL Server Management Studio 添加数据

使用 SQL Server Management Studio 工具的图形界面，向数据表增加记录，非常方便，具体操作可参考如下步骤。

（1）单击"开始"→"所有程序"→Microsoft SQL Server 2012→SQL Server Management Studio 菜单命令，启动 SQL Server Management Studio 工具。

（2）在"对象资源管理器"中，连接到 SQL Server 2012 数据库服务器。

（3）在"对象资源管理器"中，右击要查询的数据库的"表"节点，再单击"编辑前 200 行"命令。在文档窗口中数据最后一行，标有"*"号的数据行中，根据每一字段内容在网格中输入相应数据值，如图 9.46 所示。

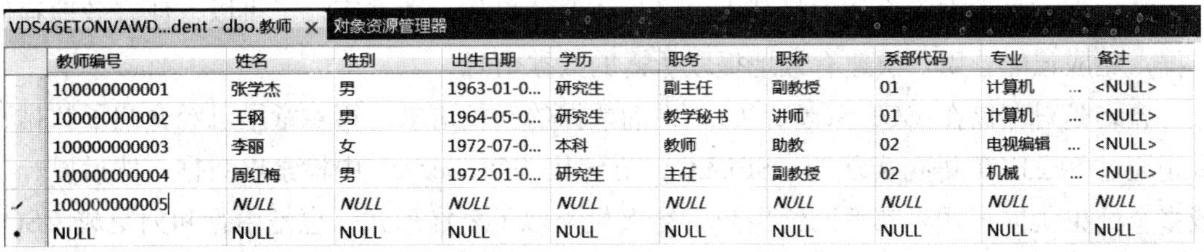

VDS4GETONVAWD...dent - dbo.教师 ×	对象资源管理器								
教师编号	姓名	性别	出生日期	学历	职务	职称	系部代码	专业	备注
100000000001	张学杰	男	1963-01-0...	研究生	副主任	副教授	01	计算机	... <NULL>
100000000002	王钢	男	1964-05-0...	研究生	教学秘书	讲师	01	计算机	... <NULL>
100000000003	李丽	女	1972-07-0...	本科	教师	助教	02	电视编辑	... <NULL>
100000000004	周红梅	男	1972-01-0...	研究生	主任	副教授	02	机械	... <NULL>
100000000005	NULL	NULL	NULL	NULL	NULL	NULL	NULL	NULL	NULL
NULL	NULL	NULL	NULL	NULL	NULL	NULL	NULL	NULL	NULL

图 9.46　在浏览表窗口中添加数据

（4）输入完毕后，选择其他数据行，使当前记录的数据行失去焦点，即可完成添加新的记录。

9.4.2　使用 SQL Server Management Studio 修改数据

修改现有的数据记录，也是数据库管理员的一项基本技能，这里介绍使用 SQL Server

Management Studio 修改数据。

（1）首先查找到要修改的数据记录，具体操作步骤见 9.3.3 节的介绍。

（2）在查询设计器的"结果"窗格中，找到要修改的数据行，用户可以使用鼠标单击要修改的数据项，激活并修改。

（3）完成后，单击其他数据行，使已修改的数据行失去焦点，SQL Server Management Studio 将自动提交修改。

注意： 数据一旦更新成功，将不能做撤销操作，除非利用实时日志来恢复。

9.4.3　使用 SQL Server Management Studio 删除数据

下面介绍使用 SQL Server Management Studio 工具删除数据。

（1）首先查找到要删除的数据记录，具体操作步骤见 9.3.3 节的介绍。

（2）在查询设计器的"结果"窗格中，右击要删除的数据行，选择"删除"菜单命令，将弹出如图 9.47 所示的对话框。

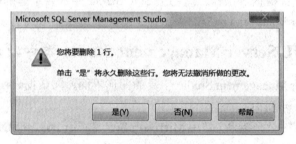

图 9.47　删除记录提示对话框

（3）单击"是"按钮，即可删除记录。

9.4.4　使用 SQL Server Management Studio 查询数据

数据查询是数据库系统中最基本也是最重要的操作，数据库除了可以方便有效地存储数据，还应该能让用户快速有效地提取所需的数据信息。

查询是对存储在 SQL Server 2012 中的数据的一种请求，第 4 章里已经介绍了数据查询是通过 SELECT 语句实现的。SELECT 语句从 SQL Server 中检索出数据，然后以一个或多个结果集的形式将其返回给用户，结果集类似于表格形式，也是由行和列组成。SQL Server 2012 在 SQL Server Management Studio 工具上提供了 Transact-SQL 查询编辑器执行相关的 SELECT 语句，除此之外，SQL Server 2012 也提供了交互式界面查询工具——查询设计器。

例如，现在要在 testDB 数据库的教师表中，查询所有男老师的个人信息，使用查询设计器的操作方法如下。

（1）在使用查询设计器之前必须确定当前可用数据库。在 SQL Server Management Studio 工具栏上切换当前数据库为 testDB 数据库，如图 9.48 所示。

图 9.48   选择 testDB 数据库

（2）在 SQL Server Management Studio 菜单栏的"查询"下拉菜单中找到"在编辑器中设计查询"命令，打开"查询设计器"，如图 9.49 和图 9.50 所示。

图 9.49   在编辑器中设计查询

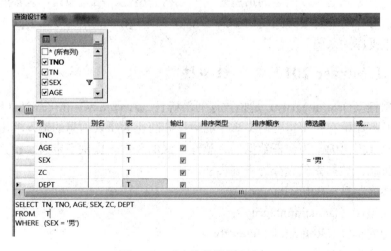

图 9.50   "查询设计器"窗口

SQL Server 2012 数据库管理系统介绍

查询设计器由三个窗格组成:"关系图"窗格、"条件"窗格、SQL 窗格。"关系图"窗格显示正在查询的表和其他表值对象。"条件"窗格包含一个类似于电子表格的网格,在该网格中可以指定相应的选项,例如,要显示的数据列、要选择的行、行的分组方式等。"SQL 窗格"显示查询的 SQL 语句。可以对由设计器创建的 SQL 语句进行编辑,也可以输入自己的 SQL 语句。

根据题目的查询条件,设定相关选项值。

(3)单击"确定"按钮。生成的 SQL 查询语句直接添加到 SQL 查询编辑器上,执行之后可以看到查询结果,如图 9.51 所示。

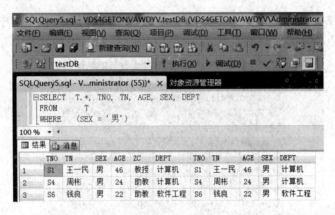

图 9.51   在"查询编辑器"上显示执行结果

9.5   数据完整性

了解了如何创建数据库以及在数据库中创建数据表来存储数据后,可以发现存储的各个数据之间可能会有一定的联系和规则,例如,教师表中教师编号必须是唯一的,教师的姓名可能相同;每门课程的学分只能是 1～4 的整数取值,不会出现其他的取值。类似例子很多,现在的任务就是采取一定的措施来保障数据完整性。相关知识可以参照第 8 章中的数据完整性内容,本节主要介绍使用 SQL Server Management Studio 来创建主键约束、规则、默认、数据库关系图。

9.5.1   SQL Server 2012 完整性概述

数据完整性(Data Integrity)是指数据的精确性(Accuracy)和可靠性(Reliability)。它是为防止数据库中存在不符合语义规定的数据和防止因错误信息的输入输出造成无效操作或错误信息而提出的。为保证数据的完整性,SQL Server 提供了定义、检查和控制数据的完整性的机制。数据完整性分为下列类别。

(1)实体完整性(Entity Integrity);

(2)域完整性(Domain Integrity);

(3)引用完整性(Referential Integrity);

(4)用户定义完整性(User-defined Integrity)。

在 SQL Server 中提供了一些工具来帮助用户实现数据完整性，其中最主要的是规则、默认、约束和触发器。触发器的内容不是本书的重点，请参考相关资料。

9.5.2 主键约束

1．SQL Server 2012 的约束类型

约束定义关于列中允许值的规则，利用约束可以实现数据完整性。SQL Server 2012 支持下列约束类型。

（1）NOT NULL 指定列不接受 NULL 值。

（2）CHECK 约束通过限制可放入列中的值来强制实施域完整性。

（3）UNIQUE 约束强制实施列集中值的唯一性。

（4）PRIMARY KEY 约束标识具有唯一标识表中行的值的列或列集。

（5）FOREIGN KEY 约束标识并强制实施表之间的关系。

（6）DEFAULT 约束为列填入默认值。

通常，约束可以通过使用 SQL Server Management Studio 的对象资源管理器来创建。

2．主键约束的创建方法

下面以前面创建好的"学生"表为例，为其创建主键约束。根据主键约束的规则：在一个表中，不能有两行具有相同的主键值，不能为主键中的任何列输入 NULL 值；建议使用一个小的整数列作为主键；一个表只能有一个主键。那么，在"学生"表中，"学号"属性不能为空，不能重复，可以作为区分每一个学生的标志，应该将"学号"设置为主键。

具体操作方法如下。

（1）在"学生"表的表设计器中，单击"学号"这一列。若要选择多个列，请在单击其他列时按住 Ctrl 键。

（2）右键单击该列，在弹出的快捷菜单中选择"设置主键"，如图 9.52 所示。此时，SQL Server 将自动创建名为"PK_"（后跟表名）的主键索引，可以在右键的快捷菜单中选择"索引/键"命令，打开"索引/键"对话框看到该索引，如图 9.53 所示。

（3）其他约束类型也可以在表设计器中实现。例如，图 9.52 中弹出的快捷菜单中可以选择"关系"创建外键约束，选择"索引和键"创建唯一约束，选择"CHECK 约束"创建检查约束等。

图 9.52　设置主键的操作方法

SQL Server 2012 数据库管理系统介绍

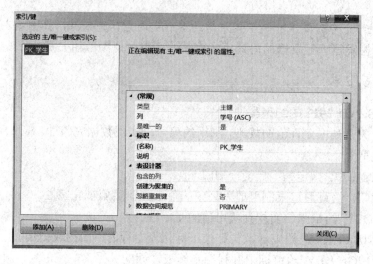

图 9.53 在"索引/键"对话框中查看主键信息

9.5.3 规 则

规则是标准查询语言 SQL-92 中的一种数据库对象，可以用它来实现数据完整性。规则的作用是向表插入数据时，指定该列接受数据值的范围。规则只能在当前的数据库中创建。创建规则后，执行 **sp_bindrule** 命令可将规则绑定到列或用户定义的数据类型。规则必须与列数据类型兼容。规则在数据库中只需要定义一次，就可以被多次应用在任意表中的一列或多列上。

使用规则包括规则的创建、绑定、解绑和删除。可在 SQL Server Management Studio 的查询编辑器中用 SQL 语句完成。

1．创建规则

创建规则的 SQL 命令是 CREATE RULE。实现语法如下。

```
CREATE RULE [ schema_name . ] rule_name
AS condition_expression[ ; ]
```

其中：

schema_name 是规则所属架构的名称。

rule_name 是规则的名称。规则名称必须符合标识符规则。

condition_expression 是定义规则的条件。

【例 9.1】 创建一个规则，要求在课程表中，指定每一门课程的学分只能为 1~3。

在 SQL Server Management Studio 的查询窗口中运行以下代码。

```
USE testDB
GO
CREATE RULE credit_rule
AS
@credit>=1  AND @credit <=3
```

注意这里@credit是一个变量，现在还不知道它代表数据表中哪一列，只有待该规则绑定到表中的具体一列上时，它才代表那个具体列的列值。代码执行后的结果如图9.54所示。在对象资源管理器面板上，对应的数据库的"可编程性"节点里面，单击"规则"节点，此时可以查看创建好的规则，如图9.55所示。

图9.54 创建规则

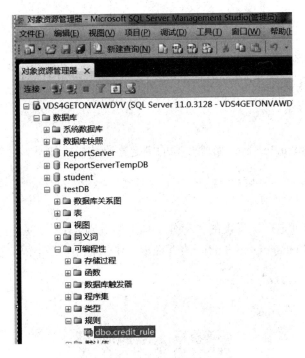

图9.55 查看规则

2. 绑定规则

使用存储过程sp_bindrule将规则绑定到列或别名数据类型，语法格式如下。

```
sp_bindrule [ @rulename = ] 'rule' , [ @objname = ] 'object_name' [ ,
[ @futureonly = ] 'futureonly_flag' ]
```

其中：

[@rulename =] 'rule'是 CREATE RULE 语句创建的规则名称。

[@objname =] 'object_name'是要绑定规则的表和列或别名数据类型。

[@futureonly =] 'futureonly_flag'只有将规则绑定到别名数据类型时才使用。

【例 9.2】 将规则 credit_rule 绑定到课程表的"学分"这一列上。

在 SQL Server Management Studio 的查询窗口中执行下面的代码。

```
exec sp_bindrule 'credit_rule','C.ct'
```

执行结果如图 9.56 所示。

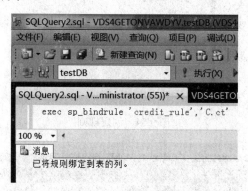

图 9.56　绑定规则

绑定成功后，在课程表的"学分"这一列上，只能输入 1~3 的整数，如果输入了其他值，SQL Server 会报错。

3．解绑规则

使用存储过程 sp_unbindrule 解除规则的绑定，语法格式如下。

```
sp_unbindrule [ @objname = ] 'object_name' [ , [ @futureonly = ]
'futureonly_flag' ]
```

【例 9.3】 解除绑定在课程表的"学分"列上的规则。

在 SQL Server Management Studio 的查询窗口中执行下面的代码。

```
exec sp_unbindrule 'C.ct'
```

执行结果如图 9.57 所示。

图 9.57　解除列上的规则

4．删除规则

使用 DROP RULE 命令从当前数据库中删除一个或多个用户定义的规则，语法格式如下。

```
DROP RULE { [ schema_name . ] rule_name } [ ,…n ] [ ; ]
```

【例 9.4】 删除规则 credit_rule。

如果要删除规则 credit_rule，就要先用 sp_unbindrule 解除绑定，然后用 DROP RULE 删除它。否则，SQL Server 2012 会报"无法删除，因为它已绑定一个或多个列"的错误信息。删除 credit_rule 的代码如下。

```
DROP RULE credit_rule
```

9.5.4 默认

使用 DEFAULT 数据库对象可以实现数据完整性。当绑定到列或别名数据类型时，如果插入时没有显式提供值，则默认值将指定一个值，以便将其插入该对象所绑定的列中。在 SQL Server 中对于绑定了默认的表列，行插入操作没有指定数据值的情况下，系统将自动为这些列提供事先定义好的默认值，这样用户对某些列不必每次都输入数据，大大地减少了工作量。对于默认的管理与规则有许多相似之处。

1．创建默认

创建默认的语法格式如下。

```
CREATE DEFAULT [ schema_name . ] default_name
    AS constant_expression [ ; ]
```

其中：

schema_name 是默认值所属架构的名称。

default_name 是默认值的名称。默认值名称必须遵守标识符规则。

constant_expression 只包含常量值的表达式。

【例 9.5】 假设"教师"表上的教师都来自同一个英语系，这样在"系别"字段上可以创建一个默认对象，取值为"英语系"。

在 SQL Server Management Studio 的查询窗口运行以下代码。

```
CREATE DEFAULT xb_default AS '英语系'
```

执行结果如图 9.58 所示。在对象资源管理器面板上，对应的数据库的"可编程性"节点里面，单击"默认值"节点，此时可以查看创建好的默认对象，如图 9.59 所示。

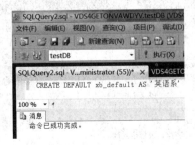

图 9.58 创建默认

图 9.59　查看默认

2．默认的绑定

创建默认值后，使用 sp_bindefault 将其绑定到列或别名数据类型。语法格式如下。

```
sp_bindefault [ @defname = ] 'default' ,
    [ @objname = ] 'object_name'
    [ , [ @futureonly = ] 'futureonly_flag' ]
```

其中：

[@defname =] 'default'是默认值的名称。

[@objname =] 'object_name'是表名和列名或者绑定默认值的别名数据类型。

[@futureonly =] 'futureonly_flag'只有将默认值绑定到别名数据类型时才使用。

【例 9.6】　将创建好的默认 xb_default 绑定到教师表 T 的"系别"这一列上。

在 SQL Server Management Studio 的查询窗口中执行下面的代码。

```
exec sp_bindefault 'xb_default','T.dept'
```

执行结果如图 9.60 所示。

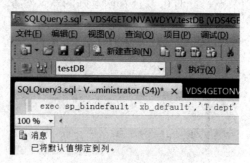

图 9.60　绑定默认值

3．默认的松绑

使用 sp_unbindefault 在当前数据库中为列或者别名数据类型解除（删除）默认值绑定。语法格式如下。

```
sp_unbindefault [ [ @objname = ] 'object_name'
    [ , [ @futureonly = ] 'futureonly_flag' ]
```

【例 9.7】 解除绑定在教师表 T 的"系别"列上的默认。

在 SQL Server Management Studio 的查询窗口中执行下面的代码。

```
exec sp_unbindefault 'T.dept'
```

执行结果如图 9.61 所示。

图 9.61 解绑默认

4．删除默认

使用 DROP DEFAULT 从当前数据库中删除一个或多个用户定义的默认值。语法格式如下。

```
DROP DEFAULT { [ schema_name . ] default_name } [ ,…n ] [ ; ]
```

【例 9.8】 删除默认 xb_default。

如果要删除默认 xb_default，就要先用 sp_unbindefault 解除绑定，然后用 DROP DEFAULT 删除它。删除 xb_default 的代码如下。

```
DROP DEFAULT xb_default
```

9.5.5 数据库关系图

数据库关系图以图形方式显示数据库的结构。创建数据库关系图可以使用 SQL Server 2012 提供的可视化工具——数据库设计器，它可以将所连接的数据库进行设计和可视化处理。为使数据库可视化，可创建一个或多个关系图，以显示数据库中的部分或全部表、列、键和关系。

在数据库关系图中，每个表都有标题栏、行选择器和一组属性列；每个关系都有终结点、线型和相关表。其中，线型反映两个相关表之间的关系，线的终结点表示关系是一对一还是一对多的关系，如图 9.62 所示。

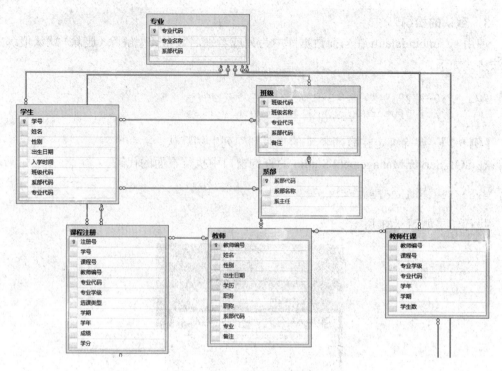

图 9.62　数据库关系图

从图 9.62 中可知，要创建有关系图，首先要将相关联的表集合放在一起，然后再做关系的设置，也就是设置两张表之间是通过哪个属性列互相关联的。

【例 9.9】　在 testDB 数据库中创建一个 TC 表与 T 表的关系图，命名为 TC_T，其中，T 表与 TC 表之间是通过 tno 属性列相关联，反映的是一对多的关系。

操作方法如下。

（1）在 SQL Server Management Studio 对象资源管理器中展开数据库 testDB，右击"数据库关系图"节点，选择"新建数据库关系图"命令，如图 9.63 所示。

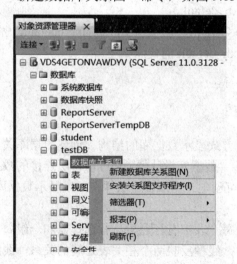

图 9.63　"新建数据库关系图"命令

（2）在弹出的"添加表"对话框中，将 T 表和 TC 表添加进去，如图 9.64 所示。

图 9.64　添加表 T 和表 TC

（3）添加好所有表后，设置表与表之间的关联。T 表的主键是 TNO，TC 表的主键是组合属性（TNO，CNO）。两表之间是一对多的关系。选择 T 表的 TNO 属性，按住鼠标左键拖动到 TC 表的 TNO 属性上。这时，弹出"表和列"对话框，指定关系名、主键表的TNO 属性列、外键表的 TNO 属性列，如图 9.65 所示。

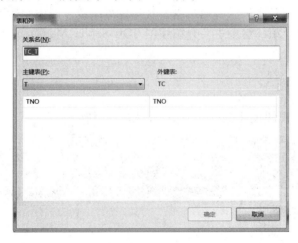

图 9.65　设置表 T 和表 TC 之间的关联

（4）单击"确定"按钮，生成如图 9.66 所示的关系图。保存关系图，取名为 TC_T。
（5）在对象资源管理器中展开数据库 testDB 的"数据库关系图"节点，可以看到创建好的关系图 TC_T，如图 9.67 所示。

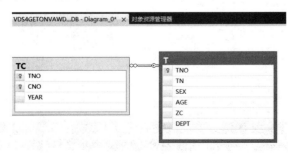

图 9.66　表 T 和表 TC 的关系图

SQL Server 2012 数据库管理系统介绍

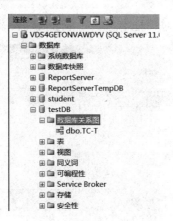

图 9.67　查看关系图 TC_T

9.6　视　　图

视图是关系数据库系统提供给用户以多种角度观察数据库中数据的重要机制。视图的概念在第 4 章中已有介绍，这里主要介绍使用 SQL Server Management Studio 来创建和管理视图的操作方法。

9.6.1　视图设计窗口

如图 9.68 所示，视图设计窗口分为 4 个窗格，分别如下。

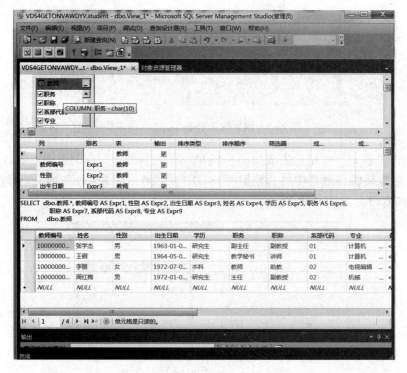

图 9.68　视图设计窗口

（1）"关系图"窗格：显示正在查询的表和其他表值对象。每个矩形代表一个表或表值对象，并显示可用的数据列。连接用矩形之间的连线来表示。

（2）"条件"窗格：包含一个类似于电子表格的网格，在该网格中可以指定相应的选项，例如，要显示的数据列、要选择的行、行的分组方式等。

（3）SQL 窗格：显示查询或视图的 SQL 语句。可以对由设计器创建的 SQL 语句进行编辑，也可以输入自己的 SQL 语句。对于输入不能用"关系图"窗格和"条件"窗格创建的 SQL 语句（例如联合查询），此窗格尤其有用。

（4）"结果"窗格：显示一个网格，用来包含查询或视图检索到的数据。在查询和视图设计器中，该窗格显示最近执行的 SELECT 查询的结果。

9.6.2　使用 SQL Server Management Studio 创建视图

在数据库 testDB 中创建讲授了"汇编程序"课程的教师视图，使用 SQL Server Management Studio 创建视图的操作步骤如下。

（1）在"对象资源管理器"面板中，展开要创建视图的数据库 testDB，选择"视图"文件夹，右击该文件夹，从弹出的快捷菜单中选择"新建视图"命令，如图 9.69 所示。接着就出现了"添加表"对话框，如图 9.70 所示，其中有表 C、T 及 TC。

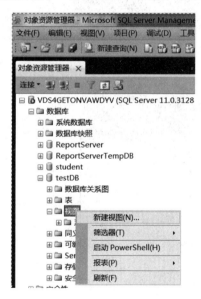

图 9.69　"新建视图"命令

图 9.70　"添加表"对话框

（2）在"添加表"选项框中选择用于创建视图的表名，三个表都添加到视图设计窗口的"关系图"窗格中，如图 9.71 所示。

（3）在"关系图"窗格中分别在三个表中选择要显示的列：教师号 TNO、姓名 TN、课程名 CN。在"条件"窗格中设置列 CN 的"筛选器"的值为：＝"汇编程序"。这时在 SQL 窗格自动生成了查询代码，如图 9.72 所示。

（4）单击工具栏上的 ▮ 按钮，显示结果。

（5）单击工具栏上的 ▮ 按钮，在弹出的"输入视图名称"文本框中输入视图的名称

"T_C语言"。

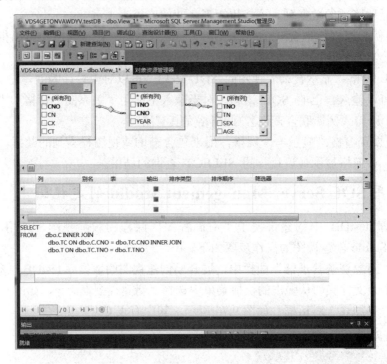

图 9.71　添加表后的"视图设计器"

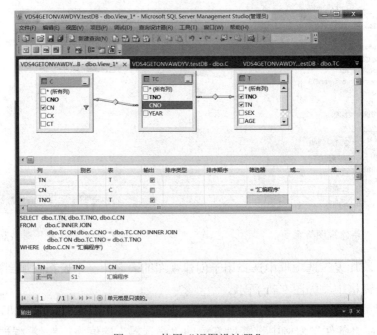

图 9.72　使用"视图设计器"

　　从上面的操作中可以看出，使用 SQL Server Management Studio 创建视图都是用可视化的图形界面来实现的，操作十分简单。

9.6.3 使用 SQL Server Management Studio 查看及修改视图

创建好视图之后，可使用 SQL Server Management Studio 查看及修改视图的相关信息。

1．查看视图

以前面新建的视图为例，首先展开视图所在的数据库 testDB，找到"视图"节点并展开，右击视图名"T_C 语言"，在弹出的快捷菜单中选择"编辑前 200 行"命令，如图 9.73 所示。可以看到打开的视图，如图 9.74 所示。

图 9.73　打开视图　　　　　　　　图 9.74　视图内容

2．修改视图

右击视图名"T_C 语言"，在弹出的快捷菜单中选择"设计"命令，会直接打开视图设计器，可分别在 4 个窗格中修改信息。例如，将课程"汇编程序"改为"英语"，如图 9.75 所示。执行结果为所有讲授了"英语"的教师信息。

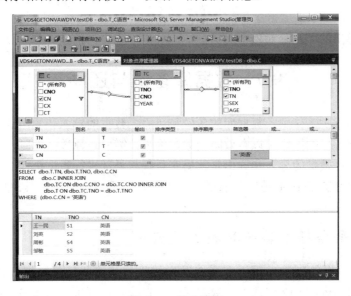

图 9.75　修改视图

SQL Server 2012 数据库管理系统介绍

最后，单击"保存"按钮，保存对视图的修改。

9.6.4 使用 SQL Server Management Studio 删除视图

对于不需要的视图，可以直接使用 SQL Server Management Studio 来删除。以删除"T_C 语言"为例。在"对象资源管理器"面板中，展开视图所在的数据库 testDB，找到"视图"节点并展开，右击视图名"T_C 语言"，在弹出的快捷菜单中选择"删除"命令，如图 9.76 所示。

图 9.76　删除视图

然后，在弹出的"删除对象"对话框中，单击"确定"按钮，完成删除视图的操作。

9.7　数据库备份与还原

在数据库的维护工作中，数据库的备份和还原、数据的导入和导出等操作是常用且重要的部分。经常备份数据库可以有效防止数据丢失；需要还原数据库时，利用以前做好的备份来恢复数据；数据的导入和导出是数据库系统与外部进行数据交换的操作。本章将详细介绍如何使用 SQL Server 2012 进行数据库的备份和还原、如何使用 SQL Server 2012 进行数据的导入和导出。

9.7.1　使用命令语句备份和还原数据库

"备份"是数据的副本，用于在系统发生故障后还原和恢复数据。在备份过程中，Microsoft SQL Server 2012 将数据从数据库文件直接复制到备份设备中。还原是从一个或多个备份中还原数据，并在还原最后一个备份后恢复数据库的过程。

Microsoft SQL Server 2012 提供了两种方法实现数据库的备份和还原，一种是在查询窗口通过命令语句的方式设置数据库的备份和还原，另一种是通过 SQL Server Management Studio 备份和还原数据库。下面先介绍备份和还原的命令语句的语法格式。

1. 使用 BACKUP DATABASE 语句备份数据库

语法格式如下。

```
BACKUP DATABASE database_name TO DISK = 'physical_backup_device_name'
```

其中：

BACKUP DATABASE：一个完整数据库备份。

database_name：要备份的数据库名。

TO DISK：备份文件在指定的磁盘路径上。

physical_backup_device_name：必须指定完整的路径和文件名。

【例 9.10】 备份数据库 testDB 到磁盘 D 盘下。

在查询窗口中编写的代码如下。

```
BACKUP DATABASE testDB TO DISK ='d:\testDB.bak'
```

执行结果如图 9.77 所示。

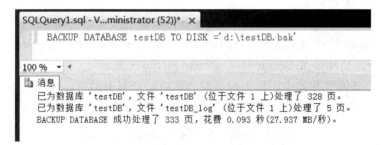

图 9.77　备份数据库 testDB

2. 使用 RESTORE DATABASE 语句还原数据库

语法格式如下。

```
RESTORE DATABASE database_name FROM DISK = 'physical_backup_device_name'
```

其中：

RESTORE DATABASE：还原整个数据库。

database_name：要还原的数据库名。

FROM DISK：指定从哪个磁盘路径上还原数据库。

physical_backup_device_name：必须指定完整的路径和文件名。

【例 9.11】 还原 testDB 数据库。

在查询窗口中编写的代码如下。

```
RESTORE DATABASE testDB FROM DISK='D:\testDB.bak'with replace
```

执行结果如图 9.78 所示。

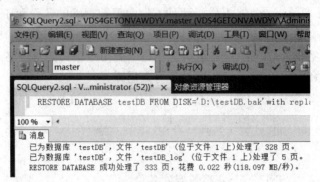

图 9.78 还原数据库 testDB

9.7.2 使用 SQL Server Management Studio 备份数据库

在备份数据库之前,需要创建一个备份设备,然后再去备份数据库、事务日志、文件/文件组等。备份设备可以是磁带、硬盘等。SQL Server 2012 可以将本地主机或者远端主机上的硬盘作为备份设备,数据备份在硬盘是以文件的方式被存储的。SQL Server 2012 只支持将数据备份到本地磁带机,无法将数据备份到网络上的磁带机。

1.新建一个备份设备

通过 SQL Server Management Studio 创建备份设备的操作方法如下。

(1)单击"开始"→"所有程序"→Microsoft SQL Server 2012→SQL Server Management Studio 菜单命令,启动 SQL Server Management Studio 工具。

(2)在对象资源管理器中,单击服务器名称以展开服务器树。

(3)展开"服务器对象",然后右键单击"备份设备",如图 9.79 所示。

图 9.79 创建备份设备

(4)单击"新建备份设备",将打开"备份设备"窗口,如图 9.80 所示。

图 9.80 "备份设备"窗口

（5）输入设备名称。

（6）单击"文件"并指定该文件的完整路径。

（7）单击"确定"按钮，完成备份设备的创建。

2．使用备份设备备份数据库

下面以 testDB 数据库为例，为其创建数据库完整备份，步骤如下。

（1）展开 testDB 数据库节点。

（2）右击 testDB 数据库，在快捷菜单中选择"任务"子菜单，然后再选择"备份"命令，弹出"备份数据库 testDB"窗口，如图 9.81 所示。

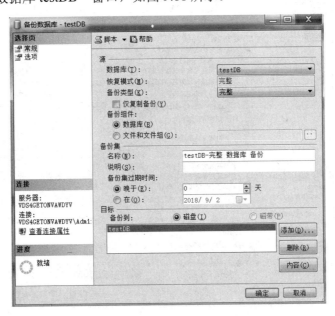

图 9.81 "备份数据库"窗口的"常规"选项卡

SQL Server 2012 数据库管理系统介绍

（3）在"数据库"下拉列表中可以选择要备份的数据库，在"备份类型"下拉列表中可以选择要备份的类型。这里数据库选择 testDB，备份类型为"完整"。

220

（4）在"备份到"窗口单击"添加"按钮，打开"选择备份目标"对话框，如图 9.82 所示。选中"备份设备"单选框，可以将数据库备份到创建好的备份设备中。如果没有"备份设备"，就只能选择"文件名"单选框，将数据库直接备份到磁盘上，要重新选择路径。最后，单击"确定"按钮。

（5）打开"备份数据库"窗口的"选项"选项卡，在"备份到现有介质集"上有两个选项："追加到现有备份集"和"覆盖所有现有备份集"。若选择"追加到现有备份集"，则将备份内容添加到当前备份之后；若选择"覆盖所有现有备份集"，则将原备份覆盖，如图 9.83 所示。默认选择的是"追加到现有备份集"，此处选项不变。

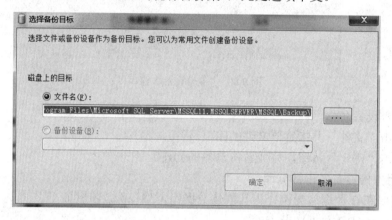

图 9.82 "选择备份目标"对话框

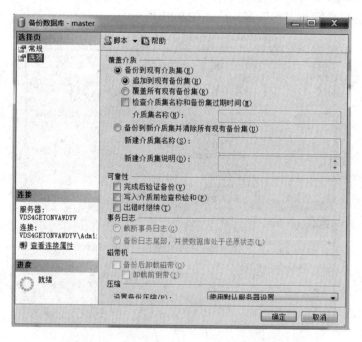

图 9.83 "备份数据库"窗口的"选项"选项卡

（6）最后，单击"确定"按钮，完成数据库的备份。备份成功，会弹出如图9.84所示的提示对话框。

图 9.84　备份数据库成功

9.7.3　使用 SQL Server Management Studio 还原数据库

使用 9.7.2 节创建的备份还原 testDB 数据库，操作方法如下。

（1）在 SQL Server Management Studio 的对象资源管理器面板中右击"数据库"节点，在弹出的快捷菜单中选择"还原数据库"，如图9.85所示。

图 9.85　还原数据库选择操作

（2）在弹出的"还原数据库"窗口的"常规"选项卡上，单击"目标"→"数据库"下拉菜单，选择要还原的数据库 testDB，如图9.86所示。

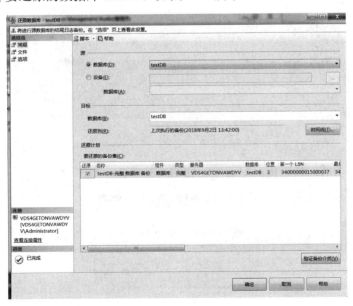

图 9.86　"还原数据库"窗口的"常规"选项卡

SQL Server 2012 数据库管理系统介绍

（3）选中"源设备"单选框，然后单击其文本框后面的按钮，出现如图 9.87 所示的窗口。在备份媒体的下拉列表中选择"文件"。

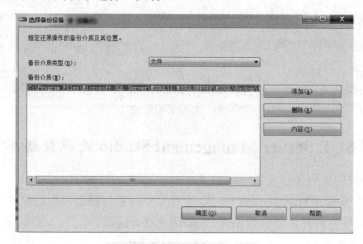

图 9.87　"选择备份设备"窗口

（4）单击"添加"按钮，选择相应的备份设备，单击"确定"按钮即可。

（5）如图 9.88 所示，在"还原数据库"对话框，出现可用于还原的备份文件，在前面勾选上，再单击"确定"按钮。

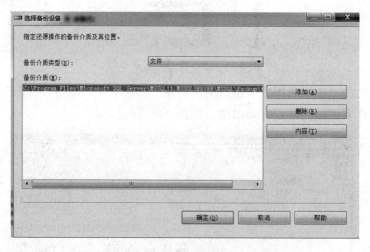

图 9.88　选择备份集中的备份文件

（6）还原成功后，弹出提出对话框，如图 9.89 所示。

图 9.89　还原数据库成功

注意：数据库的备份和还原操作也可以不使用备份设备，如果不指定备份设备，那么必须指定用于备份和还原的文件的物理位置，即完整的磁盘路径和文件名。

9.7.4 使用 SQL Server Management Studio 导入/导出数据表

SQL Server 2012 提供了一个导入/导出向导工具，其图形化的界面使得导入/导出数据非常方便。导入/导出的操作可以在不同的数据源之间进行，这里主要介绍不同数据库之间数据表的导入/导出。

1．数据表的导入

例如，要将 STUDENT 数据库中的"班级"表导入到数据库 testDB 中，操作方法如下。

（1）首先在 SQL Server Management Studio 的"对象资源管理"中展开服务器，右击 testDB 数据库，在快捷菜单中的"任务"子菜单中选择"导入数据"命令，弹出"SQL Server 导入和导出向导"窗口，如图 9.90 和图 9.91 所示。

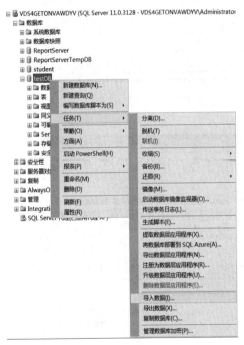

图 9.90　导入数据　　　　　图 9.91　"SQL Server 导入和导出向导"界面

（2）单击"下一步"按钮进入选择数据源界面，在数据源下拉列表中可以选择多种类型的数据源，这里选择 SQL Server Native Client 11.0。然后，在"数据库"下拉列表中选择数据库 STUDENT，用于指定源数据库，如图 9.92 所示。

（3）单击"下一步"按钮进入选择目标界面，如图 9.93 所示。这里在"目标"下拉列表中仍然选择 SQL Server Native Client 11.0。然后，在"数据库"下拉列表中选择数据库 testDB，用于指定目标数据库。

SQL Server 2012 数据库管理系统介绍

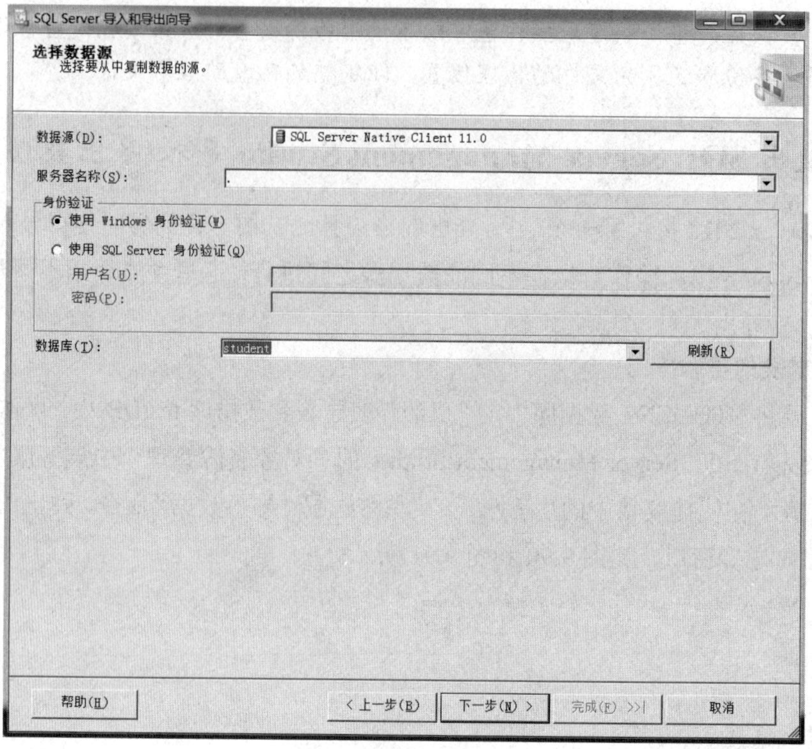

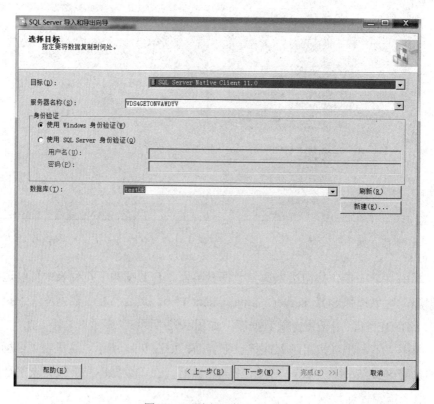

图 9.92　导入数据源界面

图 9.93　"选择目标"界面

（4）单击"下一步"按钮进入指定表复制或查询界面。选择"复制一个或多个表或视图的数据"单选按钮，如图 9.94 所示。

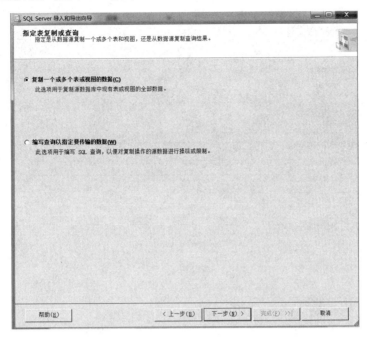

图 9.94　指定表复制或查询界面

（5）单击"下一步"按钮进入选择源表和源视图界面。这里选择数据表[STUDENT].
[dbo].[班级]，可以通过"编辑映射"按钮查看和修改设置，如图 9.95 所示。

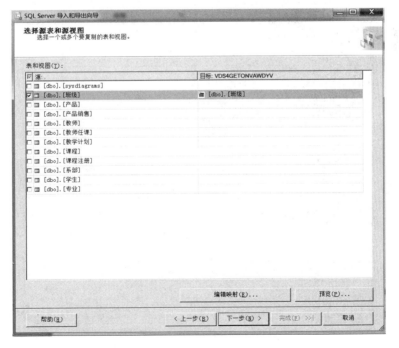

图 9.95　选择源表和源视图界面

（6）单击"下一步"按钮，弹出如图9.96所示的"保存并运行包"窗口。这里选中"立即运行"复选框。

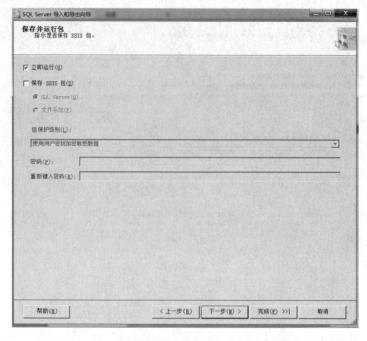

图9.96　保存并运行包界面

（7）单击"下一步"按钮，在弹出窗口中单击"完成"按钮，即可完成将"班级"表导入到数据库testDB的工作，如图9.97所示。

图9.97　导入设置完成界面

（8）等待一段时间后，就可以看到如图 9.98 所示的执行成功的界面。

图 9.98　导入数据表执行成功界面

2．数据表的导出

导出数据表过程和导入至数据库的过程相似，不同的是导入/导出的源和目的不同。下面介绍将 testDB 数据库里的 T 表导出到数据库 STUDENT 中。操作步骤如下。

（1）右击 testDB 数据库，在快捷菜单中的"任务"子菜单中选择"导出数据"命令，弹出"SQL Server 导入和导出向导"对话框。

（2）在下面进行的两个操作步骤中，分别指定源数据库为 testDB，目标数据库为STUDENT，其他设置不变，如图 9.99 和图 9.100 所示。

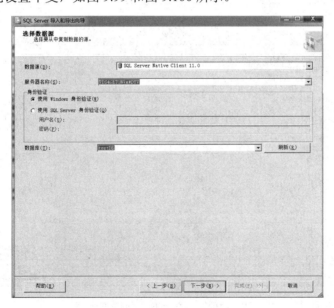

图 9.99　选择源数据库

SQL Server 2012 数据库管理系统介绍

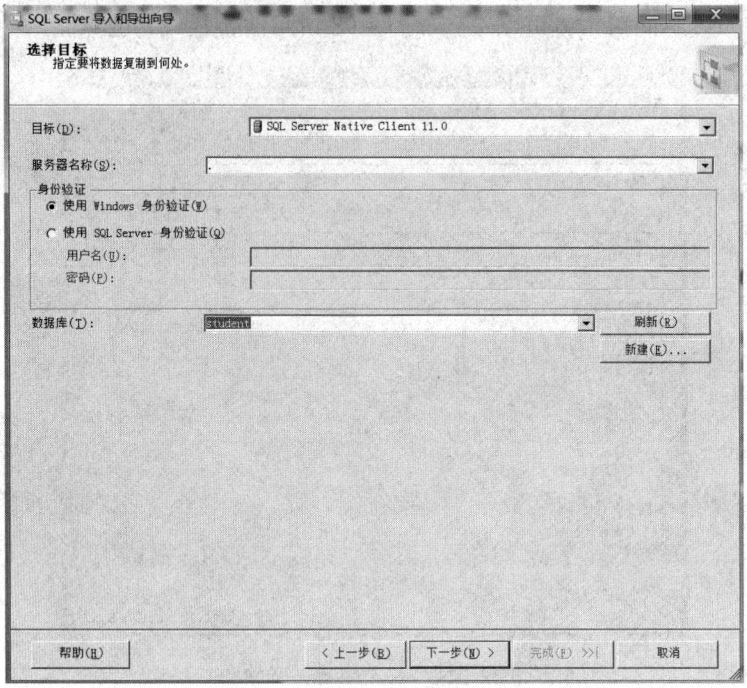

228

图 9.100　选择目标数据库

（3）单击"下一步"按钮直到"选择源表和源视图"窗口，这里选择 T 表。

（4）单击"下一步"按钮直到导出操作执行成功，如图 9.101 所示。

图 9.101　导出数据表执行成功

小　　结

（1）SQL Server 2012 是一个全面的数据库管理平台，其中，SQL Server Management Studio（SQL Server 集成管理器）是 SQL Server 2012 的核心组件，也是本章的重点操作工具。了解和掌握 SQL Server 2012 主要组件及工具，可以为以后的实际工作打好基础。

（2）在 SQL Server 2012 中有 4 个系统数据库：master 数据库、model 数据库、msdb 数据库、tempdb 数据库。了解各个系统数据库的作用和对其能进行的操作。

（3）在 SQL Server 2012 中，通过 SQL Server Management Studio（SQL Server 集成管理器）可以完成如数据库、数据表、主键、约束、关系图、规则和默认等多种数据库对象的管理工作（包括创建、修改、查看、删除等）。熟练掌握 SQL Server Management Studio 可以有效快捷地管理数据库及数据库对象。

（4）在第 4 章中，介绍了使用 SQL 语句实现数据查询和视图。还有一种方法，就是使用 SQL Server Management Studio 提供的查询设计器和视图设计器来设计查询与视图，这与前面几章所讲的理论知识是相对应的。

（5）在对 SQL Server 2012 的数据库进行维护时，数据库的备份和还原是一个重要的操作，本章分别介绍了使用 SQL 命令语句和使用 SQL Server Management Studio 来实现数据库的备份和还原的方法。另外，数据的导入和导出可以实现数据的交换。

（6）本章实践内容较多，读者以掌握基本操作为主，而深入全面地使用好 SQL Server 2012 还需要在实际工作中逐步累积来实现。

习　　题

一、选择题

1．Mircrosoft SQL Server 是一种基于客户机/服务器的关系数据库管理系统，它使用（　　）语言在服务器和客户机之间传送请求。

  A．TCP/IP   B．Transact-SQL   C．C   D．ASP

2．以下选项中属于 SQL Server 2012 的操作中心的是（　　）。

  A．SQL Server Management Studio   B．事件探测器

  C．SQL 管理对象   D．DTS

3．在下面的 4 个选项中，（　　）是 SQL Server 2012 新导入的一种数据类型。

  A．Varchar   B．Text   C．Table   D．Image

4．在"连接"对话框中有两种连接方式，其中在（　　）方式下，需要登录标识以及口令。

  A．Windows 身体验证   B．SQL Server 身份验证

  C．其他   D．前两种

5．若要设置开机后自动启动 SQL Server 服务器，可以在（　　）里设置。

A．控制面板中设置　　　　　　　B．SQL Server Management Studio
C．组件服务　　　　　　　　　　D．Integration Service

二、填空题

1．SQL Server 2012 分为____个版本，分别是_____。

2．SQL Server 2012 的系统数据库有_____。

3．表的主键约束可以在_____中直接进行设置。

4．视图设计窗口由_____、_____、_____和_____组成。

5．规则的绑定使用_____系统存储过程。

6．数据库的备份语句由 BACKUP DATABASE 实现，还原语句则是由_____实现的。

三、综合题

1．创建教师管理系统的数据库 Teach 和其中的两张数据表（课程表、教师表）。

使用 SQL Server Management Studio 控制管理器创建如表 9.2 和表 9.3 所示的两个数据表：表 course 是课程信息表，表 teacher 是教师信息表。根据表中的要求，对表的结构和主键约束进行设置。

表 9.2　course 表（课程信息表）

字段名称	类型	宽度	允许空值	主键	说明
cno	char	10	NOT NULL	是	课程编号
cname	char	20	NOT NULL		课程名称
lecture	tinyint	1	NULL		授课学时
semester	tinyint	1	NULL		开课学期
credit	tinyint	1	NULL		课程学分

表 9.3　teacher 表（教师信息表）

字段名称	类型	宽度	允许空值	主键	说明
tno	char	8	NOT NULL	是	教师编号
tname	char	8	NOT NULL		教师姓名
sex	char	2	NULL		教师性别
birthday	smalldate	4	NULL		教师出生日期
dept	char	6	NULL		教师所在院系

2．在数据库 Teach 中向表 course、表 teacher 添加数据。数据如表 9.4 和表 9.5 所示。

表 9.4　表 T1

cno	cname	lecture	semester	credit
1001	高等数学（一）	45	1	2
1002	高等数学（二）	45	2	2
1003	大学英语	60	1	2
1004	C 语言程序设计	60	3	3
1005	计算机应用基础	60	2	2

表 9.5　表 T2

tno	tname	sex	birthday	dept
0001	王平	男	1977-4-2	人文学科部
0002	朱兰兰	女	1982-5-7	基础学科部
0003	罗海忠	男	1973-12-7	基础学科部
0004	何吉双	男	1980-4-11	财经学科部
0005	陈丹	女	1978-9-10	信息学科部
0006	郑罗文	男	1976-1-25	信息学科部

3．在数据库 Teach 中向表 teacher 添加一个"职称"字段，字段名为"prof"，数据类型为 char 类型，长度为 10，并且允许为空。然后将 teacher 表中所有教师的职称字段上的值填写完整。

4．查看 Teach 数据库里的表 course，添加一个课程记录。其中，课程名为"大学体育"，课程号"1006"，课时为 30 个课时，开课学期在第三学期，学分为 1。

5．创建一个规则 birthday_rule，要求教师的出生年份不小于 1973 年。

6．在数据库 Teach 中，基于表 teacher 和表 course 创建视图，视图名为"教师任课"，包含字段"教师编号""教师姓名""课程名称""开课学期"。

7．使 SQL Server Management Studio 控制管理器备份和还原 Teach 数据库。

8．学会在自己的计算机上安装 SQL Server 2012 的某个版本。

9．认识并熟练掌握 SQL Server Management Studio 窗体界面。

10．练习注册数据库服务器与对象资源管理器的连接。

11．利用所学的数据库知识，结合第 1 题的上机内容，继续完善教师管理系统的数据库，比如添加任课信息表、教学计划表等。

SQL Server 编程

SQL Server 的编程语言就是 T-SQL，这是一种非过程化的语言。不论是普通的 Client/Server 应用程序，还是 Web 应用程序，都必须通过向服务器发送 T-SQL 语言才能实现与 SQL Server 的通信。用户可以使用 T-SQL 语言定义过程，用于存储以后经常使用的操作。在目前许多数据库应用系统开发中，嵌入式 SQL 语言是开发平台与数据库联系的重要桥梁，它的具体应用是本课程要求学会的最重要的实践知识，也是计算机有关专业在软件开发中要具体应用的重要的基本方法。本章介绍了嵌入式 SQL 的基本工作方式，并对以 C#、Java 两种高级语言为平台，与 SQL Server 结合开发程序的方法作了实例说明。本章主要介绍嵌入式 SQL 语言的概念及其在 C#、Java 平台下的嵌入式 SQL 语言，SQL 编程中批处理、存储过程和触发器的基本概念及其创建、修改与使用等操作方法。

10.1 嵌入式 SQL

10.1.1 嵌入式 SQL 介绍

1. 嵌入式 SQL 概念

从本章开始讲述的 SQL 特点中可知，前面介绍的 SQL 在 SQL Server 中的各种应用是属于自含式语言，嵌入式 SQL 是将 SQL 各种命令嵌入到某种高级语言中，利用高级语言的过程性结构来弥补 SQL 在实现逻辑关系复杂应用方面的不足，这种方式下使用的 SQL 称为嵌入式 SQL（Embedded SQL）。

能够使用 SQL 语句的高级语言称为主语言或宿主语言。目前使用比较广泛的宿主语言有 C#、Delphi、Java、Phython、PHP 等。不管使用什么宿主语言，凡是通过 SQL 来对数据库操作均称为嵌入式 SQL 应用。

在宿主语言中，对于嵌入的 SQL 语句，一般可用两种方法处理：一种是把嵌入的 SQL 语句先进行编译，使它们能被宿主语言识别与运行，这种方式称为预编译；另一种方式是修改或扩充宿主语言的功能，使之能够把 SQL 语句的命令看作和本身语言命令一样能给予解释和执行。后一种方法改动太大，目前采用较多的是第一种方法，其处理过程如图 10.1 所示。宿主语言+SQL 源程序→预编译系统→宿主语言源程序（含 SQL）→宿主语言的编译系统→目标程序→连接数据库并运行。

实际上是由 DBMS 的预处理程序对源程序进行扫描，识别出 SQL 语句，把它们转换成宿主语言调用语句，以使宿主语言编译程序能识别它，随后由宿主语言的编译程序将整个源程序编译成目标程序，最后连接数据库并运行出结果。

图 10.1　嵌入式 SQL 处理过程

2．嵌入式 SQL 在数据库系统开发中的重要作用

目前使用的中小型或大型数据库系统，都具有数据整体结构化、数据共享性高、冗余度小、易扩充、数据独立性高的优点，还具有数据安全性控制、完整性约束、并发控制、数据库恢复、集合式操作等特点，这是任何一种高级语言所不具备的。

一般的高级语言，特别是面向对象的高级语言，具有逻辑运算功能强、运算速度快、集成开发环境好的特点，这一点同样是各种数据库系统较为逊色的功能。

要设计一个优秀的数据库应用系统，一定要具有以上所讲的二者的优点，使用 SQL 就可以把两者结合起来。

10.1.2　C#平台下的嵌入式 SQL

1．应用 C#的重要知识点

这里所讲的 C#重要知识点是指使用嵌入式 SQL 时不可缺少的 C#知识。

ADO.NET 的名称起源于 ADO(ActiveX Data Objects)，这是一个广泛的类组，是 Microsoft 希望在.NET 编程环境中优先使用的数据访问接口。

在应用程序中处理数据的任务可以分为若干个过程。例如，在通过窗体向用户显示数据之前，必须先连接到一个数据源（可能是一个数据库），然后获取要显示的数据。将这些数据引入应用程序后，可能需要将数据临时存储在某个位置，如存储在 DataSet 对象中。最后在数据容器控件中填充这些数据值。

（1）ADO.NET 控件。

① ADO.NET 的对象模型中对象组成如图 10.2 所示。

在 ADO.NET 组件中包含两个核心子组件：DataSet 和.NET Data Provider。DataSet 组件支持对数据库的无连接访问，可以访问任意类型的数据源。DataSet 对象中的数据以 XML 作为存储格式，从而使得 ADO.NET 组件中的对象和 XML 类的对象可以互相访问。DataSet 对象包含一组 DataTable 对象和 DataRelation 对象，DataTable 对象中存储数据，由数据行（列）、主关键字、外关键字、约束等组成，DataRelation 对象中存储各 DataTable 之间的关系。.NET Data Provider 组件由以下 4 个类组成：Connection、Command、DataReader、DataAdapter。Connection 对象支持到数据源的连接；Command 对象提供对数据源执行 SQL 命令的接口；DataReader 对象用来实现对数据的读取；DataAdapter 对象用来建立 Connection 对象和 DataSet 对象之间的联系，通过调用 Command 对象对数据源执行 SQL 命令来读取数据到 DataSet 对象，以及将 DataSet 对象中的数据修改保存到数据源中。

② SqlConnection 对象。和数据库交互，必须使用它。在连接字符串中指明数据库服务器、数据库名字、用户名、密码，以及连接数据库所需要的其他参数。Connection 对象会被 Command 对象使用，这样就能够知道是在哪个数据库上面执行命令。

③ Command 对象。数据建立连接成功后，就可以用 Command 对象来执行查询，修

改、插入、删除等命令；Command 对象常用的方法有 ExecuteReader 方法、ExcuteScalar()方法、ExecuteNonQuery()方法；插入数据可用 ExecuteNonQuery()方法来执行插入命令。

234

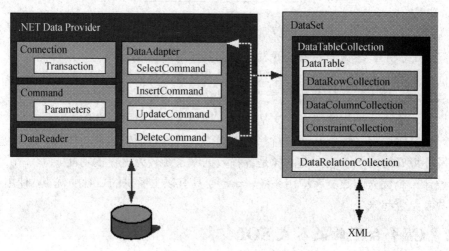

图 10.2　ADO.NET 的对象模型中的对象组成

④ SqlDataReader 对象。许多数据操作要求只是读取一串数据。DataReader 对象允许获得从 Command 对象的 SELECT 语句得到的结果。考虑性能的因素，从 DataReader 返回的数据都是快速的且只是"向前"的数据流。这意味着只能按照一定的顺序从数据流中取出数据。这对于速度来说是有好处的，但是如果需要操作数据，更好的办法是使用 DataSet。

⑤ DataSet 对象。DataSet 对象是数据在内存中的表示形式。它包括多个 DataTable 对象，而 DataTable 包含列和行，就像一个普通的数据库中的表。甚至能够定义表之间的关系来创建主从关系。DataSet 是在特定的场景下使用——帮助管理内存中的数据并支持对数据的断开操作。DataSet 是被所有 Data Providers 使用的对象，因此它并不像 Data Provider 一样需要特别的前缀。

⑥ SqlDataAdapter 对象。某些时候使用的数据主要是只读的，并且很少需要将其改变至底层的数据源。同样一些情况要求在内存中缓存数据，以此来减少并不改变的数据被数据库调用的次数。DataAdapter 通过断开模型来帮助我们方便地完成对以上情况的处理。当在一单批次的对数据库的读写操作的持续改变返回至数据库的时候，DataAdapter 填充 DataSet 对象。DataAdapter 包含对连接对象以及当对数据库进行读取或者写入的时候自动的打开或者关闭连接的引用。另外，DataAdapter 包含对数据的 SELECT、INSERT、UPDATE 和 DELETE 操作的 Command 对象引用。

（2）DataGridView 控件。

DataGridView 控件提供用来显示数据的可自定义表。使用 DataGridView 控件来显示有基础数据源或没有基础数据源的数据。如果没有指定数据源，可以创建包含数据的列和行，并将它们直接添加到 DataGridView。或者，可以设置 DataSource 和 DataMember 属性，以便将 DataGridView 绑定到数据源，并自动用数据填充该控件。

2．在 C#环境下设置数据库连接

步骤如下。

（1）在 SQL Server 中建立数据库，例如，创建了 STUDENT 数据库，并建立 XC 表。

（2）打开 VS2012 设计环境，设计好窗体界面。设置与数据库连接及相关数据操作代码。

① 首先对各数据库连接对象进行声明，方法如下。

```
SqlDataAdapter xc_Da;                    //声明数据适配器对象
DataSet xc_Ds;                           //声明数据集对象
SqlCommand xc_Com;                       //声明Command对象
string xc_Str_ConnectionString="Data Source=(local);Initial Catalog=
student;Integrated Security=True";       //设置连接字符串
SqlConnection xc_Con;                    //声明连接对象
```

② 创建数据库连接函数，方法如下。

```
public SqlConnection GetCon()
{
  xc_Con = new SqlConnection(xc_Str_ConnectionString);
  xc_Con.Open();
  return xc_Con;
}
```

③ 创建函数得到 DataSet 数据集，方法如下。

```
public DataSet GetDs(string cmdtxt)
{
  try
   {
    xc_Da = new SqlDataAdapter(cmdtxt, GetCon());
    xc_Ds = new DataSet();
    xc_Da.Fill(xc_Ds);
    return xc_Ds;
   }
  catch (Exception ex)
   {
     MessageBox.Show("错误：" + ex.Message, "错误提示",MessageBoxButtons.
     OKCancel, MessageBoxIcon.Error);
    return null;
   }
  finally
   {
    if (GetCon().State == ConnectionState.Open)
    {
    GetCon().Close();
    GetCon().Dispose();
```

```
      }
    }
  }
```

④ 创建函数执行 SQL 命令, 方法如下。

```
public bool GetExecute(string cmdtxt)
{
  xc_Com = new SqlCommand(cmdtxt, GetCon());
  try
  {
   xc_Com.ExecuteNonQuery();
   return true;
  }
  catch (Exception ex)
  {
   MessageBox.Show("错误: " + ex.Message, "错误提示", MessageBoxButtons.
   OKCancel, MessageBoxIcon.Error);
   return false;
  }
  finally
  {
   if (GetCon().State == ConnectionState.Open)
   {
   GetCon().Close();
   GetCon().Dispose();
   }
  }
}
```

10.1.3 Java 平台下的嵌入式 SQL

Java 语言是编写数据库应用程序的杰出语言之一, 它提供了方便访问数据的技术。利用 Java 语言中的 JDBC 技术, 用户能方便地开发出基于 Web 网页的数据库访问程序, 从而扩充网络应用功能。JDBC (Java Database Connectivity, Java 数据库连接) 是一种用于执行 SQL 语句的 Java API, 可以为多种关系数据库提供统一的访问接口。用户能够以一致的方式连接多种不同的数据库系统 (如 Access、SQL Server、Oracle、Sybase 等), 进而可使用标准的 SQL 来存取数据库中的数据, 而不必再为每一种数据库系统编写不同的 Java 程序代码, 如图 10.3 所示。

图 10.3 中体现了应用程序、JDBC 与驱动程序之间的关系。简单地说, 使用 JDBC, 可由厂商实现数据库接口的驱动程序, 而 Java 程序设计人员调用 JDBC 的 API 并操作 SQL, 实际对数据库的操作由 JDBC 驱动程序负责。如果要更换数据库, 基本上只要更换驱动程序, Java 程序中只要加载新的驱动程序来源, 即可完成数据库系统的变更, Java 程序的部分则无须改变。JDBC 是面向 "与平台无关" 设计的, 所以在编程的时候不必关心自己要使用的是什么数据库产品, 只要使用 JDBC 连接数据库就可以。

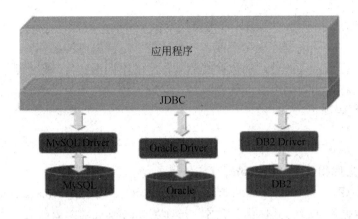

图 10.3　JDBC 连接技术

使用 JDBC 连接数据库有多种方式，常用的有两种：一种是通过 JDBC-ODBC 桥驱动程序连接，另一种是使用相关厂商提供的驱动程序建立连接。根据连接的方式不同，SQL Server 驱动程序加载的内容也会不一样，但是数据库访问的操作是一样的。下面介绍如何采用 JDBC 数据库技术来连接 SQL Server 2012 数据库和访问数据的步骤。

1. 加载驱动

首先必须通过 java.lang.Class 类的 forName()动态加载驱动程序类，并向 DriverManager 注册 JDBC 驱动程序（驱动程序会自动通过 DriverManager.registerDriver()方法注册）。SQL Server 2012 的驱动程序类是 com.microsoft.sqlserver.jdbc.SQLServerDriver，一个加载 JDBC 驱动程序的程序主要代码如下所示。

```
try {
    Class.forName("com.microsoft.sqlserver.jdbc.SQLServerDriver");
}
catch(ClassNotFoundException e) {
    System.out.println("找不到驱动程序类");
}
```

注意：JDBC 驱动程序加载时，需要使用 sqljdbc.jar 包，必须提前将这个包引入到 Java 环境变量 CLASSPATH 中。可以到 SQL Server 主页下载可支持的 JDBC 驱动程序，Microsoft SQL Server JDBC Driver 2.0 提供两个类库文件：sqljdbc.jar 和 sqljdbc4.jar，如图 10.4 所示。具体使用哪个文件取决于首选的 Java 运行时环境（JRE）设置。

图 10.4　SQL Server JDBC 驱动程序包

2. 创建一个数据库连接的 URL

为了连接到一个数据库，必须创建一个"数据库 URL"，它要指定下述三方面的内容。

（1）用"jdbc"指出要使用 JDBC 连接技术。

（2）"子协议"：驱动程序的名字或者一种数据库连接机制的名称。

（3）数据库标识符：随使用的数据库驱动程序的不同而变化，但一般都提供了一个比较符合逻辑的名称，由数据库管理软件映射（对应）到保存了数据表的一个物理目录。

URL 程序代码如下。

```
String url="jdbc:sqlserver://localhost:1433;DatabaseName=pubs";
```

3. 连接数据库得到 Connection

要连接数据库，可以向 java.sql.DriverManager 要求并获得 java.sql.Connection 对象。Connection 是数据库连接的具体代表对象，一个 Connection 对象就代表一个数据库连接，可以使用 DriverManager 的 getConneciton()方法，指定 JDBC URL 作为自变量并获得 Connection 对象。

```
Try {
  String url =  " jdbc:microsoft:sqlserver:
   //localhost:1433; DatabaseName=pubs ";
   String user="sa";
   String password="";
    Connection conn = DriverManager.getConnection(url);
    ...
}
Catch(SQLException e) {
    ...
}
```

调用静态方法 DriverManager.getConnection()，将数据库的 URL 以及进入那个数据库所需的用户名密码传递给它。得到的返回结果是一个 Connection 对象，利用它即可查询和操纵数据库。

4. 得到一个 Statement 对象

根据 Connection 对象创建一个 Statement（语句）对象，这是用 createStatement()方法实现的。实例代码如下。

```
Statement stmt=conn.createStatement();
```

5. 执行 SQL 语句

根据结果 Statement，可调用 executeQuery()，向其传递包含 SQL-92 标准 SQL 语句的一个字串：

```
String sql="select * from authors";
```

6. 处理结果集 ResultSet

从 executeQuery()返回一个 ResultSet 对象。注意在试图读取任何记录数据之前，都必须调用一次 next()。若结果集为空，那么对 next()的这个首次调用就会返回 false。若结果集不为空，则可以通过 getXxx()的方法读取数据。实例片段如下。

```
ResultSet rs=stmt.executeQuery(sql);
If(rs.next()) {
  String ln=rs.getString("au_lname");
  ...
}
```

从上面的步骤中可以看出，通过 JDBC 连接技术连接和访问 SQL Server 2012，需要使用 Connection、Statement 和 ResultSet 三个对象，可以在引用这些对象的页面上用 import java.sql.*把它们引入进来。

10.2　过程化 SQL

T-SQL（Transaction-SQL）是 SQL Server 的专用语言。它包括两部分：一是 SQL 语句的标准语言部分，利用这些标准的 SQL 编写的应用程序和脚本，可以自如地移到其他的关系型数据库管理系统中执行；二是在标准 SQL 语句上进行的扩充。因为标准的 SQL 语句形式简单，不能满足应用程序的编程需要，因此各 DBMS 厂商都针对其各自的数据管理系统版本做了某种程度的扩充和修改。微软公司在标准 SQL 语句上增加了许多新的功能，包括语句的注释、变量的定义和流程控制语句等，而且增强了可编程性和灵活性。

10.2.1　常量

常量也称为字面值或标量值，是表示一个特定数据值的符号，其值在程序运行过程中不改变，常量包括整型常量、实型常量、字符串常量、双字节字符串（Unicode 字符串）常量、日期型常量、货币型常量、二进制常量等。常量的格式取决于它所表示的值的数据类型，如表 10.1 所示。

表 10.1　常量类型表

类　　型	说　　明	举　　例
整型常量	没有小数点和指数 E	50、10、−123
实型常量	decimal 或 numeric 带小数点的常数	15.12、−123.456
	float 或 real 带指数 E 的常数	+123E-4、−15E6
字符串常量	用单引号(")引起来	'student' '中国'
双字节字符串	前缀 N 须大写，字符串用单引号引起来	N'我们'
日期型常量	用单引号引起来	'9/6/2018' 'Sep 12 2018' '20180904'
货币型常量	精确数值型数据，前缀$	$123.5
二进制常量	前缀 0x	0xAE、0x12Ef、0x69048AEFDD010E
全局唯一标识符	前缀 0x	0x6F9619FF8B86D011B42D00C04FC964FF
	单引号(')引起来	'6F9619FF-8B86-D011-B42D-00C04FC964FF'

全局唯一标识符（GUID）是值不重复的 16 字节二进制数（世界上任何两台计算机都不生成重复的 GUID 值），主要用于在拥有多个节点、多台计算机的网络中，分配具有唯一

性的标识符。

10.2.2　变量

变量是 SQL Server 用来在语句之间传递数据的方式之一。SQL Server 中的变量分为全局变量和局部变量。其中，全局变量的名称以"@@"字符开始，由系统定义和维护；局部变量的名称以"@"字符开始，由用户自己定义和赋值。

1．局部变量

局部变量可由用户定义，其作用域（可引用该变量的 T-SQL 语句的范围）从声明变量的地方开始到声明变量的批处理或存储过程的结尾。局部变量必须先定义，后使用。定义和引用时要在其名称前加上标志"@"。

其定义形式为：

```
DECLARE@变量名 数据类型[,…n]
```

变量名最多可以包含 128 个字符，局部变量名必须符合 SQL Server 标识符命名规则，局部变量的数据类型可以是系统数据类型，也可以是用户自定义数据类型，但不能把局部变量指定为 text、ntext 或 image 数据类型。在一个 DECLARE 语句中可以定义多个局部变量，但须用逗号分隔开。

在 T-SQL 中必须使用 SELECT 或 SET 语句来设定变量的值。其语法如下：

```
SELECT @变量名=变量值[,…n]
SET@变量名=变量值
```

局部变量的名称不能与全局变量的名称相同，否则会在使用中出错。

【例 10.1】　定义一个长度为 4 个字符的变量 Xh,并赋值一个学号"s001"。

```
DECLARE@Xh char(4)  --定义
SELECT@Xh='s001'    --赋值
```

注意：如果在单个 SELECT 语句中有多个赋值子句，SQL Server 不保证表达式求值的顺序。

2．全部变量

全局变量是由 SQL Server 系统在服务器级定义、供系统内部使用的变量，通常存储一些 SQL Server 的配置设定值和统计数据。

全局变量可被任何用户程序随时引用，以测试系统的设定值或者是 T-SQL 语句执行后的状态值。引用全局变量时必须以"@@"开头。表 10.2 是 SQL 常用的全局变量。

表 10.2　SQL 常用的全局变量

名　　称	说　　明
@@connections	返回当前到本服务器的连接的数目
@@rowcount	返回上一条 T-SQL 语句影响的数据行数
@@error	返回上一条 T-SQL 语句执行后的错误号
@@procid	返回当前存储过程的 ID 号

名　称	说　明
@@remserver	返回登录记录中远程服务器的名字
@@spid	返回当前服务器进程的 ID 标识
@@version	返回当前 SQL Server 服务器的版本和处理器类型
@@language	返回当前 SQL Server 服务器的语言

【例 10.2】 查询当前版本信息。

```
SELECT @@version
```

注意：某些 T-SQL 系统函数的名称以两个@符号(@@)开头。

10.2.3　SQL 流程控制

流程控制语句是用来控制程序执行顺序的命令，这些命令包括条件控制语句、无条件转移语句、循环语句。使用这些语句，可以实现结构程序设计。T-SQL 语句使用的流程控制语句与常见的程序设计语言类似。

1．BEGIN…END 语句

BEGIN…END 语句能够将多个 T-SQL 语句组合成一个语句块，并将处于 BEGIN…END 内的所有程序视为一个单元处理。在条件（如 IF…ELSE）和循环等控制流程语句中，当符合特定条件便要执行两个或者多个语句时，就需要使用 BEGIN…END 语句。

（1）语法：

```
BEGIN
   { sql_statement | statement_block }
END
```

（2）参数摘要：

sql_statement|statement_block：至少一条有效的 T-SQL 语句或语句组。

（3）说明：

① BEGIN 和 END 语句必须成对使用。BEGIN 语句单独出现在一行中，后跟 T-SQL 语句块（至少包含一条 T-SQL 语句）；最后 END 语句单独出现在一行中，指示语句块的结束。

② BEGIN 和 END 语句用于下列情况：WHILE 循环需要包含语句块；CASE 函数的元素需要包含语句块；IF 或 ELSE 子句需要包含语句块。

③ 在 BEGIN…END 中可嵌套另外的 BEGIN…END 来定义另一程序块。

④ 虽然所有的 T-SQL 语句在 BEGIN…END 块内都有效，但有些 T-SQL 语句不应分组在同一批处理或语句块中。

【例 10.3】 使用 BEGIN…END 语句显示"教师编号"为"S1"的"姓名"和"职称"。代码如下。

```
USE teacher
```

```
GO
BEGIN
    PRINT '满足条件的教师信息；'
    SELECT 姓名，职称 FROM 教师表 WHERE 教师编号='S1'
END
GO
```

2．IF…ELSE 语句

IF…ELSE 语句是条件判断语句，用来判断当某一条件成立时执行某段程序，条件不成立时执行另一段程序。

（1）语法：

```
IF logical_expression { sql_statement | statement_block }
[ ELSE { sql_statement | statement_block } ]
```

（2）结果类型为 Boolean。

（3）说明：

① 除非使用 BEGIN…END 语句定义的语句块，否则 IF 或 ELSE 条件只影响一个 T-SQL 语句。

② 如果在 IF…ELSE 的 IF 区和 ELSE 区都使用了 CREATE TABLE 语句或 SELECT INTO 语句，那么 CREATE TABLE 语句或 SELECT INTO 语句必须指向相同的表名。

③ IF…ELSE 语句可用于批处理、存储过程和查询。

④ IF…ELSE 可以嵌套（可在 IF 之后或 ELSE 下面，嵌套另一个 IF 语句）。在 T-SQL 中最多可嵌套 32 级；在 SQL server 2012 中，嵌套级数的限制取决于可用内存。

【例 10.4】 使用 IF…ELSE 语句实现查询"网络基础"学分，如果学分超过 6 分，则显示"进行分两学期开课"。

代码如下。

```
USE  teacher
GO
DECLARE  @record int
SELECT  @record=学分 FROM  student
IF  @record>=6
    BEGIN
        PRINT  '该门课有'+@record)+'学分'
        PRINT  '进行分两学期开课'
    END
ELSE
    BEGIN
        PRINT  '该门课有'+@record)+'学分'
        PRINT  '一学期开课'
    END
```

3．CASE 语句

根据测试条件表达式的值的不同，返回多个可能结果表达式之一。

CASE 具有两种格式：简单 CASE 函数和 CASE 搜索函数。

（1）简单 CASE 函数：将某个表达式与一组简单表达式进行比较以确定结果。

① 语法：

```
CASE input_expression
WHEN when_expression THEN result_expression
[ …n ]
[ELSE else_result_expression]
END
```

② 参数摘要：

- when_expression：与 input_expression 比较的简单表达式。
- result_expression：当 input_expression = when_expression 比较的结果为 TRUE 时返回的表达式。
- else_result_expression：当 input_expression=when_expression 比较的结果都不为 TRUE 时返回的表达式。
- input_expression、when_expression、result expression 和 else_result_expression 可以是任何有效的 SQL Server 表达式。但前两者、后两者的数据类型必须相同或能隐式转换。

③ 结果类型：result_expressions 和 else_result_expression 中最高优先级类型。

④ 返回值：

- 首先计算 input_expression，然后按指定顺序对每个 WHEN 子句计算 input_expression = when_expression，返回计算结果为 TRUE 的第一个 result_expression。
- 在 input_expression=when_expression 的计算结果都不为 TRUE 的情况下，如果指定了 ELSE 子句，则返回 else_result_expression，如果没有指定 ELSE 子句则返回 NULL。

【例 10.5】 CASE 语句示例 1（输出成绩等级）。

代码如下。

```
DECLARE @分数 decimal, @成绩级别 nchar(3)
SET @分数 = 88
SET @成绩级别 =
  CASE FLOOR(@分数/10)
    WHEN 10 THEN '优秀'
    WHEN 9 THEN '优秀'
    WHEN 8 THEN '良好'
    WHEN 7 THEN '中等'
    WHEN 6 THEN '及格'
    ELSE '不及格'
  END
PRINT @成绩级别
```

（2）CASE 搜索函数：计算一组逻辑表达式以确定结果。

① 语法：

```
CASE
  WHEN logical_expression THEN result_expression
  [ …n ]
  [ ELSE else_result_expression ]
END
```

② 参数摘要：result_expression 和 else_result_expression 可以是任何有效的 SQL Server 表达式。

③ 结果类型：result_expressions 和 else_result_expression 中返回最高优先级类型。

④ 返回值：按指定顺序对每个 WHEN 子句求 logical_expression 值。返回计算结果为 TRUE 的第一个 logical_expression 的 result_expression；当 logical_expression 的计算结果都不为 TRUE 时，如果指定了 ELSE 子句则返回 else_result_expression，否则返回 NULL。

【例 10.6】 CASE 语句示例 2（输出成绩等级）。

代码如下。

```
DECLARE @分数decimal, @成绩级别 nchar(3)
SET @分数 = 88
SET @成绩级别 =
  case
    WHEN @分数>=90 AND @分数<=100 THEN '优秀'
    WHEN @分数>=80 AND @分数<90 THEN '良好'
    WHEN @分数>=70 AND @分数<80 THEN '中等'
    WHEN @分数>=60 AND @分数<70 THEN '及格'
    ELSE N'不及格'
  END
PRINT @成绩级别
```

4. WHILE 语句

WHILE 语句的作用是为重复执行某一语句或语句块设置条件。只要指定的条件为真，就重复执行语句。可以使用 BREAK 和 CONTINUE 在循环内部控制 WHILE 循环中语句的执行。

（1）语法：

```
  WHILE logical_expression BEGIN
{ sql_statement | statement_block }
  [ BREAK ]
  { sql_statement | statement_block }
[ CONTINUE ]
  { sql_statement | statement_block }
  END
```

（2）参数摘要：

① BREAK：立即无条件跳出循环，并开始执行紧接在 END（循环结束的标记）后面的语句。

② CONTINUE：跳出本次循环，开始执行下一次循环（忽略 CONTINUE 后面的语句）。

（3）说明：如果嵌套了两个或多个 WHILE 循环，则内层的 BREAK 将退出到下一个外层循环。将首先运行内层循环结束之后的所有语句，然后重新开始下一个外层循环。

【例 10.7】 使用 WHILE 语句实现求 $2^2 \sim 10^2$ 的平方。

代码如下。

```
DECLARE @counter int
SET @counter=2
WHILE @counter<=10
    BEGIN
        SELECT POWER(@counter,2);
        SET @counter=@counter+1
    END
GO
```

5．RETURN 语句

RETURN 语句用于无条件退出查询或过程。

（1）语法：

```
RETURN [integer_expression]
```

（2）参数摘要：

integer_expression：整数表达式。RETURN 语句可向调用过程返回一个整数值。

（3）返回类型：可以选择返回 int。

（4）说明：

① 可在任何时候用于从过程、批处理或语句块中立即退出。当前过程、批处理或语句块中 RETURN 之后的语句不会被执行。

② 调用存储过程的语句可根据 RETURN 返回的值，判断下一步应该执行的操作。除非专门说明，系统存储过程返回值为零表示调用成功，否则有问题发生。

③ 如果用于存储过程，RETURN 不能返回空值。

④ 在执行了当前过程的批处理或过程中，可以在后续执行的 T-SQL 语句中包含返回状态值，但必须以下列格式输入：EXECUTE @return_status = <procedure_name>。

6．WAITFOR 语句

WAITOR 语句用于在达到指定时间或时间间隔之前，或者指定语句至少修改或返回一行之前，暂时阻止执行批处理、存储过程或事务。

（1）语法格式：

```
WAITFOR
{
    DELAY 'time_to_pass' | TIME 'time_to_execute'
    |(receive_statement) [,TIMEOUT timeout ]
}
```

（2）参数摘要：

① DELAY：可继续执行批处理、存储过程或事务之前必须经过的指定时段，最长 24 小时。

② time_to_pass：等待的时段。

③ TIME：指定的运行批处理、存储过程或事务的时间。

④ time_to_execute：WAITFOR 语句完成的时间。

⑤ time_to_pass 和 time_to_execute 的数据类型为 data time，格式为 hh:mm:ss。可使用 datetime 数据可接受的格式之一指定时间，也可将其指定为局部变量。不能指定日期。因此，不允许指定 datetime 值的日期部分。

⑥ receive_statement：有效的 RECEIVE 语句。包含 receive_statement 的 WAITFOR 仅适用于 Service Broker 消息。

⑦ TIMEOUT timeout：指定消息到达队列前等待的时间（以 ms 为单位）。指定包含 TIMEOUT 的 WAITFOR 仅适用于 Service Broker 消息。

【例 10.8】 使用 WAITFOR 实现以下功能：根据"教师"表输出"教师编号"为"S1"的"姓名""年龄"，在输出之前等待 4s。

代码如下。

```
USE teacher
GO
    WAITFOR DELAY '00:00:04'
    SELECT 姓名,年龄 FROM 教师 WHERE 教师编号='S1'
GO
```

7. PRINT 语句

SQL Server 向客户程序返回信息的方法除了命名用 SELECT 语句外，还可以使用 PRINT 语句，其语法格式为：

```
PRINT String | function | local variable | global variable
```

【例 10.9】 PRINT 语句示例。

代码如下。

```
USE teacher
GO
DECLARE @str char(30)
SET @str='欢迎使用教师信息管理系统'
PRINT @str
GO
```

10.3 程序中的批处理、脚本、注释

有些任务不能由单独的 T-SQL 语句完成，这时就要使用 SQL Server 的批处理、脚本、存储过程、触发器等来组织多条 SQL Server 语句来完成。本节主要介绍批处理、脚本、注释等基本概念及其操作。

10.3.1 批处理

批处理是一个或多个 T-SQL 语句的有序组合，从应用程序一次性发送到 SQL Server 执行。SQL Server 将批处理的语句编译为一个可执行单元（执行计划），其中的语句每次执

行一条。

编译错误（如语法错误）可使执行计划无法编译，因此未执行批处理中的任何语句。

运行时错误（如算术溢出或违反约束）会产生以下两种影响之一。

（1）大多数运行时错误将停止执行批处理中当前语句和它之后的语句，具体应注意以下三点。

① 某些运行时错误（如违反约束）仅停止执行当前语句。而继续执行批处理中其他所有语句。在遇到运行时错误之前执行的语句不受影响，但唯一的例外是如果批处理在事务中且错误导致事务回滚。在这种情况下，回滚运行时错误之前所进行的未提交的数据修改。

② 建立批处理，应当注意以下规则。

CREATE DEFAULT、CREATE FUNCTION、CREATE PROCEDURE、CREATE RULE、CREATE TRIGGER 和 CREATE VIEW 语句不能在批处理中与其他语句组合使用。批处理必须以CREATE语句开始。所有跟在该批处理后的其他语句将被解释为第一个CREATE 语句定义中的一部分。

③不能在同一个批处理中更改表，然后引用新列。

（2）如果 EXECUTE 语句是批处理的第一句，则不需要 EXECUTE 关键字；否则需要该关键字。

【例 10.10】 利用查询分析器执行两个批处理，用来显示教师的信息与记录个数。

代码如下。

```
USE teacher
GO
PRINT '教师表包含的信息如下:'
SELECT * FROM 教师
PRINT '教师表记录个数:'
SELECT COUNT(*) FROM 教师
GO
```

执行结果如图 10.5 所示。

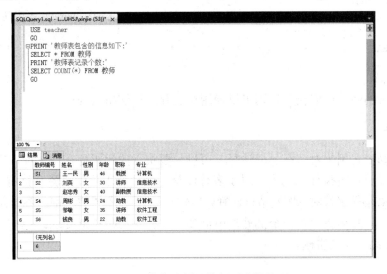

图 10.5 查询分析器执行两个批处理

10.3.2 脚本

脚本是以文件存储的一系列 SQL 语句，即一系列按顺序提交的批处理。

SQL 脚本中可以包含一个或多个批处理。GO 语句是批处理结束的标志。如果没有 GO 语句，则将它作为单个批处理执行。

脚本可以在查询分析器中执行。查询分析器是建立、编辑和使用脚本的一个最好的环境。在查询分析器中，不仅可以新建、保存、打开脚本文件，而且可以输入和修改 T-SQL 语句，还可以通过执行 T-SQL 语句来查看脚本的运行结果，从而体验脚本内容是否正确。

10.3.3 注释

注释是指程序中用来说明程序内容的语句，它不能执行且不参与程序的编译。注释用于语句代码的说明，或暂时禁用的部分语句。为程序加上注释不仅能增强程序的可读性，而且有助于日后的管理和维护，在程序中使用注释是一个程序员良好的编程习惯。SQL Server 支持以下两种形式的注释语句。

1. 行内注释

如果整行都是注释而并非所要执行的程序行，则该行可用行内注释。语法格式为：

--注释语句

这种注释形式用来对一行加以注释，可以与要执行的代码处在同一行，也可以另起一行。从双连字符（--）开始到行尾均为注释。

【例 10.11】 行内注释。

--选择列表中的列'Student.sname'无效，因为该列没有包含在聚合函数或—GROUP BY 子句中。

```
SELECT Student.sno,sname,AVG(grade) AS avg_g
FROM  Student,SC
WHERE Student.sno=SC.sno AND cno<>'008'
GROUP BY Student.sno          --没加  Student. 列名 'sno' 不明确。
HAVING  MIN(grade) >= 60
ORDER BY  avg_g  DESC;
```

2. 块注释

如果所加的注释内容较长，则可以使用块注释。语法格式为：

/* 注释语句*/

这种注释形式用来对多行加以注释，可以与要执行的代码处在同一行，也可以另起一行，甚至可以放在可执行代码内。对于多行注释，必须使用开始注释字符对（/*）开始注释，使用结束注释字符对（*/）结束注释，"/*"和"*/"之间的全部内容都是注释部分。

注意：整个注释必须包含在一个批处理中，多行注释不能跨越批处理。

【例 10.12】 行块注释。

/*

把对Student表和Course表的全部权限授予用户U2和U3

```
GRANT ALL PRIVILIGES  ON TABLE Student, Course  TO U2, U3;
--对表SC的查询权限授予所有用户
GRANT SELECT ON TABLE SC
TO PUBLIC;
--把查询Student表和修改学生学号的权限授给用户U4
GRANT UPDATE(Sno), SELECT   ON TABLE Student TO U4;
--把用户U4修改学生学号的权限收回
REVOKE UPDATE(Sno) ON TABLE Student FROM U4;
*/
```

10.4 存 储 过 程

存储过程由一组预先编辑好的 SQL 语句组成,将其放在服务器上,由用户通过指定存储过程的名称来执行。本节主要介绍存储过程的基本概念及其创建、修改和使用等操作方法。

10.4.1 存储过程概述

存储过程(Stored Procedure)是指一组为了完成特定功能的 SQL 语句集,存储在数据库中,经过第一次编译后再次调用不需要再次编译,用户通过指定存储过程的名字并给出参数来执行它。存储过程是数据库中的一个重要对象。

存储过程与其他编程语言中的过程相似,具有如下优点。

(1)存储过程允许标准组件式编程。

存储过程创建后可以在程序中被多次调用执行,而不必重新编写该存储过程的 SQL 语句。而且数据库专业人员可以随时对存储过程进行修改,但对应用程序源代码却毫无影响,从而极大地提高了程序的可移植性。

(2)存储过程能够实现较快的执行速度。

如果某一操作包含大量的 T-SQL 语句代码,分别被多次执行,那么存储过程要比批处理的执行速度快得多。因为存储过程是预编译的,在首次运行一个存储过程时,查询优化器对其进行分析、优化,并给出最终被存在系统表中的存储计划。而批处理的 T-SQL 语句每次运行都需要预编译和优化,所以速度就要慢一些。

(3)存储过程减轻网络流量。

对于同一个针对数据库对象的操作,如果这一操作所涉及的语句被组织成一存储过程,那么当在客户机上调用该存储过程时,网络中传递的只是该调用语句,否则将会是多条 T-SQL 语句,从而减轻了网络流量,降低了网络负载。

(4)存储过程可被作为一种安全机制来使用。

系统管理员可以对执行的某一个存储过程进行权限限制,从而能够实现对某些数据访问的限制,避免非授权用户对数据的访问,保证数据的安全。

(5)自动完成需要预先执行的任务。

存储过程可以在 SQL Server 启动时自动执行,而不必在系统启动后再用手动的方式执行，大大方便了用户的使用，可能自动完成一些需要预先执行的任务。

10.4.2　存储过程的类型

在 SQL Server 中有以下几种类型的存储过程。

1．系统存储过程

系统存储过程是由 SQL Server 提供的存储过程，可以作为命令执行，它们物理上存储在内部隐藏的 Resource 数据库中，但逻辑上出现在每个系统定义数据库和用户定义数据库的 SYS 架构中。此外，MSDB 还在 DBO 架构中包含用于计划警报和作业的系统存储过程。系统存储过程的前缀是"sp_"。常用的系统存储过程如表 10.3 所示。

表 10.3　常用系统存储过程

存储过程名称	存储过程用途
sp_database	查看数据库
sp_tables	查看表
sp_columns student	查看学生表的列
sp_helpIndex student	查看学生表的索引
sp_helpdb	查询数据库信息
sp_helptext	查看存储过程创建、定义语句

2．用户存储过程

用户定义的存储过程可在用户定义的数据库中创建，或者在除了 Resource 数据库之外的所有系统数据库中创建。该过程可在 Transact-SQL 中开发，也可对 Microsoft .NET Framework 公共语言运行时（CLR）方法的引用开发。若未做说明，本书中的存储过程是指用户通过 Transact-SQL 开发的存储过程。

3．临时存储过程

临时存储过程是用户定义过程的一种形式。临时过程与永久过程相似，只是临时过程存储于 tempdb 中。临时过程有两种类型：本地过程和全局过程。它们在名称、可见性以及可用性上有区别。本地临时过程的名称以#开头，它们仅对当前的用户连接是可见的，当用户关闭连接时被删除；全局临时过程的名称以##开头，创建后对任何用户都是可见的，并且在使用该过程的最后一个会话结束时被删除。

4．扩展的用户存储过程

通过扩展的过程，可以使用C之类的编程语言创建外部例程，这些过程是 SQL Server 实例可以动态加载和运行的 DLL。

注意：SQL Server 的未来版本中将删除扩展存储过程，请不要在新的开发工作中使用该功能，并尽快修改当前还在使用该功能的应用程序。改为创建 CLR 过程，此方法提供了更为可靠和安全的替代方法来编写扩展过程。

10.4.3　创建、执行、修改、删除简单存储过程

简单存储过程即不带参数的存储过程，下面介绍简单存储过程的创建与使用。

1. 创建简单存储过程

在 SQL Server 中，通常有两种方法创建存储过程：一种是使用对象资源管理器创建存储过程；另一种是使用 Transact-SQL 语句中的 CREATE PROCEDURE 命令创建存储过程。创建存储过程时，需要注意以下事项。

（1）只能在当前数据库中创建存储过程；

（2）数据库的所有者可以创建存储过程，也可以授权其他用户创建存储过程；

（3）存储过程是数据库对象，其名称必须遵守标识符的命名规则；

（4）不能将 CREATE PROCEDURE 语句与其他 SQL 语句组合到单个批处理中；

（5）创建存储过程时，应指定所有输入参数和调用过程或批处理返回的输出参数、执行数据库操作的编程语句和返回至调用过程或批处理以表明成功或失败的状态值。

（1）使用对象资源管理器创建存储过程。

下面举例来介绍如何使用对象资源管理器创建存储过程。

【例 10.13】 在 teacher 数据库中，创建一个名为 ST_CHAXUN_01 的存储过程，该存储过程返回课程性质='专业基础'的"课程号""课程名""学分"信息。

操作步骤如下。

① 在"对象资源管理器"窗格中，展开"数据库"节点。

② 单击相应的数据库（即 teacher 数据库），依次展开"可编程性""存储过程"节点；右击"存储过程"节点，在弹出的快捷菜单中选择"新建存储过程"命令。

③ 打开创建存储过程的初始界面，如图 10.6 所示。

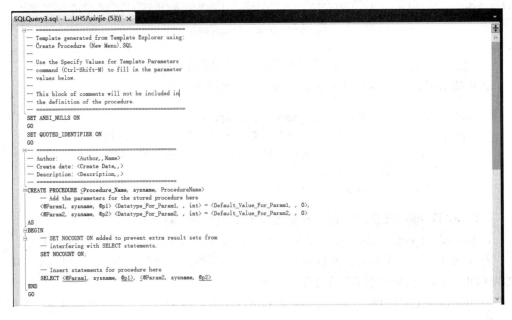

图 10.6　创建存储过程的初始界面

④ 将初始代码清除，输入存储过程文本，根据题意输入如下语句。

```
CREATE PROCEDURE CN_PROCEDURE
```

```
AS
    SELECT 课程号,课程名,学分
    FROM 课程
    WHERE 课程性质='专业基础'
GO
```

⑤ 输入完成后，单击"分析"按钮，检查语法是否正确。

⑥ 如果没有任何错误，单击"执行"按钮，将在数据库中创建存储过程。

结果如图 10.7 所示。

图 10.7　存储过程执行结果

（2）使用 T-SQL 语句中的 CREATE PROCEDURE 命令创建存储过程。

使用 CREATE PROCEDURE 创建存储过程的语法形式如下。

```
CREATE PROC[EDURE]procedure_name[;number][;number]
    [{@parameter data_type}[VARYING][=default][OUTPUT]][,…n]
        [WITH   {RECOMPILE|ENCRYPTION|RECOMPILE,ENCRYPTION}]
          [FOR REPLICATION]
        AS sql_statement [ …n ]
```

用 CREATE PROCEDURE 创建存储过程的语法参数的意义如下。

① procedure_name：用于指定要创建的存储过程的名称。

② number：该参数是可选的整数，它用来对同名的存储过程分组，以便用一条 DROP PROCEDURE 语句即可将同组的过程一起删除。

③ @parameter：过程中的参数。在 CREATE PROCEDURE 语句中可以声明一个或多个参数。

④ data_type：用于指定参数的数据类型。

⑤ VARYING：用于指定作为输出 OUTPUT 参数支持的结果集。

⑥ default：用于指定参数的默认值，必须是常量或 NULL。

⑦ OUTPUT：表明该参数是一个返回参数。该选项的值可以返回给 EXEC[UTE]。使用 OUTPUT 参数可将信息返回给调用过程。

⑧ RECOMPILE：表明 SQL Server 不保存储过程，该过程将在运行时重新编译。

⑨ ENCRYPTION：表明 SQL Server 加密 syscomments 表中包含 CREATE PROCEDURE 语句文本的条目。

⑩ FOR REPLICATION：指定不能在订阅服务器上执行为复制创建的存储过程。

⑪ sql_statement：指存储过程中的任意数目和类型的 T-SQL 语句。

【例 10.14】 在 teacher 数据库中，创建一个查询存储过程 ST_PRO_BJ，该存储过程返回姓名为王一民所任教的课程号、课程名和学分。

代码如下。

```
USE  teacher
GO
CREATE  PROCEDURE  ST_PRO_BJ
AS
SELECT 课程.课程号,课程名,学分
FROM 课程,教师,教师授课
WHERE 教师.教师编号=教师授课.教师编号 and 课程.课程号=教师授课.课程号 and 教师.姓名='王一民'
GO
```

执行结果如图 10.8 所示。

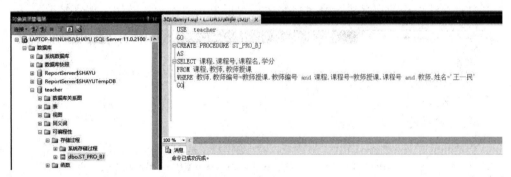

图 10.8　存储过程执行结果

2. 执行存储过程

直接执行存储过程可以使用 EXECUTE 命令来执行，其语法形式如下。

```
[{EXEC|EXECUTE]
   { [@return_status=]
       {procedure_name[;number]|@procedure_name_var}
            [[@parameter=]{value|@variable[OUTPUT]|[DEFAULT]}
          [,…n]
[ WITH RECOMPILE ]
```

其中：

（1）如果存储过程是批处理中的第一条语句，EXECUTE 命令可以省略，可以使用存储过程的名字执行该存储过程。

（2）return_status 是一个可选的整型变量，用来保存存储过程的名称。

（3）procedure_name_var 是局部定义变量名，用来代表存储过程的名称。

【例 10.15】 在查询分析器中执行 ST_PRO_BJ。

代码如下。

```
USE teacher
EXECUTE ST_PRO_BJ
GO
```

3．查看存储过程

存储过程被创建之后，它的名字就存储在系统表 sysobjects 中，它的源代码存放在系统表 syscomments 中。可以使用企业管理器或系统存储过程来查看用户创建的存储过程。

（1）使用企业管理器查看用户创建的存储过程。

① 在"对象资源管理器"窗格中，展开"数据库"节点。

② 单击相应的数据库（即 teacher 数据库），依次展开"可编程性""存储过程"节点；选择"存储过程"节点，在右窗格中显示出当前数据库中所有的存储过程。

③ 右击需要查看的存储过程，如上面新建的 ST_PRO_BJ，在弹出的快捷菜单中选择"修改"命令，打开存储过程 ST_PRO_BJ 的源代码界面，如图 10.9 所示。

④ 在存储过程 ST_PRO_BJ 的源代码界面中，既可查看存储过程定义信息，又可以在文本框中对存储过程的定义进行修改。修改后可以单击"执行"按钮，保存修改。

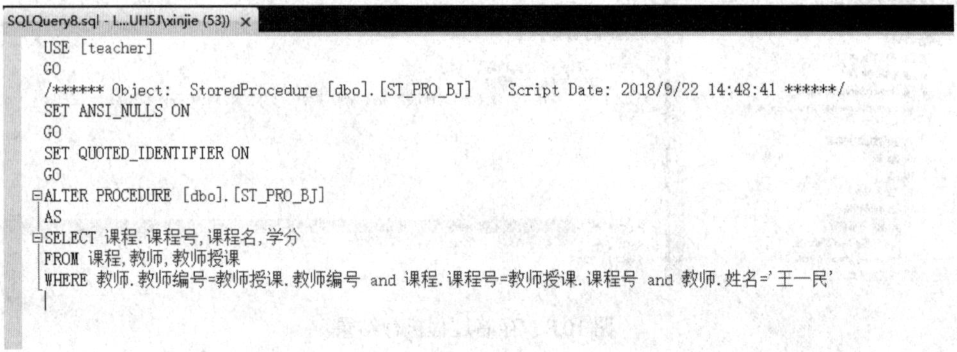

```
SQLQuery8.sql - L...UH5J\xinjie (53)) ×
    USE [teacher]
    GO
    /****** Object:  StoredProcedure [dbo].[ST_PRO_BJ]    Script Date: 2018/9/22 14:48:41 ******/
    SET ANSI_NULLS ON
    GO
    SET QUOTED_IDENTIFIER ON
    GO
    ALTER PROCEDURE [dbo].[ST_PRO_BJ]
    AS
    SELECT 课程.课程号,课程名,学分
    FROM 课程,教师,教师授课
    WHERE 教师.教师编号=教师授课.教师编号 and 课程.课程号=教师授课.课程号 and 教师.姓名='王一民'
```

图 10.9　存储过程 ST_PRO_BJ 的源代码界面

（2）使用系统存储过程来查看用户创建的存储过程。

在 SQL Server 中，根据不同需要，可以使用 sp_help、sp_helptext、sp_depends 和 sp_stored_procedures 等系统存储过程来查看存储过程的不同信息。每个查看存储过程的具体语法和作用如下。

① sp_help：用于显示存储过程的参数及其数据类型。

```
sp_help [[@objname=] name]
```

参数 name 为要查看的存储过程的名称。

② sp_helptext：用于显示存储过程的源代码。

```
sp_helptext [[@objname=] name]
```

参数 name 为要查看的存储过程的名称。

③ sp_depends：用于显示和存储过程相关的数据库对象。

```
sp_depends [@objname=]'object'
```

参数 object 为要查看依赖关系的存储过程的名称。

④ sp_stored_procedures：用于返回当前数据库中的存储过程列表。

【例 10.16】 使用有关系统存储过程查看 teacher 数据库中名为 ST_PRO_BJ 的存储过程的定义、相关性以及一般信息。

代码如下。

```
USE teacher
EXEC sp_helptext ST_PRO_BJ
EXEC sp_depends ST_PRO_BJ
EXEC sp_help ST_PRO_BJ
GO
```

在查询分析器中输入并执行上述代码，查看返回结果。

4. 修改存储过程

存储过程可以根据用户的要求或者基本表定义的改变而改变。使用 ALTER PROCEDURE 语句可以更改先前通过执行 CREATE PROCEDURE 语句创建的过程，但不会更改权限，也不影响相关的存储过程或触发器。其语法形式如下。

```
ALTER PROC[EDURE] procedure_name [;number]
[{@parameterdata_type}
[VARYING][=default][OUTPUT]][,…n] [WITH
    {RECOMPILE|ENCRYPTION|RECOMPILE,ENCRYPTION}]
[FOR REPLICATION]
AS
sql_statement [ …n ]
```

其中，各个参数与创建存储过程命令中的参数意义相同。

5. 删除存储过程

当存储过程不再需要时，可以使用对象资源管理器或 drop procedure 语句将其删除。

（1）使用对象资源管理器删除存储过程。

其操作步骤如下：在"对象资源管理器"窗格中，右击要删除的存储过程，在弹出的快捷菜单中选择"删除"命令，打开"删除对象"对话框，单击"确定"按钮，删除该存储过程。

（2）使用 drop procedure 语句删除存储过程。

DROP 命令可以将一个或者多个存储过程或者存储过程组从当前数据库中删除，其语法形式如下。

```
DROP PROCEDURE procedure_name [,…,n]
```

【例 10.17】 删除前面创建的 ST_CHAXUN_01。

代码如下。

```
USE teacher
GO
DROP PROCEDURE ST_CHAXUN_01
GO
```

10.4.4 创建和执行含参数的存储过程

在存储过程中使用参数，可以扩展存储过程的功能。使用输入参数，可以将外部信息传到存储过程；使用输出参数，可以将存储过程内容信息传到外部。

【例 10.18】 在 teacher 数据库中，建立一个名为 XIBU_INFOR 的存储过程，它带有一个参数，用于接收课程号，显示该课程名和课程性质信息。

代码如下。

```
USE teacher
GO
CREATE PROCEDURE XIBU_INFOR
@课程代码 CHAR(2)
AS
SELECT 课程名,课程性质
FROM 课程
WHERE 课程号=@课程号
GO
```

执行存储过程：

```
EXEC XIBU_INFOR 'C1'
```

10.4.5 存储过程的重新编译

在使用了一次存储过程后，可能会因为某些原因，必须向表中新增加数据列或者为表新添加索引，从而改变了数据库的逻辑结构。这时，需要对存储过程进行重新编译。SQL Server 提供如下三种重新编译存储过程的方法。

（1）在建立存储过程时设定重新编译。

语法格式：

```
CREATE PROCEDURE procedure_name WITH RECOMPILE
 AS sql_statement
```

（2）在执行存储过程时设定重新编译。

语法格式：

```
EXECUTE  procedure_name  WITH  RECOMPILE
```

（3）通过使用系统存储过程设定重新编译。

语法格式：

```
EXEC  sp_recompile  OBJECT
```

10.4.6 系统存储过程与扩展存储过程

在 SQL Server 中有两类重要的存储过程：系统存储过程和扩展存储过程。这些存储过程为用户管理数据库、获取系统信息、查看系统对象提供了很大的帮助。

1. 系统存储过程

系统存储过程存储在 master 数据库中，并以 sp_为前缀，主要用来从系统表中获取信息，为系统管理员管理 SQL Server 提供帮助，为用户查看数据库对象提供方便。例如，用来查看数据库对象信息的系统存储过程 sp_help、显示存储过程和其他对象的文本的存储过程 sp_helptext 等。

2. 扩展存储过程

扩展存储过程以 xp_为前缀，它是关系数据库引擎的开放式数据服务层的一部分，其可以使用户在动态链接库（DLL）文件所包含的函数中实现逻辑，从而扩展了 T-SQL 的功能，并且可以像调用 T-SQL 过程那样从 T-SQL 语句调用这些函数。

【例 10.19】 利用扩展存储过程 xp_cmdshell 为一个操作系统外壳执行指定命令串，并作为文本返回任何输出。

代码如下。

```
use master
exec xp_cmdshell 'dir *.exe'
```

执行结果返回系统目录下的文件内容文本信息。

10.5 触　发　器

触发器是一种特殊类型的存储过程，它不同于之前介绍的存储过程。触发器主要是通过事件进行触发被自动调用执行的。而存储过程可以通过存储过程的名称被调用。本节主要介绍触发器的概念、类型、基本操作等内容。

10.5.1 触发器的概念与作用

触发器是一种特殊的存储过程，可以用来对表实施复杂的完整性约束，保持数据的一致性。当触发器所保护的数据发生改变时，触发器会自动被激活，并执行触发器中所定义的相关操作，从而保证对数据的不完整性约束或不正确的修改。触发器可以从

DBA_TRIGGERS、USER_TRIGGERS 数据字典中查到。

触发器的主要作用就是其能够实现由主键和外键所不能保证的复杂参照完整性和数据的一致性，它能够对数据库中的相关表进行级联修改，提高比 CHECK 约束更复杂的数据完整性，并自定义错误消息。触发器的作用主要有以下几个方面。

（1）强制数据库间的引用完整性；

（2）级联修改数据库中所有相关的表，自动触发其他与之相关的操作；

（3）跟踪变化，撤销或回滚违法操作，防止非法修改数据；

（4）返回自定义的错误消息，约束无法返回信息，而触发器可以；

（5）触发器可以调用更多的存储过程。

触发器的优点如下。

（1）触发器是自动的。当对表中的数据做了任何修改之后立即被激活。

（2）触发器可以通过数据库中的相关表进行层叠修改。

（3）触发器可以强制限制。这些限制比用 CHECK 约束所定义的更复杂，与 CHECK 约束不同的是，触发器可以引用其他表中的列。

10.5.2 触发器的种类

在 SQL Server 2012 中，按照触发器事件的不同可以将触发器分为两大类型：DML 触发器和 DDL 触发器。

（1）DML 触发器：是指触发器在数据库中发生数据操作语言（DML）事件时将启用。DML 事件即指在表或视图中修改数据的 insert、update、delete 语句，具体如下。

① insert 触发器：向表中插入数据时被触发。

② delete 触发器：从表中删除数据时被触发。

③ update 触发器：修改表中数据时被触发。

（2）DDL 触发器：是指当服务器或数据库中发生数据定义语言（DDL）事件时将启用。DDL 事件即指在表或索引中的 create、alter、drop 语句。

DDL 触发器的主要作用是执行管理操作，如审核系统、控制数据库的操作等。通常情况下，DDL 触发器主要用于以下一些操作需求：防止对数据库架构进行某些修改；希望数据库中发生某些变化以利于相应数据库架构的更改；记录数据库架构中的更改或事件。后面主要针对 DML 触发器进行讲解。

10.5.3 触发器的创建

触发器可以在对象资源管理器中创建，也可以在查询分析器中用 SQL 语句创建，其中，在对象资源管理器中创建触发器与在对象资源管理器中创建存储过程操作步骤相似，这里就不一一介绍了。下面主要介绍在查询分析器中用 SQL 语句创建触发器。

建立触发器时，要指定触发器的名称、触发器所作用的表、引发触发器的操作以及在触发器中要完成的功能。

（1）基本语法：

```
CREATE TRIGGER trigger_name
 ON table_name
```

```
[WITH ENCRYPTION]
 FOR | AFTER | INSTEAD OF [DELETE, INSERT, UPDATE]
AS
 SQL语句
```

（2）参数说明：

① 触发器名称在数据库中必须是唯一的。

② ON 子句用于指定在其上执行触发器的表。

③ AFTER：指定触发器只有在引发的 SQL 语句中定义的操作都已成功执行，并且所有的约束检查也成功完成后，才执行此触发器。

④ FOR：作用同 AFTER。

⑤ INSTEAD OF：指定执行触发器而不是执行引发触发器执行的 SQL 语句，从而替代触发语句的操作。

⑥ DELETE, INSERT, UPDATE 是引发触发器执行的操作，若同时指定多个操作，则各操作之间用逗号分隔。

注意以下几点。

（1）在一个表上可以建立多个名称不同、类型各异的触发器，每个触发器可由所有三个操作来引发。对于 AFTER 型的触发器，可以在同一种操作上建立多个触发器；对于 INSTEAD OF 型的触发器，在同一种操作上只能建立一个触发器。

（2）大部分 SQL 语句都可用在触发器中，但也有一些限制。例如，所有的创建和更改数据库以及数据库对象的语句、所有的 DROP 语句都不允许在触发器中使用。

（3）在触发器中可以使用两个特殊的临时表：INSERTED 表和 DELETED 表。这两个表的结构同建立触发器的表的结构完全相同，而且这两个临时表只能用在触发器代码中。INSERTED 表保存了 INSERT 操作中新插入的数据和 UPDATE 操作中更新后的数据；DELETED 表保存了 DELETE 操作删除的数据和 UPDATE 操作中更新前的数据。

（4）在触发器中对这两个临时表的使用方法同一般基本表一样，可以通过这两个临时表所记录的数据来判断所进行的操作是否符合约束。

【例 10.20】 创建一个名为 check_age 的触发器，使得在录入或更新教师信息时，如果年龄是 20 岁至 60 岁的范围，则不进行插入或更新。

代码如下。

```
CREATE TRIGGER check_age
ON 教师 AFTER INSERT,UPDATE
AS
IF EXISTS(SELECT * FROM INSERTED
  WHERE 年龄<20 or 年龄>60)
ROLLBACK
```

运行结果如图 10.10 所示。

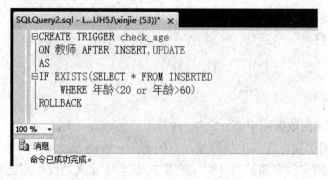

图 10.10　触发器的创建

10.5.4　触发器的修改

修改触发器的语句是 ALTER TRIGGER。

（1）基本语法：

```
CREATE TRIGGER trigger_name
 ON { table_name |  view_name}
{ FOR | AFTER | INSTEAD OF}
{[INSERT][,][DELETE][,][UPDATE]}
AS
  SQL语句
```

（2）参数说明：

① 触发器名称在数据库中必须是唯一的。

② ON 子句用于指定在其上执行触发器的表。

③ AFTER：指定触发器只有在引发的 SQL 语句中指定的操作都已成功执行，并且所有的约束检查也成功完成后，才执行此触发器。

④ FOR：作用同 AFTER。

⑤ INSTEAD OF：指定执行触发器而不是执行引发触发器执行的 SQL 语句，从而替代触发语句的操作。

⑥ INSERT、DELETE 和 UPDATE 是引发触发器执行的操作。若同时指定多个操作，则各操作之间用逗号分隔。

10.5.5　触发器的删除

删除触发器的语句是 DROP RTIGGER，其语法格式为：

```
DROP TRIGGER  trigger_name
```

【例 10.21】　删除 check_age 触发器。

代码如下。

```
DROP TRIGGER check_age
```

操作结果如图 10.11 所示。

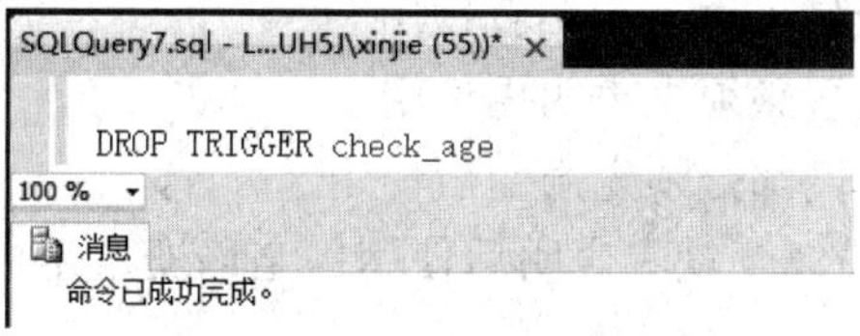

图 10.11 触发器的删除

小　　结

（1）嵌入式 SQL 是指将 SQL 各种命令嵌入到某种高级语言中，利用高级语言的过程性结构来弥补 SQL 在实现逻辑关系复杂应用方面的不足。在数据库应用系统开发中，嵌入式 SQL 是开发平台与数据库联系的重要桥梁，在理解嵌入式 SQL 的概念后，掌握如 C#、Java 等高级语言为平台，与 SQL Server 结合开发程序的方法与实践应用。

（2）T-SQL（Transaction-SQL）是 SQL Server 的专用语言，它是一种非过程化的语言。微软公司在标准 SQL 语句上增加了许多新的功能，以满足应用程序的编程需要，因此为了应用程序的可编程性和灵活性，要求理解与掌握 T-SQL 中常量、局部变量与全局变量的定义与应用，掌握 SQL 的 7 大流程控制语句的一般声明形式、各参数的含义及应用。

（3）当有些任务不能由单独的 T-SQL 语句完成时，就需要使用 SQL Server 的批处理、脚本、存储过程、触发器等来组织多条 SQL Server 语句来完成任务。因此要求充分理解批处理、脚本、存储过程、触发器的基本概念及它们在数据库中的灵活应用，理解存储过程与触发器的区别。

习　　题

一、选择题

1．以下哪种类型不能作为变量的数据类型？（　　　）
　　A．text　　　　　　　B．ntext　　　　　　　C．table　　　　　D．image
2．SQL Server 的字符型数据类型主要包括（　　　）。
　　A．int、money、char　　　　　　　　B．char、varchar、text
　　C．datetime、binary、int　　　　　　D．char、varchar、int
3．在 SELECT 语句的 WHERE 子句的条件表达式中，可以匹配 0 个到多个字符的通配符是（　　　）。
　　A．*　　　　　　　　B．%　　　　　　　　C．-　　　　　　　D．?
4．在查询语句的 Where 子句中，如果出现了 "score Between 80 and 100"，这个表达式等同于（　　　）。
　　A．score>=80 and score<=100　　　　B．score>=80 or score<=100
　　C．score>80 and score<100　　　　　D．score>80 or score<100

5．下列说法中正确的是（　　　）。

　　A．SQL 中局部变量可以不声明就使用

　　B．SQL 中全局变量必须先声明再使用

　　C．SQL 中所有变量都必须先声明后使用

　　D．SQL 中只有局部变量先声明后使用；全局变量是由系统提供的用户不能自己
　　　　建立

6．已经声明了一个局部变量@n，在下列语句中，能对该变量正确赋值的是（　　　）。

　　A．@n='HELLO'　　　　　　　　　　B．SELECT @n='HELLO'

　　C．SET @n=HELLO　　　　　　　　　D．SELECT @n=HELLO

7．在 SQL Server 中局部变量前面的字符为（　　　）。

　　A．*　　　　　　　B．#　　　　　　　C．@@　　　　　　　D．@

8．以下事件不能激活 DML 触发器的是（　　　）。

　　A．SELECT　　　　B．UPDATE　　　C．INSERT　　　　　D．DELETE

9．在 Transact-SQL 语句中，修改表结构时应使用的命令是（　　　）。

　　A．UPDATE　　　B．INSERT　　　　C．ALTER　　　　　D．MODIFY

10．创建存储过程的 Transact-SQL 语句是（　　　）。

　　A．CREATE　INDEX　　　　　　　B．CREATE　VIEW

　　C．CREATE　PROCEDURE　　　　　D．CREATE　TRIGGER

11．可以响应 INSERT 语句的触发器是（　　　）。

　　A．INSERT 触发器　　　　　　　　B．DELETE 触发器

　　C．UPDATE 触发器　　　　　　　　D．DDL 触发器

12．存储过程是存储在服务器中一组预先定义并（　　　）过的 T-SQL 语句。

　　A．保存　　　　　B．编译　　　　　C．解释　　　　　　D．执行

二、填空题

1．SQL Server 的编程语言是_____，简称_____。

2．批处理以_____语句作为结束标志。

3．触发器按照被激活的时机分为_____和_____

4．触发器有三种类型，即 INSERT 类型、_____和_____。

5．触发器被激活时，系统会自动创建两个临时表，分别是_____和_____。

6．在 Transact-SQL 中变量分为_____和全局变量。

7．在 SQL Server 中，用来显示数据库信息的系统存储过程是_____。

8．以_____符号开头的变量为全局变量。

9．在 CREATE　PROCEDURE 语句中可以声明一个或_____个参数，用户必须在
执行（调用）过程时提供每个所声明参数的_____。

10．触发器是一种特殊类型的_____。

三、操作题

假设在 factory 数据库中已创建了如下三个表：

（1）职工表 worker，其结构为：职工号 int，姓名 char(8)，性别 char(2)，出生日期
datetime，党员否 bit，参加工作 datetime，部门号 int。

（2）部门表 depart，其结构为：部门号 int，部门名 char(10)。

（3）职工工资表 salary，其结构为：职工号 int，姓名 char(8)，日期 datetime，工资 decimal(6,1)。

1．使用 Transact-SQL 语句完成如下各题。

（1）显示所有职工的年龄。

（2）求出各部门的党员人数。

（3）显示所有职工的姓名和 2018 年 1 月份工资数。

（4）显示所有职工的职工号、姓名和平均工资。

（5）显示所有职工的职工号、姓名、部门名和 2018 年 2 月份工资，并按部门名顺序排列。

（6）显示各部门名和该部门的所有职工平均工资。

（7）显示所有平均工资高于 1200 元的部门名和对应的平均工资。

（8）显示所有职工的职工号、姓名和部门类型，其中，财务处和人事处属管理部门，市场部属市场部门。

2．在前面建立的 factory 数据库上，用 Transact-SQL 语句完成下列各题。

（1）创建一个为 worker 表添加职工记录的存储过程 Addworker。

（2）创建一个存储过程 Delworker 删除 worker 表中指定职工号的记录。

（3）显示存储过程 Delworker。

（4）删除存储过程 Addworker 和 Delworker。

3．在前面建立的 factory 数据库上，用 Transact-SQL 语句完成下列各题。

（1）在表 depart 上创建一个触发器 depart_update，当更改部门号时同步更改 worker 表中对应的部门号。

（2）在表 worker 上创建一个触发器 worker_delete，当删除职工记录时同步删除 salary 表中对应职工的工资记录。

（3）删除触发器 depart_update。

第 11 章　数据库应用系统开发实训

数据库应用系统是在数据库管理系统（DBMS）支持下建立的计算机应用系统，简写为 DBAS。它是由数据库系统、应用程序系统、用户组成，具体包括：数据库、数据库管理系统、数据库管理员、硬件平台、软件平台、应用软件、应用界面。本章通过一个 C/S 开发实例，即图书借阅管理系统（SQL Server+C#）实例，详细地介绍数据库应用系统的开发步骤。

11.1　系统需求分析

随着我国高校的规模不断扩大，信息管理任务逐渐加重。建立图书借阅管理系统是为了提高图书管理工作的自动化程度，对借阅信息进行科学的统计和快速查询，减轻管理人员的工作强度，提高工作效率。

1．项目背景

学校图书借阅管理系统可以对图书、用户的借阅情况进行管理，提高图书管理者的工作效率，同时帮助读者实现快速借还。

2．分析系统功能

（1）管理员管理图书的信息。主要是增加、删除、查询、修改图书信息。图书信息包括：图书编号、书名、ISBN、分类、价格、作者、出版社、内容描述、库存状态。

（2）管理员设置用户的权限。主要是修改用户的权限信息。用户权限包括：权限编号、权限名、最大借书数量、最长借阅时间、押金、超期罚款（元/天）、遗失赔率（倍）。

（3）管理员维护用户的信息。主要是增加、删除、查询、修改用户信息。用户信息包括：用户编号、用户名、性别、密码、所属部门、电话、注册日期、权限类型。

（4）用户借阅图书管理。主要是在用户借阅时生成相关信息。主要包括：借阅编号、用户名、书名、借书日期、还书日期、库存状态等。

（5）管理员归还图书管理。主要是修改借阅状态，如若超期进行相应惩罚。

（6）管理员挂失图书处理。主要是通过挂失处理，修改图书的库存状态和借阅状态，并做相应惩罚。

3．分析系统用户

根据一般学校图书馆情况，将该系统的用户分为"管理员""用户"。其中，用户又分为教师和学生。管理员进行图书维护、用户管理、权限设置、归还和挂失的处理，用户进行查询图书和借阅图书的操作。

11.2 系统功能结构图

根据系统的需求分析，该系统有图书管理、用户管理、权限管理、借阅管理、还书管理、挂失管理模块，如图 11.1 所示。

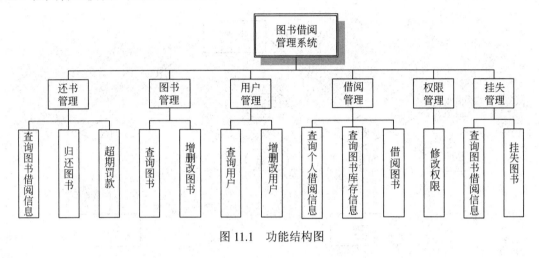

图 11.1　功能结构图

11.3 系统数据流图

该系统一共有 6 大模块，现只给出核心模块——借阅管理的数据流图，如图 11.2 所示。其他模块的数据流图请读者自行绘制。

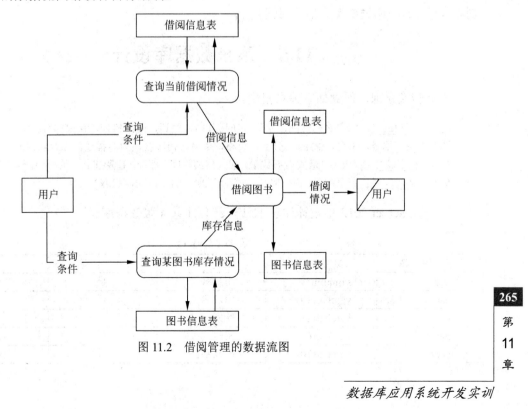

图 11.2　借阅管理的数据流图

数据库应用系统开发实训

11.4 系统 E-R 图设计

根据之前的需求分析，设计图书、用户、权限三个实体以及图书与用户之间的借阅、用户与权限之间的拥有两个联系，如图 11.3 所示。

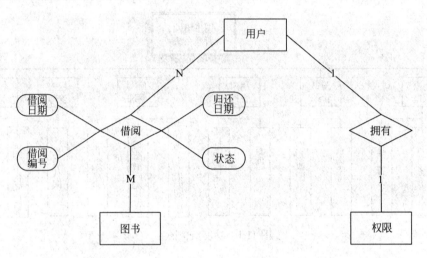

图 11.3 图书借阅管理系统 E-R 图

其中，用户实体包括用户编号、用户名、性别、密码、所属部门、电话、注册日期属性；图书实体包括图书编号、书名、ISBN、分类、价格、作者、出版社、内容描述、库存状态属性；权限实体包括权限编号、权限名、最大借书数量、最长借阅时间、押金、超期罚款（元/天）、遗失赔率（倍）属性。

11.5 系统数据库设计

根据转换原则，得到如下关系模型。

用户（<u>用户编号</u>，用户名，性别，密码，所属部门，电话，注册日期，权限编号）
图书（<u>图书编号</u>，书名，ISBN，分类，价格，作者，出版社，内容描述，库存状态）
权限（<u>权限编号</u>，权限名，最大借书数量，最长借阅时间，押金，超期罚款（元/天），遗失赔率（倍））
借阅（<u>借阅编号</u>，图书编号，用户编号，借阅日期，归还日期，状态）

在 SQL Server 2012 中设计如表 11.1～表 11.4 共 4 张数据库表。

表 11.1 users

字　段　名	类　　型	说　　明	主　键	外　键
uid	samallint	用户编号	是	否
name	varchar(10)	用户名	否	否
sex	varchar(2)	性别	否	否
pwd	varchar(6)	密码	否	否
dept	varchar(10)	所属部门	否	否

字 段 名	类 型	说 明	主 键	外 键
tele	varchar(11)	电话	否	否
udate	datetime	注册日期	否	否
authority	samallint	权限编号	否	是

表 11.2　book

字 段 名	类 型	说 明	主 键	外 键
bid	smallint	图书编号	是	否
bname	varchar(50)	书名	否	否
isbn	varchar(50)	ISBN	否	否
bclass	varchar(10)	分类	否	否
bprice	money	价格	否	否
bauthor	varchar(20)	作者	否	否
bpublish	varchar(20)	出版社	否	否
desp	varchar(100)	内容描述	否	否
state	varchar(4)	库存状态	否	否

表 11.3　rights

字 段 名	类 型	说 明	主 键	外 键
rid	smallint	权限编号	是	否
userright	varchar(10)	权限名	否	否
maxnumber	smallint	最大借书数量	否	否
maxtime	smallint	最长借阅时间	否	否
cost	money	押金	否	否
timeoutperday	money	超期罚款	否	否
losspercent	tinyint	遗失赔率	否	否

表 11.4　borrow

字 段 名	类 型	说 明	主 键	外 键
id	int	借阅编号	是	否
uid	smallint	图书编号	否	是
bid	smallint	用户编号	否	是
borrowdate	smalldatetime	借阅日期	否	否
returndate	smalldatetime	归还日期	否	否
state	varchar(4)	状态	否	否

11.6　系统实现

11.6.1　公共类的设计与实现

1. 数据库公共类

在每个模块中都需要与数据库连接，为此定义一个公共类。在 Visual Studio 2012 中通过执行"项目"→"添加类"命令，打开类窗口，编写如下所示的代码。

```
using System;
using System.Collections.Generic;
using System.Text;
using System.Data;
using System.Data.SqlClient;
namespace WindowsApplication1
{
    class DBcon
    {
        //定义一个SqlConnection类型的公共变量My_con，用于判断数据库是否连接成功
        public static SqlConnection My_con;
        public static string M_str_sqlcon =
            @"Data Source=.;Initial Catalog=BK;Integrated Security=True";
//建立数据库连接
        public static SqlConnection getcon()
        {
            My_con = new SqlConnection(M_str_sqlcon);
            //用SqlConnection对象与指定的数据库相连接
            My_con.Open();          //打开数据库连接
            return My_con;          //返回SqlConnection对象的信息
        }
//关闭数据库连接
        public void con_close()
        {
            if (My_con.State == ConnectionState.Open)
            {//判断是否打开与数据库的连接
                My_con.Close();     //关闭数据库的连接
                My_con.Dispose();   //释放My_con变量的所有空间
            }
        }
        //获取指定表中的信息,执行提供的Select查询语句,返回SqlDataReader对象
        public SqlDataReader executeQuery(string SQLstr)
        {
            getcon();               //打开与数据库的连接
            SqlCommand My_com = My_con.CreateCommand();
                                    //创建一个SqlCommand对象，用于执行SQL语句
            My_com.CommandText = SQLstr;    //获取指定的SQL语句
            SqlDataReader My_read = My_com.ExecuteReader();
                                    //执行SQL语名句，生成一个SqlDataReader对象
            return My_read;
        }
//执行insert update delete等更新语句
        public void executeUpdate(string SQLstr)
        {
            getcon();                       //打开与数据库的连接
```

```
        SqlCommand SQLcom = new SqlCommand(SQLstr, My_con);
                          //创建一个SqlCommand对象,用于执行SQL语句
        SQLcom.ExecuteNonQuery();      //执行SQL语句
        SQLcom.Dispose();             //释放所有空间
        con_close();        //调用con_close()方法,关闭与数据库的连接
    }
//创建DataSet对象
    public DataSet getDataSet(string SQLstr, string tableName)
    {
        getcon();                      //打开与数据库的连接
        SqlDataAdapter SQLda = new SqlDataAdapter(SQLstr, My_con);
                    //创建一个SqlDataAdapter对象,并获取指定数据表的信息
        DataSet My_DataSet = new DataSet(); //创建DataSet对象
        SQLda.Fill(My_DataSet, tableName);
    //通过SqlDataAdapter对象的Fill()方法,将数据表信息添加到DataSet对象中
        con_close();                   //关闭数据库的连接
        return My_DataSet;             //返回DataSet对象的信息
    }
    }
}
```

2. 组合框控件公共类

在许多模块中都需要向组合框控件传递数据库表中的字段名和字段值,为此定义一个公共类。在 Visual Studio 2012 中通过执行"项目"→"添加类"命令,打开类窗口,编写如下所示的代码。

```
using System;
using System.Collections.Generic;
using System.Text;
using System.Windows.Forms;
using System.Data.SqlClient;
namespace WindowsApplication1
{
    class Operator
    {
    //向combox控件传递数据表中的字段名数据,需要指定表名
    public void comFieldData(ComboBox com, string TableName)
    {
        com.Items.Clear();
        DBcon cn = new DBcon();
        SqlDataReader dr = cn.executeQuery("select * from " + TableName);
        for (int i = 0; i < dr.FieldCount; i++) {
            com.Items.Add(dr.GetName(i));
        }
        dr.Close();
```

```
        }
    //向combox控件传递数据表中的数据,需要指定表名和字段名
    public void comValueData(ComboBox com, string TableName, string FieldName)
    {
        com.Items.Clear();
        DBcon cn = new DBcon();
        SqlDataReader dr = cn.executeQuery("select distinct "+FieldName+"
        from "+TableName);
        if (dr.HasRows) {
            while (dr.Read()) {
                if (dr[0].ToString() != "" && dr[0].ToString() != null)
                    com.Items.Add(dr[0].ToString());
            }
        }
        dr.Close();
    }
}
```

11.6.2 登录模块的设计与实现

根据需求设计的要求,设计如图 11.4 所示的登录界面。在界面中输入正确的用户名和密码,以及选择相应的权限类型,就能显示出相应的后续操作界面。

图 11.4 登录界面

登录代码如下。

```
using System;
using System.Collections.Generic;
using System.ComponentModel;
using System.Data;
using System.Drawing;
using System.Text;
using System.Windows.Forms;
using System.Data.SqlClient;
namespace WindowsApplication1
{
public partial class LoginForm: Form
```

```csharp
{
    public static  string id;
    public LoginForm()
    {
        InitializeComponent();
    }
    private void btn_login_Click(object sender, EventArgs e)
    {
        id = txt_name.Text.Trim();
        int right=0;
        if (this.txt_name.Text.Trim() == "" && this.txt_pwd.Text == "")
        {
            MessageBox.Show("请输入您的用户名和密码！","提示！");
            return;
        }
        if (cmb_right.Text == "管理员")
            right = 1;
        else if(cmb_right.Text == "教师")
            right = 2;
        else if (cmb_right.Text == "学生")
            right = 3;
        //判断登录权限
        DBcon cn = new DBcon();
        string sql = "select * from users where uid=" + this.txt_name.Text
        + " and pwd='" + this.txt_pwd.Text + "' and authority=" + right ;
        try
        {
            SqlDataReader dr = cn.executeQuery(sql);
            if (dr.HasRows)
            {
                if (right == 1)
                {
                    MainForm mf = new MainForm();
                    this.Hide();
                    mf.借阅管理ToolStripMenuItem.Visible = false;
                    mf.Show();
                }
                else
                {
                    MainForm mf = new MainForm();
                    this.Hide();
                    mf.图书管理ToolStripMenuItem.Visible = false;
                    mf.用户管理ToolStripMenuItem.Visible = false;
                    mf.挂失管理ToolStripMenuItem.Visible = false;
                    mf.权限管理ToolStripMenuItem.Visible = false;
```

271

第

11

章

```
                            mf.还书管理ToolStripMenuItem.Visible = false;
                            mf.Show();
                        }
                    }
                    else
                    {
                        MessageBox.Show("用户信息有误!", "提示");
                        this.txt_name.Clear();
                        this.txt_pwd.Clear();
                        this.txt_name.Focus();
                    }
                }
                catch (SqlException )
                {
                    MessageBox.Show("数据库连接不成功!", "提示");
                }
                finally
                {
                    cn.con_close();
                }
            }
            private void btn_cancel_Click(object sender, EventArgs e)
            {
                txt_name.Clear();
                txt_pwd.Clear();
                cmb_right.Text = "";
            }
            private void LoginForm_Load(object sender, EventArgs e)
            {
                cmb_right.Items.Add("管理员");
                cmb_right.Items.Add("教师");
                cmb_right.Items.Add("学生");
            }
        }
    }
```

11.6.3 管理员主窗体设计与实现

管理员身份可以进行图书管理、用户管理、权限管理、还书管理、挂失管理，下面详细介绍前面4种模块的设计与实现，挂失管理模块留给读者自行设计实现。

1. 图书管理模块

在图书管理模块中，管理员可以对图书进行增加、删除、修改、查询的操作。界面设计如图11.5所示。

图 11.5 图书管理界面

界面中主要控件说明如表 11.5 所示。

表 11.5 图书管理界面中的控件属性

类　　型	名　　称	文　　本	类　　型	名　　称	文　　本
窗体 Form	MBookForm	图书管理	数据网格视图 DataGridView	dgv_list	—
文本框 TextBox	txt_bid	空	命令按钮 Button	btn_all	全部
	txt_bname	空		btn_select	查询
	txt_bprice	空		btn_insert	插入
	txt_isbn	空		btn_update	修改
	txt_bauthor	空		btn_delete	删除
	txt_bpublish	空	分组框 GroupBox	grp_select	简单查询
	txt_desp	空		grp_infor	图书信息
	txt_min	空		grp_operate	操作
	txt_max	空		grp_list	图书列表
组合框 ComboBox	cmb_bclass	空	组合框 comboBox	cmb_Field	空
	cmb_state	空		cmb_value	空

代码如下。

```
using System;
using System.Collections.Generic;
using System.ComponentModel;
using System.Data;
using System.Drawing;
```

```
using System.Text;
using System.Windows.Forms;
namespace WindowsApplication1
{
    public partial class MBookForm : Form
    {
        Operator op = new Operator();
        public MBookForm()
        {
            InitializeComponent();
        }
        private void MBookForm_Load(object sender, EventArgs e)
        {
            op.comFieldData(cmb_Field, "book");
            cmb_bclass.Items.Add("教材");
            cmb_bclass.Items.Add("生活");
            cmb_bclass.Items.Add("少儿");
            cmb_bclass.Items.Add("小说");
            cmb_bclass.Items.Add("社会");
            cmb_bclass.Items.Add("金融");
            cmb_bclass.Items.Add("小说");
            cmb_state.Items.Add("借出");
            cmb_state.Items.Add("在库");
            cmb_state.Items.Add("挂失");
            btn_all_Click(sender, e);
        }
        private void btn_all_Click(object sender, EventArgs e)
        {
            DBcon cn = new DBcon();
            DataSet ds = cn.getDataSet("select * from book", "book");
            this.dgv_list.DataSource = ds.Tables["book"].DefaultView;
        }
        private void com_Field_SelectedIndexChanged(object sender, EventArgs e)
        {
            op.comValueData(cmb_value, "book", cmb_Field.SelectedItem.
            ToString().Trim());
            cmb_value.SelectedIndex = 0;
            this.txt_max.Enabled = false;
            this.txt_min.Enabled = false;
            this.cmb_value.Enabled = true;
            if (cmb_Field.SelectedIndex == 4)
            {
                this.txt_max.Enabled = true;
                this.txt_min.Enabled = true;
                this.cmb_value.Enabled = false;
```

```
        }
    }
    private void btn_select_Click(object sender, EventArgs e)
    {
        string sql = "select * from book where " + cmb_Field.Text.
        ToString().Trim();
        string cond = this.cmb_Field.SelectedIndex.ToString();
        switch (cond)
        {
            case "0"://ID号
                if (this.cmb_value.Text.ToString() != string.Empty)
                {
                    sql += " =" + this.cmb_value.SelectedItem.ToString();
                }
                break;
            case "4"://价格
                if ( this.txt_min.Text.ToString() != string.Empty &&
                    this.txt_max.Text.ToString() != string.Empty)
                {
                    int min = Convert.ToInt16(this.txt_min.Text.ToString());
                    int max = Convert.ToInt16(this.txt_max.Text.ToString());
                    if (min > max) {
                        MessageBox.Show("输入的最小值大于最大值，请重新输入！");
                        return;
                    }
                    sql += " between " + min + " and " + max;
                }
                else {
                    MessageBox.Show("请输入最小值和最大值！");
                    return;
                }
                break;
            default:
                if (this.cmb_value.Text.ToString() != string.Empty)
                {
                    sql += " like '%" + this.cmb_value.Text.ToString() + "%'";
                }
                break;
        }
        DBcon cn = new DBcon();
        DataSet ds = cn.getDataSet(sql, "book");
        this.dgv_list.DataSource = ds.Tables["book"].DefaultView;
    }
    private void dgv_list_CellClick(object sender, DataGridViewCellEventArgs e)
    {
```

```
            txt_bid.Text = this.dgv_list[0, this.dgv_list.CurrentCell.
        RowIndex].Value.ToString().Trim();
            txt_bname.Text = this.dgv_list[1, this.dgv_list.CurrentCell.
        RowIndex].Value.ToString().Trim();
            txt_isbn.Text = this.dgv_list[2, this.dgv_list.CurrentCell.
        RowIndex].Value.ToString().Trim();
            cmb_bclass.Text = this.dgv_list[3, this.dgv_list.CurrentCell.
        RowIndex].Value.ToString().Trim();
            txt_bprice.Text = this.dgv_list[4, this.dgv_list.CurrentCell.
        RowIndex].Value.ToString().Trim();
            txt_bauthor.Text = this.dgv_list[5, this.dgv_list.CurrentCell.
        RowIndex].Value.ToString().Trim();
            txt_bpublish.Text = this.dgv_list[6, this.dgv_list.CurrentCell.
        RowIndex].Value.ToString().Trim();
            txt_desp.Text = this.dgv_list[7, this.dgv_list.CurrentCell.
        RowIndex].Value.ToString().Trim();
            cmb_state.Text = this.dgv_list[8, this.dgv_list.CurrentCell.
        RowIndex].Value.ToString().Trim();
        }
        private void btn_update_Click(object sender, EventArgs e)
        {
            if (this.txt_bid.Text == "")
            {
                MessageBox.Show("执行修改前，请在下表选择要修改的书籍", "提示");
                return;
            }
            DialogResult res = MessageBox.Show("您确定要修改此书籍信息吗？",
            "提示", MessageBoxButtons.YesNo);
            if (res == DialogResult.Yes)
            {
                string sql = "update book set bname='" + txt_bname.Text + "'," +
                            "bclass='" + cmb_bclass.Text + "'," +
                            "ISBN='" + txt_isbn.Text + "'," +
                            "state='" +cmb_state.Text + "'," +
                            "bprice=" + txt_bprice.Text + "," +
                            "bauthor='" +txt_bauthor.Text + "'," +
                            "bpublish='" +txt_bpublish.Text + "', " +
                            "desp='"+txt_desp.Text+"' "+
                            "where bid=" + txt_bid.Text;
                DBcon cn = new DBcon();
                cn.executeUpdate(sql);
                MessageBox.Show("修改成功", "恭喜");
            }
            btn_all_Click(sender, e);
        }
```

```csharp
private void btn_delete_Click(object sender, EventArgs e)
{
    if (this.txt_bid.Text == "")
    {
        MessageBox.Show("执行删除前，请在下表选择要删除的书籍", "提示");
        return;
    }
    DialogResult res = MessageBox.Show("您确定要删除此书籍吗？", "提示", MessageBoxButtons.YesNo);
    if (res == DialogResult.Yes)
    {
        string sql = "delete from book where bid=" + txt_bid.Text;
        DBcon cn = new DBcon();
        cn.executeUpdate(sql);
        MessageBox.Show("删除成功", "恭喜");
    }
    btn_all_Click(sender, e);
}
private void btn_insert_Click(object sender, EventArgs e)
{
    if (this.txt_isbn.Text   == "")
    {
        MessageBox.Show("ISBN不能为空！", "提示");
        return;
    }
    string sql = "insert into book(bname,isbn,bclass,bprice,bauthor,bpublish,desp,state)values('" + txt_bname.Text + "','" + txt_isbn.Text  + "','" + cmb_bclass.Text + "'," + txt_bprice.Text + ",'" + txt_bauthor.Text  + "','"+txt_bpublish.Text  +"','" + txt_desp.Text  + "','" + cmb_state.Text  + "')";
        DBcon cn = new DBcon();
        cn.executeUpdate(sql);
        MessageBox.Show("插入成功", "恭喜");
    btn_all_Click(sender, e);
    }
  }
}
```

2. 用户管理模块

在用户管理模块中，管理员可以对用户进行增加、删除、修改、查询的操作。界面设计如图 11.6 所示。该模块的代码与之前的图书管理模块的代码类似，此处不再赘述。

3. 权限管理模块

在权限管理模块中，管理员可以对权限进行增加、删除、修改、查询的操作。界面设计如图 11.7 所示。

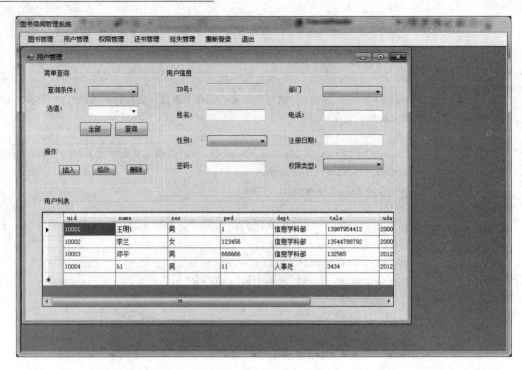

图 11.6 "用户管理"界面

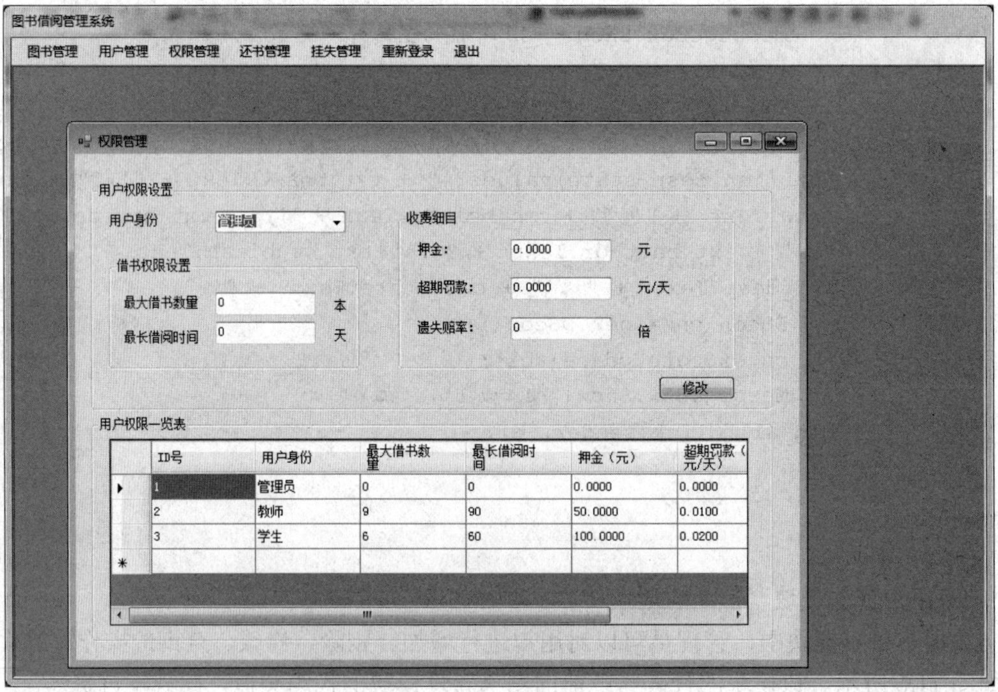

图 11.7 "权限管理"界面

界面中主要控件说明如表 11.6 所示。

表 11.6 权限管理界面中的控件属性

类 型	名 称	文 本	类 型	名 称	文 本
窗体 Form	RightForm	权限管理	数据网格视图 DataGridView	dgvUser	—
文本框 TextBox	txt_maxnum	空	命令按钮 Button	btnUpdate	全部
	txt_maxtime	空	分组框 GroupBox	grp_userright	用户权限设置
	txt_cost	空		grp_borrowright	借书权限设置
	txt_timeout	空		grp_detail	收费细目
	txt_loss	空	组合框 ComboBox	cmb_right	空

代码如下。

```
using System;
using System.Collections.Generic;
using System.ComponentModel;
using System.Data;
using System.Drawing;
using System.Text;
using System.Windows.Forms;
using System.Data.SqlClient;
namespace WindowsApplication1
{
    public partial class RightForm : Form
    {
        public RightForm()
        {
            InitializeComponent();
        }
        private void RightForm_Load(object sender, EventArgs e)
        {

            fillCom();
            this.cmb_right.SelectedIndex = 0;
            fill();

        }
        private void fillCom()
        {
            cmb_right.Items.Clear();
            string sql = "Select rid,userright From rights";

            DBcon cn = new DBcon();
            SqlDataReader dr = cn.executeQuery(sql);
            if (dr.HasRows) {
```

```
            while (dr.Read()) {
                cmb_right.Items.Add(dr["userright"]);
            }
        }
        dr.Close();
    }
    private void fill() {
        string sql = "SELECT rid AS ID号," +
                "userright AS 用户身份," +
                "maxnumber AS 最大借书数量," +
                "maxtime AS 最长借阅时间," +
                "cost AS [押金（元）]," +
                "timeoutperday AS [超期罚款（元/天）]," +
                "losspercent AS [遗失赔率（倍）] "+
                "FROM rights";
        //填充Gridview
        DBcon cn=new DBcon();
        DataSet ds = cn.getDataSet(sql, "allright");
        this.dgvUser.DataSource = ds.Tables["allright"];
        //填充textBox
        sql = "SELECT rid AS ID号," +
"userright AS 用户身份," +
"maxnumber AS 最大借书数量," +
"maxtime AS 最长借阅时间," +
"cost AS [押金（元）]," +
"timeoutperday AS [超期罚款（元/天）]," +
"losspercent AS [遗失赔率（倍）] " +
"FROM rights " +
"where userright='" + cmb_right.SelectedItem.ToString().Trim() + "'";
        SqlDataReader dr = cn.executeQuery(sql);
        if (dr.HasRows) {
            if (dr.Read()) {
                txt_maxnum.Text = dr["最大借书数量"].ToString();
                txt_maxtime.Text = dr["最长借阅时间"].ToString();
                txt_cost.Text = dr["押金（元）"].ToString();
                txt_timeout.Text = dr["超期罚款（元/天）"].ToString();
                txt_loss.Text = dr["遗失赔率（倍）"].ToString();
            }

        }
        dr.Close();
        cn.con_close();
    }
    private void com_right_SelectedIndexChanged(object sender, EventArgs e)
    {
```

```csharp
        fill();
}
private void button1_Click(object sender, EventArgs e)
{
    if (txt_maxnum.Text == string.Empty) {
        MessageBox.Show("请输入最大借阅图书数量","提示！");
        return;
    }
    if (txt_maxtime.Text== string.Empty)
    {
        MessageBox.Show("请输入最长借阅时间", "提示！");
        return;
    }
    if (txt_cost.Text == string.Empty)
    {
        MessageBox.Show("请输入押金", "提示！");
        return;
    }
    if (txt_loss.Text == string.Empty)
    {
        MessageBox.Show("请输入图书遗失罚款金额", "提示！");
        return;
    }
    if (txt_timeout.Text == string.Empty)
    {
        MessageBox.Show("请输入超期罚款金额", "提示！");
        return;
    }
    string sql = "update rights set maxnumber="+txt_maxnum.Text+
                ",maxtime="+txt_maxtime.Text+
                ",cost="+txt_cost.Text+
                ",timeoutperday="+txt_timeout.Text+
                ",losspercent="+txt_loss.Text+
                " where userright='"+cmb_right.SelectedItem.
                ToString()+"'";
    DBcon cn = new DBcon();
    try
    {
        cn.executeUpdate(sql);
        MessageBox.Show("修改成功");
        fill();
    }
    catch (SqlException) {
        MessageBox.Show("修改失败");
    }
```

```
    }
  }
}
```

4．还书管理模块

在还书管理模块中，管理员可以对图书进行归还的操作。界面设计如图 11.8 所示。

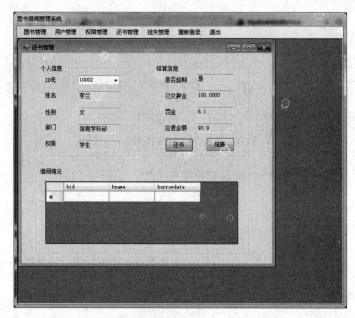

图 11.8　还书管理界面

界面中主要控件说明如表 11.7 所示。

表 11.7　还书管理界面中的控件属性

类　　型	名　　称	说　　明	类　　型	名　　称	文　　本
数据网格视图 DataGridView	dgvBorrowed	借阅情况	窗体 Form	MReturnForm	还书管理
文本框 TextBox	txt_ID	ID 号	命令按钮 Button	btn_all	还书
	txt_Overdue	是否超期		btn_select	结账
	txt_deposit	已交押金	分组框 GroupBox	grp_userinfo	个人信息
	txt_fine	罚金		grp_settlement	结算信息
	txt_refund	应退金额		grp_borrow	借阅情况

代码如下。

```
using System;
using System.Collections.Generic;
using System.ComponentModel;
using System.Data;
using System.Drawing;
using System.Text;
using System.Data.SqlClient;
```

```csharp
using System.Windows.Forms;
namespace WindowsApplication1
{
    public partial class MReturnForm : Form
    {
        Operator op = new Operator();
        string returnbid = "";
        public MReturnForm()
        {
            InitializeComponent();
        }
        private void MReturnForm_Load(object sender, EventArgs e)
        {
            op.comValueData(cmb_ID,"users","uid");
        }
        private void cmb_ID_SelectedIndexChanged(object sender, EventArgs e)
        {
            string sql1= "select name,sex,dept,userright from users,rights
            where authority=rid and uid=" + cmb_ID .Text ;
            string sql2 = "select borrow.bid,bname,borrowdate from borrow,
            book where borrow.state='借出' and borrow.bid=book.bid and uid="
            + cmb_ID.Text;
            DBcon cn = new DBcon();
            SqlDataReader dr = cn.executeQuery(sql1);
            if (dr.HasRows)
            {
                while (dr.Read())
                {
                    this.txt_name .Text = dr["name"].ToString();
                    this.txt_sex .Text = dr["sex"].ToString();
                    this.txt_dept .Text = dr["dept"].ToString();
                    this.txt_right.Text = dr["userright"].ToString();
                }
            DataSet ds = cn.getDataSet(sql2, "borrowed");
            this.dgvBorrowed .DataSource =ds.Tables ["borrowed"].DefaultView ;
            }
        }
        private void dgvBorrowed_CellClick(object sender,
    DataGridViewCellEventArgs e)
        {
            returnbid = this.dgvBorrowed[0, this.dgvBorrowed.CurrentCell.
            RowIndex].Value.ToString().Trim();
        }
        private void btn_Return_Click(object sender, EventArgs e)
        {
```

```
string returndatetime = DateTime.Now.ToString("yyyy/MM/dd HH:mm:ss");
int maxtime=0;
float per=0.0f;
float fine = 0.0f;
float refund = 0.0f;
if (returnbid == "")
    MessageBox.Show("请选择归还的图书！", "提示");
else
{
    string sql1="Select * From rights where userright='"+txt_
    right .Text+"'";
    DBcon cn1 = new DBcon();
    SqlDataReader dr1 = cn1.executeQuery(sql1);
    if (dr1.HasRows)
    {
        while (dr1.Read())
        {
            this.txt_deposit .Text = dr1["cost"].ToString();
            maxtime=int.Parse (dr1["maxtime"].ToString ());
            per = float .Parse (dr1["timeoutperday"].ToString ());
        }
    }
    string sql2 = "update borrow set state='已还',returndate='" +
    returndatetime + "' where bid=" + returnbid;
    DBcon cn2 = new DBcon();
    cn2.executeUpdate(sql2);
    string sql3 = "update book set state='在库' where bid=" +
    returnbid;
    DBcon cn3 = new DBcon();
    cn3.executeUpdate(sql3);
    string sql4="Select * From borrow where bid="+returnbid;
    DBcon cn4 = new DBcon();
    SqlDataReader dr4 = cn4.executeQuery(sql4);
    if (dr4.HasRows)
    {
        while (dr4.Read())
        {

            DateTime oldDate =Convert.ToDateTime
            ( dr4["borrowdate"].ToString ());
            DateTime newDate = DateTime.Now;
            TimeSpan ts = newDate - oldDate;
            int differenceInDays = ts.Days;
            if (differenceInDays > maxtime)
            {
```

```
            txt_Overdue.Text = "是";
            fine=(differenceInDays - maxtime) * per;
            txt_fine.Text = fine.ToString();
            refund = float.Parse(txt_deposit.Text) - float.Parse
            (txt_fine.Text);
            txt_refund .Text =refund .ToString ();
        }
        else
            txt_Overdue.Text = "否";
    }
}
    cmb_ID_SelectedIndexChanged(sender, e);
}
}
private void btn_check_Click(object sender, EventArgs e)
{
    txt_fine.Text = "";
    txt_deposit.Text = "";
    txt_Overdue.Text = "";
    txt_refund.Text = "";
}
}
}
```

11.6.4 用户主窗体设计与实现

用户身份可以进行借阅管理,在该模块中,用户可以查询个人借阅信息以及图书库存信息,并可对在库图书进行借阅操作。界面设计如图 11.9 所示。

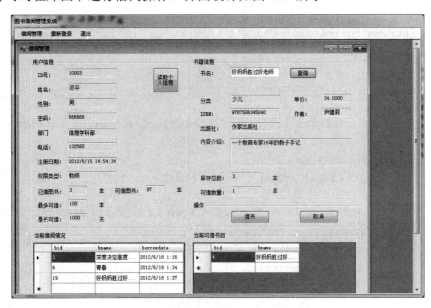

图 11.9 借阅管理界面

界面中包含很多文本框，它们的属性值留给读者根据下面的代码自行设计。只有输入图书名称的文本框 txt_bname 能进行编辑，其余文本框的 ReadOnly 属性皆为 true，界面中主要控件说明如表 11.8 所示。

表 11.8　借阅管理界面中的控件属性

类　型	名　称	说　明	类　型	名　称	文　本
数据网格视图 DataGridView	dgvBorrowInfo	当前借阅情况	窗体 Form	MborrowForm	借阅管理
	dgvAvailBorrow	当前可借书目	文本框 TextBox	txt_bname	空
文本框 TextBox	txt_borrownum	已借图书	命令按钮 Button	btn_seleuser	读取个人信息
	txt_surplusnum	可借图书		btn_selebook	查询
	txt_allnum	库存总数		btn_borrow	借书
	txt_canborrownum	可借数量		btn_cancel	取消

代码如下。

```
using System;
using System.Collections.Generic;
using System.ComponentModel;
using System.Data;
using System.Drawing;
using System.Text;
using System.Windows.Forms;
using System.Data.SqlClient;
namespace WindowsApplication1
{
    public partial class MborrowForm : Form
    {
        string borrowbid = "";
        public MborrowForm()
        {
            InitializeComponent();
        }
        private void btn_selebook_Click(object sender, EventArgs e)
        {
            DBcon cn = new DBcon();
            if (this.txt_bname.Text != string.Empty)
            {
                string sql1 = "select * from book where bname='" +this.txt_
                bname.Text.ToString()+"'";
                SqlDataReader dr = cn.executeQuery(sql1);
                if (dr.HasRows)
                {
                    if (dr.Read())//查找到该图书
```

```csharp
        {
            this.txt_bauthor.Text=dr["bauthor"].ToString();
            this.txt_bclass.Text=dr["bclass"].ToString();
            this.txt_bprice.Text=dr["bprice"].ToString();
            this.txt_bpublish.Text=dr["bpublish"].ToString();
            this.txt_desp.Text=dr["desp"].ToString();
            this.txt_isbn.Text=dr["isbn"].ToString();
        }
        string sql2 = "select count(*) as allnumber from book where
        isbn='" +this.txt_isbn.Text.ToString().Trim() +"' and
        state not in('挂失','丢失')";
        SqlDataReader dr2 = cn.executeQuery(sql2);
        if (dr2.HasRows)
        {
            if (dr2.Read())  //该图书的库存
            {
                this.txt_allnum.Text = dr2["allnumber"].ToString().
                Trim();
            }
        }
        string sql3 = "select count(*) as bnum from book where
        "+"isbn='" + this.txt_isbn.Text.ToString().Trim() +"' and
        "+"state ='借出'";  //已经借出的数量
        SqlDataReader dr3=cn.executeQuery(sql3);
        if (dr3.HasRows)
        {
            if (dr3.Read())  //可借数量
            {
                int a = Convert.ToInt16(dr2["allnumber"].ToString());
                int b = Convert.ToInt16(dr3["bnum"].ToString());
                this.txt_canborrownum.Text =Convert.ToString(a-b);
            }
        }
        string sql4 = "select bid,bname from book where isbn='" +
        txt_isbn.Text + "' and state='在库'";
        DataSet ds = cn.getDataSet(sql4, "canborrow");
        this.dgvAvailBorrow.DataSource = ds.Tables["canborrow"].
        DefaultView;
    }
    else
    {
        MessageBox.Show("没有此图书信息", "提示");
        clear_book();
    }
}
```

```
            else
            {
                MessageBox.Show("请输入图书名称", "提示");
                clear_book();
            }
    }
    private void clear_book() {
        this.txt_bname.Text = "";
        this.txt_bauthor.Text = "";
        this.txt_bprice.Text = "";
        this.txt_bpublish.Text = "";
        this.txt_canborrownum.Text = "";
        this.txt_bclass.Text = "";
        this.txt_desp.Text = "";
        this.txt_isbn.Text = "";
        this.txt_allnum.Text = "";
    }
    private void btn_cancel_Click(object sender, EventArgs e)
    {
        this.Close();
    }
    private void btn_seleuser_Click(object sender, EventArgs e)
    {
        string userID = LoginForm.id;
        string sql = "select * from users,rights where uid="+userID +"
        and authority=rid";
        DBcon cn = new DBcon();
        SqlDataReader dr = cn.executeQuery(sql);
        if (dr.HasRows)
        {
            while (dr.Read())
            {
                this.txt_uid.Text = dr["uid"].ToString();
                this.txt_name.Text = dr["name"].ToString();
                this.txt_sex.Text = dr["sex"].ToString();
                this.txt_pwd.Text = dr["pwd"].ToString();
                this.txt_dept.Text = dr["dept"].ToString();
                this.txt_tele.Text = dr["tele"].ToString();
                this.txt_udate.Text = dr["udate"].ToString();
                this.txt_right.Text = dr["userright"].ToString();
                this.txt_maxnum.Text = dr["maxnumber"].ToString();
                this.txt_maxdate.Text = dr["maxtime"].ToString();


            }
        }
```

```
//已借图书数量
string sql2 = "select count(*) as borrownumber from borrow where
uid=" +userID + " and state ='借出'";
SqlDataReader dr2 = cn.executeQuery(sql2);
if (dr2.HasRows)
{
    while (dr2.Read())
    {
        this.txt_borrownum.Text = dr2["borrownumber"].ToString().
        Trim();
        int a = Convert.ToInt16(txt_maxnum.Text );
        int b = Convert.ToInt16(txt_borrownum .Text );
        this.txt_surplusnum.Text = Convert.ToString(a - b);
    }
}
string sql3="select borrow.bid,bname,borrowdate from borrow,book
where borrow.state='借出' and borrow.bid=book.bid and uid="+userID ;
DataSet ds = cn.getDataSet(sql3, "borrow");
this.dgvBorrowInfo.DataSource = ds.Tables["borrow"].DefaultView;
}
private void dgvAvailBorrow_CellClick(object sender,
DataGridViewCellEventArgs e)
{
    borrowbid = this.dgvAvailBorrow[0, this.dgvAvailBorrow.
    CurrentCell.RowIndex].Value.ToString().Trim();
}
private void btn_borrow_Click(object sender, EventArgs e)
{
    if(txt_surplusnum .Text =="0")
        MessageBox.Show("您已达最大借书数量！", "提示");
    else if (borrowbid == "")
        MessageBox.Show("请选择借阅的图书！", "提示");
    else
    {
        string sql1 = "update book set state='借出' where
        bid="+borrowbid;
        DBcon cn = new DBcon();
        cn.executeUpdate(sql1);
        string nowdatetime = DateTime.Now.ToString("yyyy/MM/dd
        HH:mm:ss");
        string sql2 = "insert into borrow(uid,bid,borrowdate,
        state)values(" + txt_uid.Text + "," + borrowbid + ",'" +
        nowdatetime + "','借出')";
        cn.executeUpdate(sql2);
        MessageBox.Show("借阅成功", "恭喜");
```

```
                btn_seleuser_Click(sender, e);
                btn_selebook_Click(sender, e);
            }
        }
    }
}
```

小　　结

　　本节通过数据库设计的需求分析、概念结构设计、逻辑结构设计三个阶段，以及系统的界面设计、代码编写，详细介绍了图书借阅管理系统的开发过程。鉴于嵌入式 SQL 在目前数据库应用系统开发中的重要地位，应对它的工作方式有明确的认识，要掌握以 C#语言与 SQL Server 结合使用，开发数据库应用系统的编程方法，编写的程序都能在计算机上正确运行。

习　　题

　　开发设计一个学生成绩管理系统，包括管理员和学生两种角色，并完成如下要求。

1．系统功能要求

（1）管理员可以进行学生信息的增加、删除、查询、修改；

（2）管理员可以进行课程信息的增加、删除、查询、修改；

（3）管理员可以进行成绩的录入；

（4）学生可以进行本人信息查看和部分信息的修改；

（5）学生可以对课程信息进行查询；

（6）学生只能查看个人选课情况和成绩的查询。

2．系统成果要求

（1）需求分析；

（2）功能结构图；

（3）数据流图；

（4）E-R 图；

（5）数据库表；

（6）界面及代码。

附录 A

上 机 实 验

实验 1 SQL Server 2012 数据库的建立与维护

【实验目的】

（1）了解 SQL Server 2012 的组织结构和操作环境。

（2）熟悉数据库系统的基本使用方法。

（3）掌握在 SQL Server Management Studio 中创建、修改、查看、更名、收缩、删除数据库的操作方法。

【实验环境】

（1）中文 Windows 操作系统。

（2）SQL Server 2012。

【知识要点】

复习 9.1 和 9.2 节内容，具体掌握的知识点如下：

（1）认识 SQL Server 2012 各组件工具，特别是图形化工具 SQL Server Management Studio 的操作界面。

（2）使用 SQL Server Management Studio 对象资源管理器创建数据库的操作方法。

（3）使用 SQL Server Management Studio 对象资源管理器查看数据库的操作方法。

（4）使用 SQL Server Management Studio 对象资源管理器对数据库进行更名、增加/收缩容量、属性选项重新设置等。

（5）使用 SQL Server Management Studio 对象资源管理器删除数据库的操作方法。

【实验内容】

（1）熟悉 SQL Server Management Studio 的操作界面，并成功连接数据库服务器。

（2）创建产品销售管理数据库 Products。要求数据初始文件大小为 5MB，最大值为 50MB，文件自动增长，方式为按 10%增长；日志文件大小为 2MB，最大值为 6MB，文件自动增长为 1MB。文件存储路径为 C:\Pdb。

（3）在 SQL Server Management Studio 的对象资源管理器中查看数据库 Products 的属性。在 C 盘的 Pdb 文件夹中查看创建好的数据库文件。

（4）将数据库 Products 更名为"NProduct"。

（5）修改数据库 NProduct 的属性，将其设置为多用户访问模式，并且数据库能实现自动收缩。

（6）删除数据库 NProduct，利用学会的方法，再去创建相似要求的数据库。

实验 2　利用 SQL 创建数据库表及其索引

【实验目的】

（1）使用 SQL 语句创建数据库表,建立各表之间的完整性规则。

（2）使用 SQL 语句修改基本表,内容包括对基本表字段名的增加与删除,字段数据类型的改变,禁止参照完整性关系等。

（3）使用 SQL 语句创建和删除各基本表的索引（包括聚集索引和非聚集索引）。

【实验环境】

（1）中文 Windows 操作系统。

（2）SQL Server 2012。

【知识要点】

复习 4.1.2 和 4.1.3 节内容,具体掌握的知识点如下。

（1）SQL 定义数据库的命令和操作方法。

（2）SQL 定义基本表的命令和操作方法,要注意如何建立一个表的主键,如何对基本表建立参照完整性的约束。

（3）如何修改基本表的结构,内容包括对基本表字段的增加与减少（删除）,对数据类型做改变,对完整性约束的删除方法。

（4）学会对基本表进行索引和删除索引的具体命令和操作方法;理解聚集索引和非聚集索引的概念。

【实验内容】

设有 4 个关系的模式如下。

S（SNO, SNAME, SADDR）,其中, SNO：供应商编号, SNAME：名称, SADDR：地址。

J（JNO, JNAME, JCITY, BALANCE）,其中, JNO：工程编号, JNAME：工程名, JCITY 工程所在城市, BALANCE：余额。

P（PNO, PNAME, COLOR , WEIGHT）,其中, PNO：零件编号, PNAME：零件名, COLOR：颜色, WEIGHT：重量。

SPJ（SNO, JNO, PNO, PRICE, QTY）,其中, SNO：供应商编号, JNO：工程编号, PNO：零件编号, PRICE：单价, QTY：数量。

各表的数据如表 A.1～表 A.4 所示。

表 A.1　供应商关系：S

SNO	SNAME	SADDR
S1	原料公司	南京北门 23 号
S2	红星钢管厂	上海浦东 100 号
S3	零件制造公司	南京东晋路 55 号
S4	配件公司	江西上饶 58 号
S5	原料厂	北京红星路 88 号
S8	东方配件厂	天津叶西路 100 号

表 A.2 零件关系：P

PNO	PNAME	COLOR	WEIGHT
P1	钢筋	黑	25
P2	钢管	白	26
P3	螺母	红	11
P4	螺丝	黄	12
P5	齿轮	红	18

表 A.3 工程关系：J

JNO	JNAME	JCITY	BALANCE
J1	东方明珠	上海	0.00
J2	炼油厂	长春	−11.20
J3	地铁三号	北京	678.00
J4	明珠线	上海	456.00
J5	炼钢工地	天津	123.00
J6	南浦大桥	上海	234.70
J7	红星水泥厂	江西	343.00

表 A.4 供应关系：SPJ

SNO	PNO	JNO	PRICE	QTY
S1	P1	J1	22.60	80
S1	P1	J4	22.60	60
S1	P3	J1	22.80	100
S1	P3	J4	22.80	60
S3	P3	J5	22.10	100
S3	P4	J1	11.90	30
S3	P4	J4	11.90	60
S4	P2	J4	33.80	60
S5	P5	J1	22.80	20
S5	P5	J4	22.80	60
S8	P3	J1	13.00	20
S1	P3	J6	22.80	6
S3	P4	J6	11.90	6
S4	P2	J6	33.80	8
S5	P5	J6	22.80	8

（1）建立数据库：S_P_J。

（2）在数据库 S_P_J 下建立：S 表、P 表、J 表和 SPJ 表。

（3）对 S、P、J、SPJ 表输入记录，内容见 S、P、J、SPJ 各表。

（4）对 S 表增加一个字段：电话（TELEPHONE），字符型；修改字段：地址的数据类型由字符型改成可变字符型。

（5）对表 S 删除增加的字段：TELEPHONE。

（6）对 SPJ 表作非聚集索引，其中，SNO 做降序排列，PNO 和 JNO 做升序排列。

实验 3　利用 SQL 语句对数据库表的单表查询

【实验目的】

利用 SELECT 语句对单个表查询，是学习多表间复杂查询的重要基础，应该花时间去掌握对单表查询的各种形式。这些形式主要包括以下几个方面。

（1）对指定列的查询。

（2）对表达式计算和改变表达方式的查询。

（3）消除取值重复行的查询。

（4）利用比较运算符、确定范围、确定集合、字符匹配、空值和多重条件的办法来指定 WHERE 条件的查询。

（5）分组（包括应用分组条件）和排序查询。

【实验环境】

（1）中文 Windows 操作系统。

（2）SQL Server 2012。

【知识要点】

复习 4.2.1 和 4.2.2 节的内容，特别要理解例 4.11～例 4.33 中各条命令的含义，并能上机验证。总结出正确应用 SELECT 语句格式的几个要点。

（1）凡是查询结果要显示的内容均在 SELECT 后写出来，多个内容用"，"号隔开，全部内容用"*"代替，并注意消除取值重复行要使用 DISTINCT 子句，改变显示方式使用 AS 或空格。

（2）FROM 后写出表的名称。

（3）如果要把查询结果永久（或临时）保存，要使用 INTO 子句。

（4）要对查询语句提出条件，使用 WHERE 子句，该条件形式繁多，可利用比较运算符、确定范围、确定集合、字符匹配、空值和多重条件。

（5）要对表中某字段进行分组，使用 GROUP BY 子句，如分组有条件，应使用 HAVING 子句，注意它与 WHERE 条件是不一样的。

（6）要对查询结果按字段排序，使用 ORDER BY 子句，注意如果该字段升序，字段后使用 ASC（默认状态可省略），如果该字段降序，字段后使用 DESC。

【实验内容】

下面应用的基本表是实验 2 建立的 S_P_J 数据库下的 S、P、J、SPJ 表。

（1）查询供应零件给工程 J1，且零件编号为 P1 的供应商编号 SNO。

（2）查询使用零件数量在 100～1000 的工程的编号、零件号和数量。

（3）查询上海的供应商名称，假设供应商关系的 SADDR 列的值都以城市名开头。

（4）查询工程为 J1 的供应商数、提供零件的最大数量、最少数量及平均数量。

（5）查询没有正余额的工程编号、名称及城市，结果按工程编号升序排列。

（6）查询给出三个以上（包含三个）工程，供货的供应商号及提供的工程数（注意提供一个工程多种零件，可算作多个工程）。

实验 4　利用 SQL 语句对数据库表的多表查询

【实验目的】

掌握了 SQL 语句单表查询的方法，学会 SQL 语句的多表查询就比较容易。多表查询主要包括以下几个方面。

（1）多表间的联接查询和合并查询；

（2）多个 SELECT 语句的嵌套查询；

（3）保存查询结果和分步查询方法。

【实验环境】

（1）中文 Windows 操作系统。

（2）SQL Server 2012。

（3）在 SQL Server 2012 中建立了相关的数据库表。

【知识要点】

复习 4.2.2～4.2.4 节，特别要理解例 4.34～例 4.46 中各条命令的含义，并能上机验证。主要掌握的知识要点如下。

（1）多表间的联接查询包括的内容有：等值与非等值联接查询、自身联接查询、外联接查询。

（2）合并联接查询注意 UNION 命令的使用方法，它可以用较为简单的多条件查询方法代替。

（3）嵌套查询是指一个查询语句中包含多条 SELECT 语句，它们之间是用谓词和比较运算符来联接的。常用的谓词有：IN、ANY、ALL、EXISTS 等。其中，EXISTS 谓词返回的是逻辑值，可以用来解决查询"全部存在"的特殊问题，除这个特殊问题外，一般的嵌套查询都可以用多表间的联接查询来解决。

（4）要把查询结果保存起来，可以使用 INTO 子句解决，它既可永久存储在表内，也可以存储在临时表内。

（5）对于一些较为复杂内容查询，可以采用分步查询方法。这样可以使问题简单化。

【实验内容】

下面应用的基本表是实验 2 建立的 S_P_J 数据库下的 S、P、J、SPJ 表。

（1）求使用了 P3 零件的工程全称。

（2）求至少使用了零件编号为 P3 和 P5 的工程编号 JNO。

（3）求使用了全部零件的工程名称。

（4）统计上海地区的工程使用零件的总数(超过三种)和零件总数量。要求查询结果按零件的种数升序排列，种数相同的按总数量降序排列。

（5）检索至少不使用 P3 和 P5 这两种零件的工程编号 JNO，把检索结果放在表 STORE 中存储起来。

实验 5　利用 SQL 语句对数据库表的数据更新及视图操作

【实验目的】

（1）掌握利用 SQL 语句对基本表进行更新的操作方法，其中包括对基本表进行插入记录的操作、对基本表内的数据进行修改的操作、对基本表内的记录进行删除的操作。

（2）学会利用 SQL 语句创建视图、修改数据、查询视图和删除视图的基本方法，掌握在一定条件下更新视图的基本操作方法。

【实验环境】

（1）中文 Windows 操作系统。

（2）SQL Server 2012。

【知识要点】

复习 4.3.1～4.3.4 节，特别要理解例 4.47～例 4.56 中各条命令的含义，并能上机验证。具体要掌握以下几点。

（1）在基本表中插入数据使用 INSERT 语句，掌握单条记录插入和子查询结果插入两种情况，注意，这两种情况 INSERT 语句形式是不同的。

（2）修改基本表中的数据使用 UPDATE 子句，注意和以前学习的 ALTER 修改语句是不同的，前者是修改基本表内的数据，不改变表的基本定义，后者是修改基本表的定义（包括增加和删除表的字段，修改数据类型等）。

（3）删除基本表内记录使用 DELETE 命令，要和前面所讲的删除基本表命令 DROP 区别开来。

（4）使用 CREATE VIEW 命令加 SELECT 查询命令创建视图，要明确视图与基本表的相同和不同点；删除视图是用 DROP VIEW 命令，而不是 DELETE VIEW 形式；同时应该知道，对视图数据是可以更新的，但视图数据一旦更新，必定要更新导出的基本表数据，所以能否更新视图数据是有严格条件的。

【实验内容】

下面应用的基本表是实验 2 建立的 S_P_J 数据库下的 S、P、J、SPJ 表。

（1）设供应商关系 S 的属性允许空，插入一个新的记录：供应商编号"S10"，供应商名"大成销售公司"。

（2）设工程项目使用零件总数的关系模式为 PJ_TOTAL(JNO,JNAME,PTOTAL)，其中，属性 JNO，JNAME，PTOTAL 分别表示工程编号，工程名称和使用零件总数，设计 SQL 语句批量向 PJ_TOTAL 中插入记录。

（3）将工程名为"明珠线"的所有供应数量提高 10%，并显示 SPJ 中所有符合该条件的记录。

（4）在工程关系 J 中，定义一个城市名称为"上海"的视图，其模式为：SHANGHAI_J (JNO,JNAME,BALANCE)，然后在该视图中插入一条记录，内容为：J9，教学大楼，1500。并查看视图和基本表数据变化情况。

实验 6　利用 Visio 软件制作 E-R 模型

【实验目的】
（1）熟悉 E-R 模型的组成元素，掌握它们在概念模型中的设计方法。
（2）了解 Visio 软件使用的特色和工作环境，掌握利用 Visio 绘制 E-R 模型的方法。

【实验环境】
（1）中文 Windows 操作系统。
（2）Microsoft Office Visio 2010。

【知识要点】
复习第 6 章内容，特别要理解例 6.8 和例 6.9 中 E-R 模型设计的步骤和方法。具体要掌握以下几点。

（1）E-R 模型是一种用来描述现实世界的概念模型，它的基本元素是实体、属性和联系。

（2）在 E-R 模型中，用矩形表示实体，内部写明实体的名称。

（3）在 E-R 模型中，用菱形表示联系，内部写明联系的名称，并用无向线段分别将有关联的实体连接起来，同时在无向线段的旁边标明联系的类型（1∶1 或 1∶n 或 m∶n）。

（4）在 E-R 模型中，用椭圆表示属性（其中，用虚线的椭圆表示导出属性，用双椭圆表示多值属性），内部写明属性的名称，其中实体标识符加下画线，并用无向线段将其与相应的实体连接起来。

（5）弱实体对于其他实体具有很强的依赖联系，且它主码的全部或部分通过其他实体获得。在 E-R 模型中，用双矩形表示弱实体，用双菱形表示与弱实体的联系。

（6）父类和子类是抽象和具体的关系。在 E-R 模型中，用两端双线的矩形表示父类，矩形表示子类，用中间加圈的无向线段分别将父类和子类连接起来。

【实验内容】
假设在某客房管理系统中有管理员、宾客和客房三个实体集。每个管理员都可以对所有宾客和客房的信息进行管理。宾客在某客房住宿，入住时需登记入住时间，退房时需记录退房时间，一个宾客可以有多次、不同时间到该宾馆住宿。管理员的属性有账号、密码、姓名，宾客的属性有编号、身份证号、姓名、联系电话、所在地、房号和押金，客房的属性有房号、类型、价格和状态。试画出相应的 E-R 模型。

实验 7　SQL Server 2012 数据库表及其关系图的建立、规则和默认的设置

【实验目的】
（1）了解表的结构特点。
（2）了解 SQL Server 的基本数据类型。
（3）学会在 SQL Server Management Studio 中使用表设计器创建表的操作方法。

（4）学会创建 SQL Server 关系图。

（5）学会规则和默认的设置方法。

【实验环境】

（1）中文 Windows 操作系统。

（2）SQL Server 2012。

（3）在 SQL Server 2012 中建立了相关数据库和数据表。

【知识要点】

复习 9.2 节、9.5 节的内容，具体掌握的知识点如下。

（1）SQL Server 数据类型：精确数字类型、近似数字、Unicode 字符串、二进制字符串、日期和时间、字符串等类型。

（2）使用 SQL Server Management Studio 中的表设计器来确定数据表的列名、数据类型、存储大小、是否允许为空等。

（3）使用 SQL Server Management Studio 来查看和修改表列属性：插入列、删除列等；对数据表创建主键约束。

（4）在数据库中创建 SQL Server 关系图。

（5）使用语句设置规则和默认值，并将其绑定到指定的列上。

【实验内容】

（1）创建数据库 dzsw，使用 SQL Server Management Studio 对象资源管理器完成以下三张表的创建。表结构设计如表 A.5～表 A.7 所示。

表 A.5　dz_goods（商品信息表）

字　段　名	数　据　类　型	长　度	是 否 为 空	是否为主键	描　　述
goodsID	int	4	NOT NULL	是	商品 ID
goodsName	varchar	50	NOT NULL	否	商品名称
introduce	varchar	200	NULL	否	商品简介
price	money	8	NULL	否	定价
picture	varchar	100	NULL	否	图片文件名

表 A.6　dz_member（会员信息表）

字　段　名	数　据　类　型	长　度	是 否 为 空	是否为主键	描　　述
userID	int	4	NOT NULL	是	会员 ID
userName	varchar	20	NOT NULL	否	用户名
passWord	varchar	20	NULL	否	密码
isManager	varchar	2	NULL	否	是否是管理员
tel	varchar	20	NULL	否	联系电话
email	varchar	100	NULL	否	邮箱

表 A.7　dz_order（商品订单表）

字　段　名	数　据　类　型	长　度	是 否 为 空	是否为主键	描　　述
orderID	int	4	NOT NULL	是	订单 ID
goodsID	int	4	NOT NULL	否	商品名
userID	int	4	NOT NULL	否	会员名

字 段 名	数 据 类 型	长 度	是否为空	是否为主键	描 述
price	money	8	NULL	否	定价
number	int	4	NULL	否	数量
ordersum	money	8	NULL	否	总金额

（2）对 dzsw 数据库创建关系图，其中，商品信息表与商品订单表通过字段 goodsID 相关联，会员信息表与商品订单表通过字段 userID 相关联。

（3）在商品订单表中添加一列 orderDate，类型为时间日期型，长度为 8，允许为空。

（4）创建规则 rule_isManage，将其绑定到会员信息表的 isManage 字段上，使得在这一列上的值只能为"是"或者"否"。

（5）创建默认 default_number，将其绑定到商品订单表的 number 字段上，只要生成订单，数量值默认为 1。

实验 8　SQL Server 2012 数据库表的查询和视图建立

【实验目的】

（1）学会在数据表中插入与修改数据。

（2）掌握在查询设计器中完成数据表的单表或多表查询。

（3）掌握使用视图设计器创建视图。

【实验环境】

（1）中文 Windows 操作系统。

（2）SQL Server 2012。

【知识要点】

复习 9.4 节和 9.6 节的内容，特别是 9.4.4 节中查询数据的操作方法，具体掌握的知识点如下。

（1）在创建好的数据表中添加数据。使用对象资源管理器的"打开表"命令，在右边窗格中输入数据。

（2）在窗格的数据项中可以直接修改和删除数据，也可以直接删除一个或多个记录，掌握选中一个或多个记录的操作方法，通过右键执行删除命令。

（3）在菜单"查询"中找到"在编辑器中设计查询"命令，打开"查询设计器"，查询设计器由三个窗格组成："关系图"窗格、"条件"窗格、SQL 窗格。学会使用查询设计器来完成数据查询。

（4）在对象资源管理器中创建视图，视图设计窗口分为 4 个窗格："关系图"窗格、"条件"窗格、SQL 窗格、"结果"窗格。学会使用视图设计器来创建视图。

【实验内容】

（1）对实验 7 中数据库 dzsw 插入数据，如表 A.8～表 A.10 所示。

表 A.8 dz_goods（商品信息表）

goodsID	goodsName	introduce	price	picture
1001	新新人类电视	29 英寸、纯平、使用寿命 15 年以上	2700	xxrlds.jpg
1002	海尔节能冰箱	海尔节能冰箱经济型	1600	hejnbx.jpg
1003	长虹彩电	29 英寸、纯平、性能好、色度好	2500	chcd.jpg
1004	三星彩电	等离子电视，对人体无辐射作用	2950	sxcd.jpg
1005	创维彩电	实用型、节能型	1999	cwcd.jpg
1006	同创电视	对人体无辐射作用	2950	tcds.jpg

表 A.9 dz_member（会员信息表）

userID	userName	passWord	isManager	tel	email
11	王鹏	800000	否	8747751	wgh@sina.com
12	李长仁	800827	否	8663472	bluestar@sohu.com
13	王建华	770727	是	4972266	fqy777@sina.com
14	朱小彤	123456	是	3642159	iceer@sohu.com
15	张丹	258523	否	8974585	zd2000@tom.com

表 A.10 dz_order（商品订单表）

orderID	goodsID	userID	price	number	ordersum
1	1001	11	2700	1	2700
2	1002	12	1600	2	3200
3	1002	14	1600	2	3200
4	1001	13	2700	1	2700
5	1004	15	2950	1	2950
6	1003	12	2500	10	25000

（2）根据数据库 dzsw 的数据表，使用查询设计器创建以下查询，执行后，保存结果。

① 查询商品"三星彩电"的价格。

② 查询所有会员的用户 ID、用户名和密码。

③ 查询所有价格在 2000 元以上的商品信息。

（3）根据数据库 dzsw 的数据表，使用视图设计器创建以下视图。

① 创建视图 view1，用于显示购买商品数量大于 1 的商品名称。

② 创建视图 view2，用于显示会员"李长仁"所有的订单。

③ 创建视图 view3，用于显示商品"新新人类电视"的销售情况。

实验 9 SQL Server 2012 数据库的备份和还原

【实验目的】

（1）学会使用命令语句备份和还原数据库。

（2）学会使用 SQL Server Management Studio 备份和还原数据库。

（3）学会在数据库之间导入/导出数据表。

【实验环境】

（1）中文 Windows 操作系统。

（2）SQL Server 2012。

（3）在 SQL Server 2012 中建立相关数据库和数据表。

【知识要点】

复习9.7节内容，特别要掌握9.7.1节中BACKUP DATABASE 和RESTORE DATABASE 命令的语法格式，具体掌握的知识点如下。

（1）理解备份和还原的概念。

（2）使用 Backup Database 和 Restore Database 命令备份和还原数据库。注意，在备份和还原中都要指定完整的路径和文件名。

（3）使用 SQL Server Management Studio 备份和还原数据库。利用可视化的操作界面实现备份和还原时，注意有备份设备和没有备份设备的区别。

（4）使用导入/导出向导实现在不同数据库之间数据表的导入/导出操作。学会打开导入/导出向导。另外，在进行导入和导出数据表时，要注意源数据库和目标数据库的选择。

【实验内容】

（1）对实验 8 数据库 dzsw 进行备份和还原操作。

① 建立一个备份设备 backup2，对应的物理文件名为 D:\bak\backup2.bak。

② 为数据库 dzsw 做完整备份至备份设备 backup2。

③ 删除数据库 dzsw。

④ 从备份设备 backup2 中还原数据库 dzsw。

（2）创建一个新的数据库 Ndzsw，将数据库 dzsw 中的三张数据表 dz_goods、dz_member 和 dz_order 导入到数据库 Ndzsw 中，查看三张表是否导入成功。

（3）使用 BACKUP DATABASE 命令备份数据库 Ndzsw，备份文件名为 Ndzsw.bak，保存在 E:\下。

（4）使用 RESTORE DATABASE 命令还原数据库 Ndzsw，查看执行结果。

实验 10 存储过程与触发器的实现

【实验目的】

（1）掌握创建存储过程和触发器的方法和步骤。

（2）掌握存储过程和触发器的使用方法。

【实验环境】

（1）中文 Windows 操作系统。

（2）SQL Server 2012。

【知识要点】

具体要掌握以下几点。

（1）存储过程和触发器的基本概念和类型。

（2）创建存储过程和触发器的 SQL 语句的基本语法。

（3）查看、执行、修改和删除存储过程的 SQL 语句的用法。

（4）查看、修改和删除触发器的 SQL 语句的用法。

【实验内容】

1. 使用存储过程

（1）使用实验 2 中 S_P_J 数据库中的 S、P、J、SPJ 表中创建一个带参数的存储过程 SPJCX，该存储过程的功能是：当任意输入一个供应商名时，将返回该供应商的供应商号、零件名、数量和价格。

（2）执行 SPJCX 存储过程，查询"东方配件厂"的供应商号、零件名、数量和价格。

（3）使用系统存储过程 sp_helptext 查看存储过程 SPJCX 的文本信息。

2. 使用触发器

（1）在 S_P_J 数据库中建立一个名为 insert_sno 的 INSERT 触发器，存储在供应关系 SPJ 表中。该触发器的作用是：当用户向 SPJ 表中插入记录时，如果插入了供应商表 S 中没有的供应商号，则提示用户不能插入记录，否则提示记录插入成功。

（2）在 S_P_J 数据库中建立一个名为 dele_sno 的 DELETE 触发器，该触发器的作用是禁止删除供应商表 S 中的记录。

（3）在 S_P_J 数据库中建立一个名为 update_sno 的 UPDATE 触发器，该触发器的作用是禁止更新供应商表 S 中的记录。

（4）删除 update_sno 触发器。

附录 B —— SQL Server 2012 常用的系统函数及使用

函数表示对输入参数值返回一个具有特定关系的值，SQL Server 提供了大量丰富的函数，在进行数据库管理以及数据的查询和操作时将会经常用到各种函数。函数可用于实现业务逻辑，并且能够将编程功能带入查询中。许多有用而且强大的函数是 T-SQL 的标准功能。以下是 SQL Server 2012 常用的系统函数及使用。

SQL Server 2012 提供了相当丰富的系统函数，包括：聚合函数、配置函数、转换函数、游标函数、日期和时间函数、数学函数、元数据函数、行集函数、安全函数、字符串函数、系统统计函数、文本和图像函数。其内容如表 B.1 所示。

表 B.1　系统函数

函 数 类 别	作　　　用
聚合函数	执行的操作是将多个值合并为一个值。例如 COUNT、SUM、MAX、MIN 等
配置函数	是一种标量函数，可返回有关配置设置的信息
转换函数	将值从一种数据类型转换为另一种
游标函数	返回有关游标状态的信息
日期和时间函数	可以更改日期和时间的值
数学函数	执行三角、几何和其他数字运算
元数据函数	返回数据库和数据库对象的属性信息
行集函数	返回可在 T-SQL 语句中表引用所在位置使用的行集
安全函数	返回有关用户和角色的信息
字符串函数	可更改 char,varchar,nchar,nvarchar,binary,varbinary 的值
系统统计函数	返回有关 SQL Server 性能的信息
文本和图像函数	可更改 text 和 image 的值

下面对其中常用的系统函数，如字符串函数、日期函数等做详细说明。

1. 聚合函数

聚合函数用于对一组值执行计算并返回单一的值。聚合函数可以在 SELECT 语句的选择列表（子查询或外部查询）、GROUP BY 子句、HAVING 子句中作为表达式使用。T-SQL 提供下列聚合函数。

1）AVG([ALL | DISTINCT]expression)

功能：返回组中值的平均值。

参数描述：

ALL：对所有的值进行聚合函数运算。

DISTINCT：指定 COUNT 返回唯一非空值的数量。

expression：待求平均值的表达式。

【例 B.1】 统计学生平均成绩。

代码如下。

```
USE STUDENT
SELECT  课程注册.学号,学生.姓名, AVG(成绩) AS 平均成绩
FROM 学生,课程注册 WHERE 学生.学号=课程注册.学号
GROUP BY课程注册.学号,学生.姓名
```

运行结果如图 B.1 所示。

2）COUNT({ [ALL | DISTINCT] expression } | *))

功能：返回组中项目的数量。

参数描述：

ALL：对所有的值进行聚合函数运算。

DISTINCT：指定 COUNT 返回唯一非空值的数量，去除重复值。

expression：待计数的表达式。

*：指定应该计算所有行以返回表中行的总数。

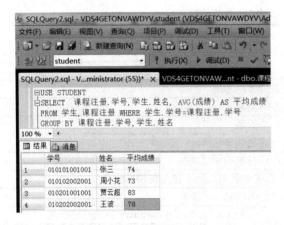

图 B.1   AVG()函数返回结果   图 B.2   COUNT ()函数返回结果

【例 B.2】 统计学生所选课程总数。

代码如下。

```
USE STUDENT
SELECT COUNT(DISTINCT课程号)
FROM 课程注册
```

结果如图 B.2 所示。

3）MAX([ALL | DISTINCT] expression)

功能：返回表达式的最大值。

参数描述：

ALL：对所有的值进行聚合函数运算。

DISTINCT：指定 COUNT 返回唯一非空值的数量，去除重复值。

expression：待求最大值的表达式。

【例 B.3】 统计每门课程学生成绩的最大值。

代码如下。

```
USE STUDENT
SELECT    课程名,MAX(成绩)
FROM   课程注册,课程
WHERE  课程.课程号=课程注册.课程号
GROUP BY   课程注册.课程号,课程.课程名
```

结果如图 B.3 所示。

图 B.3　MAX()函数返回结果

4）MIN([ALL | DISTINCT] expression)

功能：返回表达式的最小值。

参数描述：

ALL：对所有的值进行聚合函数运算。

DISTINCT：指定 COUNT 返回唯一非空值的数量，去除重复值；

expression：待求最小值的表达式。

5）SUM([ALL | DISTINCT] expression)

功能：返回表达式中所有值的和，或只返回 DISTINCT 值。SUM 只能用于数字列。

参数描述：

ALL：对所有的值进行聚合函数运算。

DISTINCT：指定 SUM 返回唯一值的和，即若有相同值则只相加一次。

expression：待求最小值的表达式。

2．日期和时间函数

日期和时间函数是指对日期和时间输入值执行操作，并返回一个字符串、数字值或日期和时间值。

1）DATENAME(datepart,date)

功能：返回某日期指定部分的字符串。

参数描述：

datepart：指定应返回的日期部分。

date：指定的日期。

表 B.2 为 SQL Server 识别的 datepart 参数。

表 B.2　SQL Server 识别的 datepart 参数

日 期 部 分	描　　述	示　　例	结　　果
year	指定返回年份	select datename(year,'03/9/2018')	2018
month	指定返回月份	select datename(month, '03/9/2018')	03
day	指定返回日期	select datename(day, '03/9/2018')	9
weekday	指定返回星期	select datename(weekday, '03/9/2018")	星期一
hour	指定返回时钟	select datename(hour,'15:02:56')	15
minute	指定返回分钟	select datename(minute, '15:02:56')	2
second	指定返回秒钟	select datename(second, '15:02:56')	56

2）GETDATE()

功能：返回当前系统日期和时间。

【例 B.4】　SELECT　GETDATE ()　　　结果：2018-09-03 13:55:45

3）DAY(date)

功能：返回代表指定日期的天的日期部分的整数。

参数描述：

date：指定的日期。

【例 B.5】　SELECT　DAY('03/9/2018')　　　结果：9

4）MONTH(date)

功能：返回代表指定日期月份的整数。

参数描述：

date：指定的日期。

【例 B.6】　SELECT　MONTH ('03/9/2018')　　结果：3

5）YEAR(date)

功能：返回表示指定日期中的年份的整数。

参数描述：

date：指定的日期。

【例 B.7】　SELECT　YEAR('03/9/2018')　　结果：2018

3．数学函数

数学函数是指对作为参数提供的输入值执行计算，并返回一个数字值。

1）ABS(x)

功能：返回给定数字表达式的绝对值。

【例 B.8】　SELECT ABS (-100)　　　结果：100

2）ACOS(x)

功能：返回以弧度表示的角度值。

参数描述：

x：是 float 或 real 类型的表达式，其取值范围为-1～1。

【例 B.9】　SELECT ACOS（-1）　　　结果：3.1415926535897931

3）ASIN(x)

功能：返回以弧度表示的角度值。

参数描述：

x：是 float 或 real 类型的表达式，其取值范围为-1～1。

4）ATAN(x)

功能：返回以弧度表示的角度值。

参数描述：

x：是 float 类型的表达式。

5）CEILING(x)

功能：返回大于或等于所给数字表达式的最小整数。

【例 B.10】　SELECT CEILING (16.3), CELING (-56.3)　　　结果：17,-56

6）COS(x)

功能：返回给定表达式中给定角度的三角余弦值。

参数描述：

x：是 float 类型的表达式。

7）DEGREES(x)

功能：返回以弧度表示的角度值。

【例 B.11】　SELECT DEGREES (pi())　结果：180

8）EXP(x)

功能：返回给定表达式的指数值。

9）FLOOR(x)

功能：返回小于或等于所给数字表达式的最大整数。

【例 B.12】　SELECT FLOOR (16.3), FLOOR(-56.3)　　　结果：16,-57

10）LOG(x)

功能：返回给定表达式的自然对数。

11）PI( )

功能：返回 PI 的常量值，结果 3.14159265358979。

12）POWER(x,y)

功能：返回 x 的 y 次方。

【例 B.13】　SELECT　　POWER(3,2)　　　结果：9

13）RAND( )

功能：返回 0～1 的随机数。

14）ROUND(x,y)

功能：返回以 y 指定的精度进行四舍五入后的数值。

参数描述：

y：指定的精度。当 y 为正数时，x 四舍五入为 y 所指定的小数位数。当 y 为负数时，x 则按 y 所指定的在小数点的左边四舍五入。

【例 B.14】　SELECT ROUND (16.34,1),ROUND(56.34,-1)　　　结果：16.30，60

15）SIN(x)

功能：返回给定表达式中给定角度的三角正弦值。

参数描述：

x：是 float 类型的表达式。

16）SQUARE(x)

功能：返回给定表达式的平方。

【例 B.15】　SELECT　SQUARE (6)　　　　结果：36

17）SQRT(x)

功能：返回给定表达式的平方根。

【例 B.16】　SELECT SQRT (36)　　　　结果：6

4．元数据函数

元数据函数是指返回有关数据库和数据库对象的信息。

1）COL_LENGTH(table , column)

功能：返回列的长度，且以字节为单位。

参数描述：

table：表名。

column：列名。

【例 B.17】　USE STUDENT

```
SELECT   COL_ LENGTH ('专业','专业名称')
```

运行结果如图 B.4 所示。

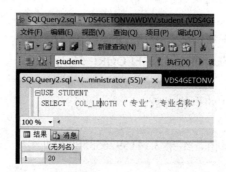

图 B.4　COL_ LENGTH ()函数返回结果

2）COL_NAME(table_id , column_id)

功能：返回数据库列的名称。

参数描述：

table_id , column_id：表标识号，列标识号。

【例 B.18】　USE STUDENT

```
SELECT   COL _NAME (object_id('专业'),2)
```

结果：专业名称。

注：此例返回 student 数据库"专业"表中第二列的名称。

3）DB_ID(db_name)

功能：返回数据库标识号。

参数描述：

db_name：用来返回相应数据库 ID 的数据库名。

4）DB_NAME(db_id)

功能：返回数据库名。

参数描述：

db_id：返回数据库的标识号。

5．字符串函数

字符串函数是指对字符串输入值执行操作，返回字符串或数字值。

1）ASCII(str)

功能：返回字符表达式最左端字符的 ASCII 代码值。

参数描述：

str：char 或 varchar 的表达式。

2）CHAR(x)

功能：将 ASCII 代码转换为字符的字符串函数。

参数描述：

x：0～255 的整数。

表 B.3 为字符串中常用的控制字符。

表 B.3　字符串中常用的控制字符

控 制 字 符	值
制表符	CHAR（9）
换行符	CHAR（10）
回车	CHAR（13）

3）LEFT(str,x)

功能：返回字符串中从左边开始指定个数的字符。

参数描述：

str：指定字符串。

x：指定返回字符的个数。

【例 B.19】　SELECT　LEFT("student",4)

结果：stud

4）LEN(str)

功能：返回字符串的字符个数，不包含尾随空格。

参数描述：

str：将进行长度计算的字符串。

5）LOWER(str)

功能：将大写字符数据转换为小写字符数据，返回类型 varchar。

参数描述：

str：是字符或二进制数据表达式。

6）LTRIM(str)

功能：删除起始空格，返回类型 varchar。

参数描述：

str：字符或二进制数据表达式。

7）REPLACE(str1,str2,str3)

功能：用第三个表达式替换第一个字符串表达式中出现的所有第二个给定字符串表达式。

参数描述：

str1：包含待替换字符串的表达式。

str2：待替换字符串表达式。

str3：替换用的字符串表达式。

8）REPLICATE(str,x)

功能：以指定的次数重复字符表达式。

参数描述：

str：可以是常量或变量，也可以是字符列或二进制数据列。

x：指定重复次数。

9）REVERSE(str)

功能：将指定字符串逆序排列。

参数描述：

str：待排列的字符串。

10）RIGHT(str,x)

功能：返回字符串中从右边开始指定个数的字符。

参数描述：

str：指定字符串。

x：指定返回字符的个数。

【例 B.20】 SELECT RIGHT ("student",4)

结果：dent

11）RTRIM(str)

功能：删除尾随空格，返回类型 varchar。

参数描述：

str：字符或二进制数据表达式。

12）SPACE(x)

功能：产生指定个数的空格。

参数描述：

x：空格的个数。

13）SUBSTRING(str,start,len)

功能：截取指定的部分字符串。

参数描述：

str：待截取的表达式。

start：截取部分的起始位置。

len：截取的长度。

14）UPPER(str)

功能：将小写字符数据转换为大写字符数据，返回类型 varchar。

参数描述：

str：字符或二进制数据表达式。

6．系统函数

系统函数是指对 SQL Server 中的值、对象和设置进行操作并返回有关信息。

1）APP_NAME( )

功能：返回当前会话的应用程序名称。

2）CAST(expression AS data_type)

功能：将某种数据类型的表达式转换为另一种数据类型。

参数描述：

expression：待转换的表达式。

data_type：表达式新的数据类型。

【例 B.21】 SELECT CAST (111 as char(1))

结果：将数字数据 111 转换成长度为 1 字节的字符型数据。

3）CONVERT (data_type[(length)], expression [, style])

功能：同 CAST 函数。

参数描述：

data_type：表达式新的数据类型。

length：表达式长度。

expression：待转换的表达式。

style：日期或字符串格式样式。

4）CURRENT_USER()

功能：返回当前的用户。此函数等价于 USER_NAME()。

5）HOST_ID()

功能：返回工作站标识号。

6）HOST_NAME()

功能：返回工作站名称。

7）USER_NAME(id)

功能：返回给定标识号的用户数据库用户名。

参数描述：

id：用户名标识号。id 省略时 user_name()返回当前用户。

参 考 文 献

[1]   王珊，萨师煊. 数据库系统概论[M]. 5 版. 北京：高等教育出版社，2014.

[2]   何玉洁. 数据库系统教程[M]. 2 版. 北京：人民邮电出版社，2015.

[3]   俞俊甫，邹璇，刘敏. 数据库原理应用教程[M]. 北京：北京邮电大学出版社，2010.

[4]   郑阿奇. SQL Server 2012 数据库教程[M]. 3 版. 北京：人民邮电出版社，2015.

[5]   Thomas Connolly. 数据库系统：设计、实现与管理(基础篇)[M]. 6 版. 宁洪，译. 北京：机械工业
      出版社，2016.

[6]   程春玲，张少娴，陈蕾. 基于计算思维能力培养的数据库课程教学研究[J]. 中国电力教育，2012(8)：
      81-82

[7]   申时凯，李海雁，等. 数据库应用技术(SQL Server)[M]. 2 版. 北京：中国铁道出版社，2013.

[8]   朱旭东. 数据库应用技术[M]. 长春：吉林大学出版社，2016.

[9]   厄尔曼. 数据库系统基础教程[M]. 3 版. 岳丽华，译. 北京：机械工业出版社，2009.

[10] SQL Server 2012 联机丛书. https://msdnmicrosoftcom/zh-cn/library.

[11] 邱李华，李晓黎，等. SQL Server 2008 数据库应用教程[M]. 北京：人民邮电大学出版社，2012.

[12] 张志平. SQL Server 2012 LocalDB 管理之旅[EB/OL]. http://www.csdn.net/ article/2012-03-30/313753.

图书资源支持

感谢您一直以来对清华版图书的支持和爱护。为了配合本书的使用,本书提供配套的资源,有需求的读者请扫描下方的"书圈"微信公众号二维码,在图书专区下载,也可以拨打电话或发送电子邮件咨询。

如果您在使用本书的过程中遇到了什么问题,或者有相关图书出版计划,也请您发邮件告诉我们,以便我们更好地为您服务。

我们的联系方式:

地　　址:北京海淀区双清路学研大厦 A 座 707

邮　　编:100084

电　　话:010－62770175－4604

资源下载:http://www.tup.com.cn

电子邮件:weijj@tup.tsinghua.edu.cn

QQ:883604(请写明您的单位和姓名)

用微信扫一扫右边的二维码,即可关注清华大学出版社公众号"书圈"。

资源下载、样书申请

书圈